L'UNIVERS QUANTIQUE

Brian Cox et Jeff Forshaw

L'UNIVERS QUANTIQUE

TOUT CE QUI PEUT ARRIVER ARRIVE...

TRADUIT DE L'ANGLAIS PAR GUY CHOURAQUI

DUNOD

L'édition originale de cet ouvrage a été publiée en anglais en 2011 par Penguin, sous le titre : *The Quantum Universe: Everything That Can Happen Does Happen.*

The original edition of this work has been published in English in 2011 by Penguin, under the title: *The Quantum Universe: Everything That Can Happen Does Happen.*

Conception de la couverture : Raphaël Tardif
Illustration de couverture : © pict rider - Fotolia.com

ISBN 978-2-10-058925-8

Sommaire

Chapitre 1. Trois pas dans l'étrange 1
Chapitre 2. Le don d'ubiquité 7
Chapitre 3. Dessine-moi une particule ! 29
Chapitre 4. Tout ce qui peut arriver... arrive ! 47
Chapitre 5. Le mouvement comme illusion 77
Chapitre 6. La musique des atomes 91
Chapitre 7. L'Univers sur une tête d'épingle ! (Ou pourquoi ne traversons-nous pas le sol...) 115
Chapitre 8. Un monde de particules interconnectées 135
Chapitre 9. Le monde moderne 159
Chapitre 10. Interaction 173
Chapitre 11. L'espace vide n'est pas vide 193
Épilogue. La mort des étoiles 213
Compléments bibliographiques 239
Index 241

1

TROIS PAS DANS L'ÉTRANGE

Quantique – Quantum – Quanta : dès l'abord, ces mots inspirent-ils votre imagination, votre réflexion ou vos craintes ? C'est selon : pour certains, ces mots témoignent de la réussite de la science, pour d'autres, ils symbolisent les limites de l'intuition humaine lorsqu'elle est confrontée à l'indéniable étrangeté du domaine de l'atome. Pour le physicien, la mécanique quantique est l'un des trois grands piliers sur lesquels repose notre connaissance du monde. Les deux autres sont dus à Einstein : relativité restreinte et relativité générale, qui traitent de la nature de l'espace et du temps, et de la gravitation. Quant à la théorie quantique, elle traite de tout le reste ! Votre imagination, vos réflexions ou vos craintes n'y ont pas la moindre importance : elle est simplement là pour décrire le fonctionnement intime de la matière. Sous cet angle pragmatique, elle brille par sa précision et sa capacité d'explication. Prenons l'exemple d'un des tests de l'électrodynamique quantique, la première et la mieux connue des théories du domaine, dont le but est de décrire le comportement d'un électron dans un champ magnétique. D'un côté, les théoriciens ont effectué des calculs ardus, avec papier, crayon, ordinateur, pour prévoir le résultat de l'expérience. Pour leur part, en inventant les techniques les plus ingénieuses, les expérimentateurs ont mesuré les phénomènes observés. Les deux camps ont abouti à des valeurs d'une précision telle, qu'on peut la comparer à une détermination de la largeur de l'Atlantique au centimètre près. D'une façon remarquable, ces valeurs – celles prévues et celles observées – se sont révélées parfaitement concordantes.

Certes, une telle perfection est impressionnante, mais elle demeure quelque peu ésotérique. Si cartographier le monde miniature est tout ce que peut offrir la théorie des quanta, à quoi bon faire tant d'histoires ? Voici un début de réponse : la science n'a pas pour but d'être utile, mais on connaît de nombreux exemples d'évolutions technologiques, ayant profondément marqué nos sociétés et changé nos vies qui sont nées de recherches fondamentales. Elles sont dues à des explorateurs modernes, dont la seule motivation était de mieux comprendre le monde qui nous entoure. Certes, nous devons à l'avancement de l'ensemble des disciplines scientifiques des bénéfices aussi divers que l'allongement de l'espérance de vie, les déplacements aériens intercontinentaux, les télécommunications modernes, une certaine indépendance vis-à-vis de l'agriculture de subsistance, et bien au-delà, une vue renouvelée de notre place dans le vaste univers, source de méditation et d'humilité. Mais ce ne sont là que des retombées secondaires d'une soif de savoir primordiale, sans rapport avec le désir d'en retirer du confort, ni même un regard nouveau sur notre monde.

La mécanique quantique est sans doute le meilleur exemple d'une théorie extrêmement ésotérique devenue profondément utile. Ésotérique, car sa description des phénomènes naturels implique qu'une particule se trouve réellement en plusieurs endroits à la fois, et ne se déplace qu'en explorant tout l'Univers simultanément. Utile, car comprendre le comportement des éléments les plus petits de l'Univers sous-tend la compréhension de tout le reste. Tout le reste ? Voilà une affirmation qui semble déraisonnable, vu la diversité et la complexité des phénomènes naturels. Et pourtant, nous avons découvert qu'absolument tout est bâti à partir d'une poignée de particules élémentaires, obéissant aux lois de la théorie quantique ; et ces lois sont si simples qu'on pourrait les résumer au dos d'une enveloppe. Cela même est en soi l'un des plus grands mystères : pourquoi n'a-t-on pas besoin de toute une bibliothèque pour expliquer la nature essentielle des choses ?

Il se trouve que mieux nous comprenons les structures élémentaires du monde, plus il nous apparaît simple. Nous expliquerons, en temps voulu, ces lois fondamentales, et comment de minuscules briques élémentaires constituent la trame de la nature. Mais un mot d'avertissement est inévitable ici, pour éviter d'être ébloui à l'excès par la simplicité sous-jacente de l'Univers. Si les règles du jeu sont fondamentalement simples, leurs conséquences ne sont pas nécessairement évidentes à calculer. Notre expérience quotidienne du monde tient à des relations entre de vastes ensembles de milliards de milliards d'atomes et il serait insensé d'imaginer qu'on puisse déduire de principes fondamentaux le comportement des plantes ou des humains. Cette restriction ne réduit pourtant pas la radicalité du constat : tous les phénomènes sont réellement sous-tendus par la physique quantique des particules élémentaires.

Considérez le monde qui vous entoure. Vous avez en main un livre fait de papier, fabriqué à partir de la cellulose des arbres[1]. Ceux-ci sont des usines capables de se procurer des atomes et des molécules, de les décomposer et de les recombiner en colonies interdépendantes, composées de plusieurs milliards de milliards de constituants. Ils y parviennent grâce à la chlorophylle, molécule composée de guère plus de cent atomes de carbone, d'hydrogène et d'oxygène, imbriqués dans un échafaudage compliqué, comprenant aussi quelques atomes de magnésium et d'azote. Cet assemblage capture la lumière de notre étoile, située à 150 millions de kilomètres : le Soleil, qui est une fournaise nucléaire, d'un volume égal à un million de fois celui de la Terre. L'énergie de son rayonnement parvient au cœur des cellules des feuilles, où elle permet de construire des molécules à partir de gaz carbonique et d'eau, libérant ainsi l'oxygène vital. Les arbres, les êtres vivants et le papier de votre livre, sont le produit de telles machines moléculaires. Vous pouvez lire ce livre et en comprendre le texte car vos yeux convertissent la lumière diffusée par les pages en impulsions électriques, qu'interprétera votre cerveau, la structure la plus complexe connue dans l'Univers. Nous avons découvert que toutes ces choses ne sont rien de plus que des assemblages d'atomes, et que toute la diversité des atomes ne repose que sur trois particules : les électrons, les protons et les neutrons. Nous avons également découvert que les protons et les neutrons sont eux-mêmes constitués d'entités encore plus petites appelées quarks, et c'est là que

1. À moins naturellement que vous ne soyez en train de lire la version électronique de ce livre, auquel cas il vous faudrait faire un petit effort d'imagination...

notre description s'arrête, au stade actuel de nos connaissances. À la base de tout cela, il y a la théorie des quanta.

L'image de notre Univers, révélée par la physique moderne, est donc celle d'une simplicité sous-jacente ; d'élégants phénomènes dansent hors de notre vue, et en émerge l'extrême diversité du monde macroscopique. C'est peut-être là le couronnement de la science moderne, que cette réduction de la formidable complexité du monde, êtres humains y compris, au comportement d'une poignée de particules subatomiques, et des quatre forces qui agissent entre elles. Les meilleures descriptions de trois de ces forces dont nous disposions – les forces nucléaires forte et faible, qui agissent au cœur du noyau atomique, et la force électromagnétique, qui sert de lien dans les atomes et les molécules – sont fournies par la théorie quantique. Actuellement, seule la force de gravitation, la plus faible mais la plus familière des quatre, ne dispose pas de description satisfaisante dans le cadre quantique.

Encore un mot d'avertissement, à propos cette fois de l'indéniable réputation d'étrangeté de la théorie des quanta. Elle a fait l'objet de nombreuses divagations : les chats peuvent être tout à la fois vivants et morts, les particules sont partout à la fois, et selon Heisenberg, tout est incertain. Il y a du vrai à la base de tout cela, et le monde des quanta présente des aspects bien étranges ; mais il ne faudrait certainement pas, comme c'est souvent le cas, en tirer la conclusion que nous baignons dans un mystère généralisé ! La « perception extra-sensorielle », les « guérisons mystiques », les « bracelets magnétiques qui protègent contre les rayonnements » – nous vous laissons le soin de compléter la liste – sont constamment introduits en contrebande dans le panthéon des choses possibles, sous couvert du jargon quantique. Toutes ces absurdités naissent d'esprits confus, procèdent de la pensée magique, proviennent de malentendus authentiques ou intentionnels – ou de toute combinaison malheureuse de ce qui précède. La théorie quantique décrit le monde avec précision, en utilisant des lois mathématiques avec autant de rigueur que Newton ou Galilée. C'est bien pourquoi le comportement d'un électron soumis à un champ magnétique peut être calculé avec une précision extraordinaire. La théorie quantique fournit une description de la Nature qui, comme nous allons le découvrir, détient un immense pouvoir prédictif et explicatif, couvrant une vaste gamme de phénomènes, des puces de silicium au fonctionnement des étoiles.

Notre objectif en écrivant ce livre est de démystifier la théorie quantique, cadre théorique bien connu pour les difficultés d'interprétation qu'il a provoquées, même chez ses découvreurs. Notre approche consiste à adopter une perspective moderne, bénéficiant d'un siècle de progrès des connaissances. Pour planter le décor, cependant, nous commencerons notre voyage au tournant du XXe siècle pour analyser les problèmes qui ont conduit les physiciens à une rupture radicale avec ce qui prévalait.

La théorie des quanta est issue, comme c'est souvent le cas en science, de la découverte de phénomènes naturels ne pouvant être expliqués dans le cadre des paradigmes scientifiques de l'époque. Pour la théorie quantique, ils furent nombreux et variés. Une cascade de résultats inexplicables provoqua de l'excitation et de la confusion, et a catalysé une période d'innovation expérimentale et théorique exceptionnelle, qui mérite amplement cette dénomination stéréotypée : un âge d'or. Les noms des protagonistes sont gravés dans la mémoire de tous les étudiants en physique et ils dominent même aujourd'hui les cours des premières années d'université : Planck, Einstein, Rutherford, Bohr, de Broglie, Heisenberg, Pauli, Schrödinger, Dirac. Il n'y aura probablement plus jamais de moment de l'histoire où tant de savants prennent place parmi les plus grands, autour de la poursuite d'un unique objectif : une nouvelle théorie des atomes et des forces dominant le monde physique. En 1924, se remémorant les deux premières décennies de la mécanique quantique, Ernest Rutherford, le physicien d'origine néo-zélandaise qui a découvert le noyau atomique à Manchester, écrivait : « L'année 1896 [...] a marqué le début de ce qui a été justement appelé l'âge héroïque de la Science Physique. Jamais auparavant dans l'histoire de la physique, on n'a pu être témoin d'une période d'activité aussi intense, où les découvertes fondamentales se sont succédé avec une rapidité vertigineuse. »

Mais avant de nous rendre à Paris en 1896 pour assister à la naissance de la théorie des quanta, interrogeons-nous sur l'origine du mot « quantum » lui-même. En 1900, c'est Max Planck qui introduit ce terme en physique. Il cherchait à décrire le rayonnement lumineux émis par les corps chauds – nommé « rayonnement du corps noir » – apparemment suite à une commande que lui avait faite une société d'éclairage électrique : il arrive parfois que des causes bien prosaïques ouvrent les portes de l'Univers. Plus loin dans le livre, nous discuterons plus en détail de la grande idée de Planck, mais en cette brève introduction, qu'il nous suffise de dire que pour expliquer les propriétés de ce rayonnement, il formula l'hypothèse que la lumière est émise par petites quantités d'énergie, qu'il nomma « quanta ». Le mot lui-même désigne une quantité discontinue, un « paquet ». Au début, Planck considérait cette idée comme un pur artifice mathématique, mais en 1905, l'article d'Albert Einstein sur l'effet photoélectrique renforça son hypothèse. Ces résultats étaient d'une grande portée, car ils suggéraient que ces petits paquets d'énergie électromagnétique pouvaient être assimilés à des particules.

L'idée que la lumière puisse se comporter comme un flux de petits projectiles a une longue et illustre histoire, qui remonte à la naissance de la physique moderne et à Isaac Newton. Mais en 1864, le physicien écossais James Clerk Maxwell balaya les incertitudes qui pouvaient subsister sur la nature ondulatoire de la lumière. Il publia une série d'articles, « la plus profonde et la plus féconde que la physique ait connue depuis l'époque de Newton », selon Albert Einstein. Maxwell y démontrait que la lumière est une onde électromagnétique traversant l'espace, sa nature ondulatoire était donc certaine et, semblait-il, inattaquable. Pourtant, lors d'une série d'expériences menées de 1923 à 1925 à l'université Washington à Saint-Louis (Missouri), Arthur Compton et ses collègues observèrent l'interaction d'un rayonnement lumineux avec des électrons : durant ce choc, les deux protagonistes se comportaient comme des boules de billard. Cela prouvait clairement que la conjecture de Planck était solidement fondée dans le monde réel. En 1926, les quanta de lumière ont été baptisés « photons ». On avait la preuve irréfutable que la lumière se comporte tout à la fois comme une onde et comme une particule : cela marqua la fin de la physique classique, et l'essor de la théorie quantique.

2

LE DON D'UBIQUITÉ

Ernest Rutherford mentionne 1896 comme origine de la révolution quantique car c'est l'année où Henri Becquerel, travaillant dans son laboratoire à Paris, a découvert la radioactivité. Il essayait d'utiliser des composés d'uranium pour produire des rayons X, découverts quelques mois auparavant par Wilhelm Röntgen à Würzburg. Au lieu de cela, il observa que ces composés émettaient des « rayons uraniques », capables de noircir des plaques photographiques, même à travers un emballage parfaitement opaque. L'importance des rayons de Becquerel a été reconnue par Henri Poincaré dès 1897, dans un article publié dans la *Revue Scientifique*. Avec beaucoup de clairvoyance, voici ce qu'il disait de cette recherche : « on peut penser aujourd'hui qu'elle va nous ouvrir l'accès de tout un monde nouveau que nul ne soupçonnait.[1] » Le rayonnement radioactif observé par Becquerel présentait un caractère très bizarre, mais qui indiquait en même temps la piste de la nature du phénomène : rien ne semblait en déclencher l'émission ; les substances l'émettaient spontanément et de manière imprévisible.

1. Henri Poincaré, « Les rayons cathodiques et les rayons Roentgen », *Revue Scientifique* 7 (1897), accessible par le lien suivant vers les Archives Henri Poincaré (université de Lorraine) : http://www.univ-nancy2.fr/poincare/bhp/pdf/hp1897rs.pdf
Dans le même article, Poincaré ajoutait également, avec tout autant de clairvoyance : « Tous ces faits [rayons cathodiques, Roentgen, Becquerel] seront sans doute un jour reliés entre eux et rattachés à une même cause. Bien d'autres alors viendront sans doute se grouper autour d'eux et compléter un tableau dont nous commençons à entrevoir l'esquisse ».

Voici comment Rutherford posait le problème en 1900 : « Tous les atomes formés en même temps devraient avoir une durée de vie bien déterminée. Au contraire, les observations montrent que les atomes ont des durées de vie pouvant prendre n'importe quelle valeur entre zéro et l'infini. » Cet aspect aléatoire du monde microscopique représentait une rupture, car jusque-là, la physique était fondamentalement déterministe : si à un instant donné on connaissait tous les éléments d'une situation, on pensait qu'il serait possible de prévoir, avec une certitude absolue, ce qui se produirait par la suite. L'abandon de cet espoir est une caractéristique centrale de la théorie quantique, qui traite de probabilités, et non de certitudes ; ce n'est pas dû à un défaut de connaissances, mais au fait que certains aspects de la Nature sont intrinsèquement gouvernés par le hasard. C'est ainsi qu'il est impossible de prévoir à quel instant un atome particulier va se désintégrer. La radioactivité marque la première rencontre de la physique et du hasard dans les phénomènes naturels, et cela posera longtemps des problèmes à de nombreux physiciens.

L'intérieur des atomes suscitait donc beaucoup d'intérêt, même si sa structure demeurait totalement inconnue. Une découverte fondamentale fut réalisée par Rutherford en 1911, en utilisant une source radioactive pour bombarder une très mince feuille d'or avec ce que l'on nommait à l'époque les rayons alpha (des noyaux d'hélium). Avec ses collaborateurs Hans Geiger et Ernest Marsden, il constata avec une immense surprise qu'une proportion d'environ une particule alpha sur huit mille ne traversait pas l'or, mais rebondissait vers l'arrière. Voici comment Rutherford décrivit plus tard ce moment, dans son langage coloré si caractéristique : « C'est l'événement le plus incroyable qui me soit arrivé. C'est presque comme si on tirait un obus de 15 pouces[1] sur une feuille de papier de soie, et qu'il revienne en arrière nous frapper. » D'après tous les témoignages, Rutherford était un homme très attachant, et plein de bon sens ; d'un personnage officiel imbu de lui-même, il dira un jour : « Il est exactement comme un point euclidien : il a une position, mais une grandeur nulle. »

Rutherford a calculé que ses résultats expérimentaux ne pouvaient s'expliquer que si l'atome était constitué d'un très petit noyau en son

1. Environ 40 centimètres.

centre, avec des électrons en orbite autour de celui-ci. À l'époque, il avait probablement à l'esprit l'analogie des planètes tournant autour du Soleil. Le noyau représente la quasi-totalité de la masse de l'atome, ce qui explique qu'il soit capable d'arrêter les « obus » des particules alpha, et de les renvoyer vers l'arrière. L'atome d'hydrogène, l'élément le plus simple, comporte un noyau constitué d'un proton, dont le rayon est environ $1{,}75 \times 10^{-15}$ m (soit 0,000 000 000 000 001 75 mètre, autrement dit un peu moins de deux millionièmes de milliardièmes de mètre !).

Quant à l'unique électron, autant que nous puissions le dire aujourd'hui, ce n'est qu'un point, comme l'important personnage dépeint par Rutherford... Il est en orbite autour du noyau d'hydrogène, à un rayon environ 100 000 fois plus grand que le diamètre nucléaire. Le noyau a une charge électrique positive et l'électron a une charge électrique négative, ce qui signifie qu'une force d'attraction s'exerce entre eux, analogue à la force de gravité qui maintient la Terre en orbite autour du Soleil. Les atomes ne sont en grande partie que de l'espace vide. Si le noyau avait la taille d'une balle de tennis, l'électron ne serait qu'un grain de poussière en orbite à une distance d'un kilomètre. Ces chiffres sont tout à fait surprenants, car l'aspect de la matière solide ne suggère nullement qu'elle est essentiellement vide.

L'atome nucléaire de Rutherford a posé toute une série de problèmes aux physiciens de l'époque. On savait parfaitement par exemple que l'électron en circulant sur son orbite devait perdre de l'énergie en émettant un rayonnement électromagnétique, comme toute charge électrique se déplaçant sur une trajectoire courbe. C'est le principe même de l'émetteur radio, dans lequel le mouvement des électrons s'accompagne d'émission d'ondes. Heinrich Hertz inventa cette technique en 1887, et au moment où Rutherford découvrait le noyau atomique, il existait une station de radio commerciale qui transmettait des messages à travers l'Atlantique, de l'Irlande jusqu'au Canada. La théorie électromagnétique était donc parfaitement établie, d'où la difficulté à admettre l'hypothèse d'un mouvement perpétuel des électrons autour du noyau.

Un autre phénomène lui aussi inexplicable, était celui de la mystérieuse lumière rayonnée par les atomes lorsqu'ils sont chauffés. Dès 1853, le scientifique suédois Anders Jonas Ångström avait analysé le rayonnement émis par une étincelle provoquée dans un tube empli d'hydrogène. On s'attendrait à ce qu'un gaz incandescent produise de la lumière blanche, réunissant toutes les couleurs de l'arc-en-ciel : après tout, qu'est-ce que le Soleil, sinon une boule de gaz incandescente ? Au lieu de cela, Ångström observa que l'hydrogène émettait de la lumière de trois couleurs bien distinctes : rouge, bleu-vert et violet, une sorte d'arc-en-ciel réduit à trois arcs étroits de couleur pure. On a vite découvert que chacun des éléments chimiques se comportait de cette manière, émettant son propre « code-barres » de couleurs. Au moment où l'atome nucléaire de Rutherford a été conçu, un scientifique du nom de Heinrich Gustav Johannes Kayser avait rédigé un ouvrage de référence en six volumes regroupant 5 000 pages, intitulé *Handbuch der Spectroscopie* (Manuel de spectroscopie), recensant toutes les raies de couleur émises à partir des éléments connus. La question était, bien sûr : pourquoi ? Non pas seulement : « Pourquoi vous donner tout ce travail, Professeur Kayser ? » (nous vous laissons imaginer le succès qu'il pouvait remporter, lors des dîners en ville...), mais aussi « Pourquoi une telle profusion de lignes colorées ? » C'est que plus de soixante ans après sa découverte, la spectroscopie était tout à la fois une extraordinaire moisson d'observations et un désert théorique.

En mars 1912, un physicien danois, Niels Bohr, fasciné par le problème de la structure atomique, se rendit à Manchester pour rencontrer Rutherford. Plus tard, il compara la tentative de décoder le fonctionnement interne de l'atome à partir des données spectroscopiques, à l'espoir de déduire les bases de la biologie d'après l'observation des couleurs de l'aile d'un papillon. Le modèle de l'atome de Rutherford, conçu comme un système solaire, fournit à Bohr un point de départ, et en 1913, il publia la première théorie quantique de la structure atomique. Bien sûr, cette théorie rencontra des problèmes, mais elle recèle plusieurs idées clés qui sont à la base du développement des théories quantiques modernes. Bohr parvint à la conclusion que les électrons ne peuvent occuper que certaines orbites, l'orbite de plus basse énergie se trouvant la plus proche du noyau. Ils sont capables de sauter d'une orbite à l'autre : parvenant à une orbite plus haute, quand ils reçoivent de l'énergie (à partir d'une étincelle dans un tube par exemple), et retombant au bout d'un certain temps, en émettant alors de la lumière. La couleur de la lumière est déterminée précisément par la différence d'énergie entre les deux orbites. La figure 2.1 illustre l'idée de base, la flèche représente un électron qui saute du troisième niveau d'énergie vers le second, en émettant de la lumière (représentée par la ligne ondulée). Dans le modèle de Bohr, l'électron ne peut emprunter que des orbites particulières, dites « quantifiées » ; une descente continue en spirale en direction du noyau est tout simplement interdite. De cette façon, le modèle de Bohr permet de calculer les longueurs d'onde (c'est-à-dire les couleurs) de la lumière observée par Ångström - elles sont attribuées à des sauts d'électrons de la cinquième orbite jusqu'à la deuxième (lumière violette), de la quatrième orbite jusqu'à la seconde (lumière bleu-vert) ou de la troisième orbite jusqu'à la seconde (lumière rouge). Ce modèle prévoit aussi correctement qu'il doit exister de la lumière émise à la suite d'un saut d'électrons vers la première orbite. Cependant, cette lumière représente la partie ultra-violette du spectre, invisible pour l'œil humain, et qui n'avait pas été détectée par Ångström. Elle fut repérée en 1906 par Theodore Lyman, physicien à Harvard, et le modèle de Bohr est en excellent accord avec les résultats de Lyman.

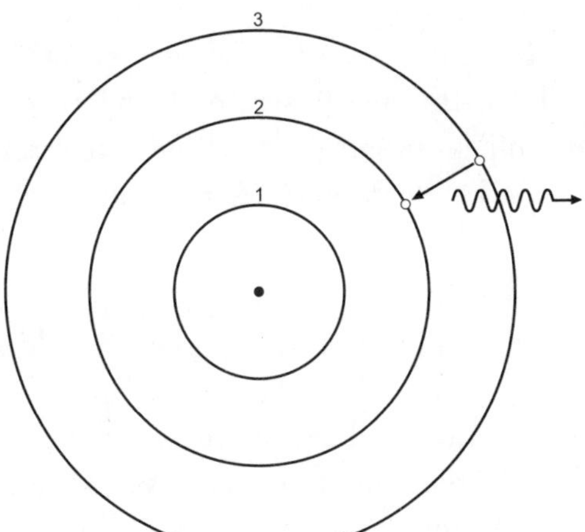

Figure 2.1 Le modèle atomique de Bohr, illustrant l'émission d'un photon (ligne ondulée) lorsqu'un électron (indiqué par la flèche) arrive sur une orbite d'énergie plus basse.

Même si Bohr n'a pas étendu son modèle au-delà de l'hydrogène, les idées qu'il avait introduites peuvent être appliquées à d'autres atomes. Si on admet en particulier que les atomes de chaque élément sont caractérisés par des orbites spécifiques, ils ne pourront jamais émettre que de la lumière appartenant à un ensemble de couleurs bien déterminées. La lumière émise par les atomes est un moyen de les identifier, un peu comme des empreintes digitales ; naturellement les astronomes ne tardèrent pas à exploiter l'unicité des raies spectrales, pour déterminer la composition chimique des étoiles.

Le modèle de Bohr constituait un bon départ, mais des questions embarrassantes subsistaient : qu'est-ce qui interdit au juste à l'électron d'évoluer en spirale en perdant de l'énergie par émission d'ondes électromagnétiques, une idée bien enracinée dans le réel depuis l'invention de la radio ? Et tout d'abord, pourquoi les orbites sont-elles quantifiées ? Enfin, concernant les éléments plus lourds que l'hydrogène, comment allait-on pouvoir déchiffrer leur structure ?

Même incomplète, cette théorie marqua une étape décisive, et elle reste un bon exemple de la marche des sciences vers le progrès des connaissances. En effet, il ne faut surtout pas rester bloqué face à des questions non résolues, souvent totalement déconcertantes. Dans de tels cas, la stratégie des scientifiques est de formuler une conjecture, une hypothèse à peu près justifiée, avant de calculer les conséquences de cette supposition. Si cela fonctionne, au sens où la théorie est en accord avec l'expérience, alors on peut progresser de manière plus assurée, en tentant de justifier plus avant l'hypothèse de départ. L'approche de Bohr fut un succès, mais plusieurs de ses aspects demeurèrent inexpliqués pendant treize années encore.

Nous reviendrons sur l'histoire de ces premières idées quantiques au cours du livre ; pour l'instant attardons-nous sur la masse de résultats étranges et d'interrogations à demi résolues, auxquels les pionniers de la théorie quantique durent faire face. Faisons très brièvement le point : alors que Maxwell a démontré que la lumière est une onde, Planck, puis Einstein, réintroduisent l'idée que la lumière est composée de particules. Rutherford et Bohr ouvrent ensuite la voie à la compréhension de la structure des atomes, mais la façon dont les électrons s'y comportent ne concorde avec aucune théorie connue. Et les divers phénomènes, collectivement désignés sous le nom de radioactivité, dans lesquels les atomes se désintègrent spontanément sans raison repérable, restent un mystère, notamment parce qu'ils introduisent un troublant élément de hasard dans la physique. Il n'y a plus de doute : quelque chose d'étrange se passe dans le monde subatomique.

La première étape vers une vue cohérente et unifiée est unanimement attribuée au physicien allemand Werner Heisenberg : on lui doit tout simplement une approche totalement nouvelle de la théorie de la matière et des forces. En juillet 1925, il publia un article balayant tout l'échafaudage conceptuel ancien, ses incohérences et ses fragiles hypothèses – y compris le modèle atomique de Bohr ! – pour inaugurer une approche neuve de la physique. Voici les premiers mots de ce texte : « Cet article vise à fournir les bases d'une mécanique théorique quantique exclusivement fondée sur des relations entre des grandeurs en principe observables[1]. » C'est une étape importante, car Heisenberg y affirme que les mathématiques sous-jacentes à la théorie quantique ne correspondent pas nécessairement à quoi que ce soit de familier. Le propos de la théorie quantique doit être de prévoir des grandeurs directement observables, telles que la couleur de la lumière émise par des atomes d'hydrogène. Il ne faut pas s'attendre à obtenir quelque image mentale satisfaisante du fonctionnement interne de l'atome, par exemple la position ou la vitesse de l'électron sur une orbite, car d'une part cela n'est pas nécessaire, et cela peut même être impossible. D'un seul coup, Heisenberg élimine la prétention selon laquelle le fonctionnement de la Nature devrait nécessairement concorder avec le sens commun. Ce n'est pas qu'une théorie du monde subatomique n'ait pas à retrouver les résultats de notre expérience quotidienne, concernant le mouvement des objets de grande taille, les balles de tennis ou les avions. Il convient seulement, si les observations expérimentales l'exigent, d'abandonner le préjugé selon lequel, à l'échelle de l'atome ou de ses composants, tout devrait se passer comme avec des modèles réduits d'objets ordinaires.

S'il ne fait aucun doute que la théorie quantique est d'un maniement délicat, alors il ne fait strictement aucun doute que l'approche de Heisenberg est d'un maniement extrêmement délicat... Laissons à Steven

1. Werner Heisenberg, « Réinterprétation en théorie quantique de relations cinématiques et mécaniques » (Trad. B. Escoubès), dans José Leite Lopes, Bruno Escoubès, *Sources et évolution de la physique quantique : Textes fondateurs (EDP Sciences)*

Weinberg, lauréat du prix Nobel, l'un des plus grands physiciens vivants, le soin de donner son appréciation du mémoire de Heisenberg de 1925 :

> « Si le lecteur ou la lectrice reste perplexe devant le travail de Heisenberg, qu'il ou elle sache que d'autres sont dans le même cas. J'ai tenté plusieurs fois de lire l'article que Heisenberg a écrit au retour de l'île d'Heligoland et, même si je crois que je comprends la mécanique quantique, je n'ai jamais saisi les raisons d'Heisenberg pour enchaîner les étapes mathématiques de cette publication. Les physiciens théoriciens dans leurs travaux les plus profonds ont tendance à jouer l'un des deux rôles suivants : ils sont soit des sages, soit des magiciens... Il n'est généralement pas difficile de comprendre les articles des physiciens-sages, mais ceux des physiciens-magiciens sont souvent incompréhensibles. En ce sens, le mémoire de Heisenberg de 1925 était pure magie. »

La philosophie de Heisenberg, cependant, n'est pas « pure magie ». Elle est simple, et elle est au cœur de notre approche dans ce livre : le propos d'une théorie de la Nature est de prévoir les valeurs de quantités qui pourront être comparées à des résultats expérimentaux. Il ne s'agit pas de trouver une théorie en adéquation avec notre perception générale du monde. Pour notre part, bien que nous adoptions la philosophie de Heisenberg, nous aurons la chance d'aborder plus tard dans ce livre l'approche plus transparente de Richard Feynman du monde quantique.

Nous avons utilisé le mot « théorie » assez librement dans les pages précédentes et, avant de continuer à construire la théorie quantique, il serait utile d'examiner en détail un exemple moins complexe. Une bonne théorie scientifique implique un ensemble de règles définissant ce qui peut ou non se produire dans un certain domaine. Elle doit permettre de faire des prévisions susceptibles d'être confrontées à l'observation. Si elles se révèlent fausses, la théorie est mauvaise et doit être remplacée. Si elles s'avèrent en accord avec l'observation, la théorie a simplement survécu à ce test ; car aucune théorie n'est « vraie », dans le sens où il doit toujours être possible de la mettre en défaut. Comme le biologiste Thomas Huxley l'a écrit : « La science est du bon sens organisé, où mainte belle théorie a été mise à mort par un vilain fait. » Toute théorie qui ne se prête pas à la réfutation n'est pas une théorie scientifique - en fait même, on peut aller jusqu'à affirmer qu'elle est dépourvue de toute information. C'est là ce qui différencie les théories scientifiques de simples questions d'opinion. D'ailleurs, le mot « théorie » lui-même n'a pas la même signification en science et dans le langage courant, où il connote souvent un certain degré de spéculation abstraite. Les théories scientifiques peuvent être purement spéculatives, au stade où elles n'ont pas encore été confrontées aux faits, mais une théorie établie est nécessairement soutenue par un grand nombre de preuves expérimentales. Les scientifiques s'efforcent de développer des théories englobant un éventail aussi large que possible de phénomènes, et les physiciens en particulier sont guidés par la perspective de décrire tout ce qui se passe dans le monde matériel, avec un minimum de règles.

Un exemple de bonne théorie, disposant d'une large gamme d'applications, est la théorie de la gravitation d'Isaac Newton, publiée le 5 juillet 1687 dans son traité *Philosophiae Naturalis Principia Mathematica*. C'est la première théorie scientifique moderne, et même si, par la suite, elle s'est montrée inexacte dans certaines circonstances particulières, sa validité est si bonne qu'on l'utilise encore aujourd'hui. Ce n'est qu'en 1915 qu'une théorie plus précise de la gravitation, la relativité générale, fut développée par Einstein.

Une seule équation suffit pour représenter la théorie de la gravitation de Newton :

$$F = G\frac{m_1 m_2}{r^2}$$

Selon votre degré de familiarité avec les notations mathématiques, une telle équation vous paraîtra élémentaire ou complexe. Nous aurons d'autres occasions de rencontrer des équations, et nous vous suggérerons de sauter allègrement les passages qui vous paraissent difficiles, car nous nous efforcerons systématiquement d'exposer les idées clés indépendamment des mathématiques. En revanche, il est nécessaire d'avoir recours aux formules, car elles permettent de montrer pourquoi les choses sont ce qu'elles sont. Sans formules, il nous faudrait recourir à l'attitude du physicien-gourou, capable de faire surgir des idées profondes du néant, or aucun des auteurs ne se sentirait à l'aise dans le rôle de gourou.

Maintenant, revenons à l'équation de Newton. Imaginez une pomme, par un après-midi d'été, à peine accrochée à sa branche. Si l'on en croit la légende, c'est en réfléchissant à la cause de la chute de cette pomme mûre sur sa tête, que Newton fut mis sur la piste de sa théorie. Newton se dit que la pomme était soumise à la force de gravité, qui l'attirait vers le sol ; cette force est symbolisée par F dans l'équation. L'équation permet donc de calculer la force exercée sur la pomme, à condition de préciser la signification des variables figurant dans le membre droit de l'équation. Le symbole r représente la distance entre le centre de la pomme et le centre de la Terre. C'est r^2 qui figure dans la formule, car Newton a découvert que la force dépend du carré de la distance entre les objets : si on double la distance, la force gravitationnelle est divisée par 4 ; si on triple la distance, elle diminue d'un facteur 9, et ainsi de suite. La force est inversement proportionnelle au carré de la distance. Le symbole m_1 représente la masse de la pomme et m_2 celle de la Terre. La force d'attraction gravitationnelle entre deux objets est donc proportionnelle au produit de leurs masses. Cela soulève alors la question : qu'est-ce que la masse ? C'est une question intéressante en elle-même, et pour utiliser la réponse la plus profonde disponible aujourd'hui, il nous faudra attendre d'étudier la particule quantique connue sous le nom de boson de Higgs. Pour l'instant, contentons-nous de dire que la masse mesure la quantité de matière contenue dans quelque chose ; la Terre est plus massive que la pomme. Telle quelle, cette définition est tout à fait insuffisante ; heureusement, Newton a également établi les trois lois du mouvement – les préférées de tous les apprentis physiciens... or la deuxième offre un moyen de mesurer la masse d'un objet indépendamment de la loi de la gravitation. Rappelons ces lois :

1) Chaque objet reste dans son état initial, au repos, ou en mouvement rectiligne uniforme, sauf s'il est soumis à une force ;

2) Un objet de masse m soumis à une force F subit une accélération a. L'équation s'écrit :

$$F = ma$$

3) Pour chaque action, il y a une réaction égale et opposée.

Ces trois lois de Newton fournissent un cadre pour décrire le mouvement des corps sous l'action d'une force. La première loi décrit ce qui arrive à un objet lorsqu'aucune force n'agit : l'objet reste immobile ou se déplace en ligne droite à vitesse constante. Plus tard, nous rechercherons un énoncé équivalent pour les particules quantiques, et ce n'est pas gâcher l'histoire que d'en révéler la fin : les particules quantiques ne restent jamais en place – elles sautent partout, même en l'absence de force. En fait, la notion même de « force » ne figure pas en théorie quantique, et ainsi la deuxième loi de Newton n'y a plus de sens. Soit dit en passant, cela ne signifie pas que les lois de Newton sont à rejeter parce qu'elles ne sont pas totalement exactes. Elles sont adéquates dans de nombreux cas, mais pas pour décrire les phénomènes quantiques. Les lois quantiques remplacent les lois de Newton et donnent une description plus précise du monde. La physique classique se déduit de la description quantique, et il est important de réaliser que la situation ne se résume pas à : « théorie de Newton pour le domaine macroscopique, et théorie quantique pour le microscopique » mais par : « théorie quantique dans tous les domaines ».

La troisième loi de Newton (loi de l'action et de la réaction) ne nous concerne pas directement ici, mais elle mérite un commentaire en passant. Selon cette loi, les forces agissent par paires, de directions opposées ; lorsque nous sommes debout, nos pieds exercent une pression sur la Terre, et celle-ci réagit en les repoussant. Dans un système « fermé », la somme des forces est nulle, ce qui signifie que la quantité de mouvement totale du système est conservée. Nous allons utiliser la notion de quantité de mouvement (on emploie aussi le terme d'impulsion) tout au long de ce livre ; pour une particule, elle est définie comme le produit de la masse de la particule par sa vitesse : $p = mv$. Il faut noter que la conservation de la quantité de mouvement possède encore du sens en théorie quantique, même si l'idée de force n'en a plus.

Intéressons-nous pour l'instant à la deuxième loi de Newton. Selon l'équation $F = ma$, en appliquant une force connue à un corps quelconque et en mesurant l'accélération qui en résulte, on peut déduire la masse du corps, comme rapport de la force à l'accélération ; ce qui suppose à son tour de savoir définir la force, mais ceci n'est pas une question si difficile. Une façon simple (même si elle n'est pas très précise, ni pratique) consisterait à mesurer une force en fonction d'une traction exercée par une chose standardisée, disons une tortue de corpulence moyenne par exemple. Considérons la traction exercée par cette tortue, marchant en ligne droite avec un harnais attaché à l'objet tiré. Nous pourrions appeler notre tortue « Tortue SI », homologuée par le Système International d'unités, et la conserver avec toutes les précautions possibles au Bureau International des Poids et Mesures, au pavillon de Breteuil à Sèvres. Deux tortues attelées exerceraient le double de la force unité, trois le triple et ainsi de suite. Nous pourrions alors exprimer toute poussée ou traction en termes de Tortues SI.

Étant donné ce système – suffisamment ridicule pour être agréé par tout comité international de normalisation[1] – on peut simplement tirer un objet avec une tortue étalon et mesurer son accélération, ce qui nous permettra d'en déduire la masse de l'objet en utilisant la deuxième loi de Newton. On peut alors répéter le processus pour obtenir la masse d'un second objet, et utiliser ces deux quantités dans la loi de la pesanteur pour déterminer la force d'attraction gravitationnelle entre les deux masses. Pour définir en nombre d'équivalents-tortues la force gravitationnelle entre deux masses, il nous reste à calibrer le système dans son ensemble en fonction de la force de gravité elle-même, et c'est là que le symbole G entre en jeu.

G est une valeur fondamentale qu'on appelle la constante gravitationnelle de Newton. Elle permet de calculer l'intensité de la force d'attraction entre deux masses. Si sa valeur était deux fois plus grande, la pomme de Newton accélérerait deux fois plus sa chute ; c'est l'une des propriétés fondamentales de notre Univers, qui serait très différent, si sa valeur était différente. On fait généralement l'hypothèse que G est identique partout dans l'Univers, et qu'il a toujours gardé la même valeur (G apparaît aussi dans la théorie d'Einstein de la gravitation, où c'est également une constante)[2]. Il existe d'autres constantes universelles de la Nature que nous rencontrerons dans ce livre. En mécanique quantique, la plus importante est la constante de Planck, en hommage au pionnier Max Planck présenté au premier chapitre, à laquelle on attribue le symbole h. Nous aurons aussi besoin de la vitesse de la lumière c, qui n'est pas seulement la vitesse à laquelle la lumière se propage dans le vide, mais aussi la limite de vitesse universelle. Comme le dit Woody Allen : « Il est

1. Mais ce n'est pas si ridicule, quand on se souvient qu'il existe une unité classique de puissance, le cheval-vapeur, qui possède toute une série de variantes : le cheval-vapeur électrique, les chevaux fiscaux, etc.

2. Voir cependant les perspectives ouvertes en cosmologie par l'hypothèse de la variation de G au cours du temps (par exemple dans *Le Livre des Univers*, John Barrow, Dunod, 2012).

impossible de dépasser la vitesse de la lumière, et ce ne serait certainement pas souhaitable, car notre chapeau s'envolerait sans cesse. »

Les trois lois du mouvement de Newton et sa loi de la gravitation sont tout ce qui est nécessaire pour comprendre les mouvements dans un champ de pesanteur. Il n'existe pas de règles dont nous n'aurions pas fait état – ces quelques lois suffisent pour permettre, par exemple, de décrire les orbites des planètes du système solaire. Elles définissent les seuls types de trajectoires que peuvent suivre des corps soumis seulement à la gravitation. Ces lois suffisent à démontrer que les planètes, les satellites, les comètes, les astéroïdes et les météorites, ne peuvent se déplacer dans le système solaire que selon des courbes, connues depuis l'Antiquité sous le nom de « sections coniques ». La plus simple de ces courbes, le cercle, est celle que suit la Terre, avec une très bonne approximation, dans son orbite autour du Soleil. Plus généralement, les planètes et les lunes se déplacent suivant des orbites elliptiques. Les ellipses se trouvent partout sous nos yeux, chaque fois que nous regardons des cercles sans nous trouver rigoureusement en face ; pensez-y, la prochaine fois où vous verrez une pièce de monnaie, une roue ou un panneau circulaire... Les deux autres sections coniques sont la parabole et l'hyperbole. Une parabole est la trajectoire suivie par un projectile. La dernière section conique, l'hyperbole, est le chemin que suit l'objet le plus lointain jamais construit par l'espèce humaine, et expédié en direction des étoiles : il s'agit de la sonde spatiale Voyager. Au moment où nous écrivons ce livre, elle se trouve à 17 610 000 000 kilomètres de la Terre, et s'éloigne du système solaire à la vitesse de 538 000 000 km par an. C'est une extraordinaire réalisation technique, lancée en 1977 ; elle est toujours en contact avec la Terre, enregistre sur bande magnétique les mesures du vent solaire, et les retransmet avec une puissance de 20 watts. Voyager, et sa sonde jumelle Voyager 2, sont des témoins parfaitement représentatifs de la volonté humaine d'explorer notre Univers. Les deux engins spatiaux sont allés rendre visite à Jupiter et à Saturne, et Voyager 2 va continuer vers Uranus et Neptune. Ils naviguent dans le système solaire avec précision, selon des trajectoires balistiques n'utilisant que la gravitation pour les lancer au-delà des planètes, dans l'espace interstellaire. Leur course, entre les planètes intérieures et extérieures et vers les étoiles, a été calculée sur Terre sans rien de plus que les lois de Newton. Voyager 2 se trouvera près de Sirius, l'étoile la plus brillante du ciel, dans un peu moins de 300 000 ans. Toutes ces réalisations et toutes ces connaissances découlent de la théorie de la gravitation de Newton et de ses lois du mouvement.

Les lois de Newton fournissent une image parfaitement cohérente avec notre intuition du monde. Comme nous l'avons vu, elles prennent la forme d'équations – relations mathématiques entre grandeurs mesurables – permettant de prévoir avec précision les mouvements des corps. De manière implicite, tout, dans ce cadre théorique, repose sur l'hypothèse que les objets sont, à chaque instant, caractérisés par une position et qu'ils se déplacent de manière continue d'une position à une autre. Il paraît tellement évident que cette supposition est vraie, qu'il ne semble pas nécessaire de la mentionner ni de la commenter ; mais en fait, il nous faut reconnaître qu'il ne s'agit que d'un présupposé, certes cohérent avec notre expérience, mais qui n'est fondé sur aucune certitude. Qu'est-ce qui nous assure qu'une chose est ici, ou bien là, et qu'elle ne se trouve pas au même instant en deux endroits différents ? Bien sûr, votre abri de jardin n'est en aucune façon situé en deux endroits distincts simultanément – mais qu'en est-il d'un électron dans un atome ? Serait-il possible qu'il soit en même temps « ici » et « là » ? Pour l'instant ce genre d'idée semble déraisonnable, essentiellement parce que nous sommes dans l'impossibilité de nous en faire une représentation mentale ; mais nous allons être contraints d'admettre que c'est bien de cette façon que les choses fonctionnent. À ce stade de notre développement, cette étrange déclaration a seulement pour but de souligner que les lois de Newton sont construites sur de l'intuition, et que du point de vue de la physique fondamentale, nous avons affaire à une maison bâtie sur du sable.

Il existe une expérience très simple, d'abord réalisée par Clinton Davisson et Lester Germer aux Laboratoires Bell aux États-Unis, publiée en 1927, montrant que l'image intuitive du monde de Newton est erronée. Bien que les pommes, les planètes et les gens se comportent sans nul doute de manière « newtonienne », passant d'un point à l'autre de manière continue et prévisible en fonction du temps, cette expérience met en évidence qu'il en est tout autrement des composants fondamentaux de la matière.

Voici la première phrase de l'article de Davisson et Germer : « L'intensité de la diffusion d'un faisceau homogène d'électrons d'énergie variable sur un monocristal de nickel a été mesurée en fonction de la direction... » Fort heureusement, il existe une version simplifiée de leur expérience, qui nous offre un moyen d'apprécier le contenu central de leur résultat. Il s'agit de l'expérience dite des fentes d'Young[1]. Une source émet des électrons, qui percutent un écran percé de deux fentes fines (ou trous). De l'autre côté, il y a un autre écran qui s'illumine quand un électron l'atteint. La source d'électrons n'a pas d'importance en elle-même, mais en pratique on peut imaginer un filament chauffé placé devant le premier écran[2]. Nous avons schématisé l'expérience des fentes d'Young dans la figure 2.2.

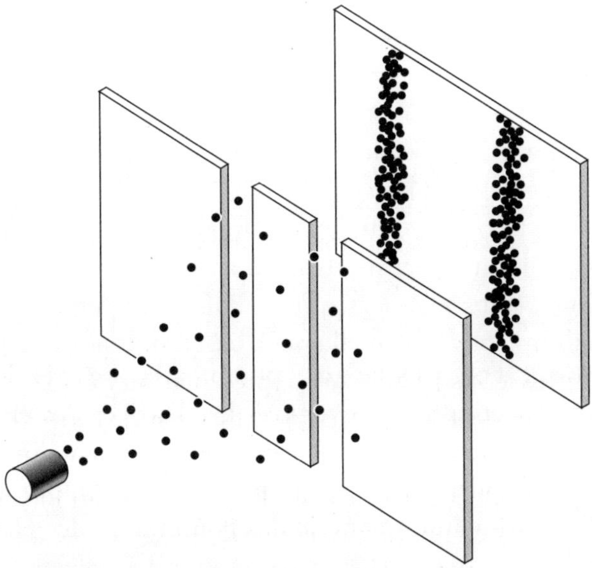

Figure 2.2 Un canon à électrons envoie des électrons vers une paire de fentes ; s'ils se comportaient comme des particules « classiques », nous devrions observer deux bandes lumineuses sur l'écran, comme le montre l'illustration : or le résultat de l'expérience est tout différent.

1. Initialement, le dispositif expérimental des fentes d'Young était destiné à mettre en évidence les interférences en lumière visible. Puis ce principe d'interféromètre (*double slit*) a été généralisé, jusqu'aux ondes des particules matérielles.

2. Avant les « écrans plats » du début des années 2000, les télévisions à tubes cathodiques fonctionnaient suivant ce principe : les électrons engendrés par un filament chauffé étaient focalisés, et le faisceau obtenu était accéléré par une différence de potentiel électrique, avant de tomber sur un écran luminescent.

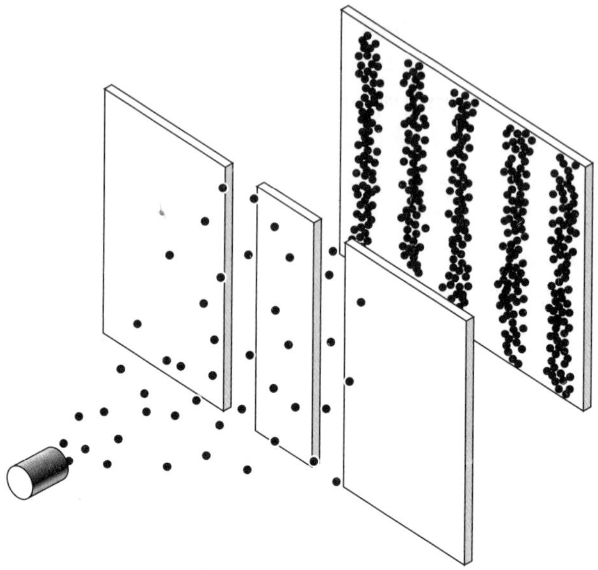

Figure 2.3 En réalité, les électrons ne frappent pas l'écran luminescent dans l'alignement des fentes. Au lieu de cela, ils forment un système de franges : électron par électron, les franges se construisent au fil du temps.

Imaginez que l'on prenne une photo, avec un très long temps d'exposition, des étincelles provoquées par l'arrivée des électrons, un à un, sur l'écran luminescent. Qu'observera-t-on sur l'image ? Si les électrons sont simplement de petites particules se comportant comme des projectiles ordinaires – comme des pommes ou des planètes – on peut s'attendre à ce que l'image finale ressemble à celle de la figure 2.2. Quelques électrons passent à travers les fentes, la plupart sont arrêtés. Ceux qui passent formeront des images des fentes, avec un peu de flou du fait des chocs contre les bords des fentes.

Mais ce n'est pas du tout ce que l'on observe : au lieu de cela, l'image ressemble à la figure 2.3. Davisson et Germer publièrent dans leur article de 1927 une image de ce genre. Davisson reçut en 1937 le prix Nobel pour la « mise en évidence expérimentale de la diffraction des électrons par les cristaux. » Le prix fut partagé, non pas avec Germer, mais avec George Paget Thomson, qui avait observé le même phénomène avec un autre dispositif expérimental, à l'université d'Aberdeen. Les franges alternativement claires et sombres constituent des figures d'interférences typiques. Or les interférences sont caractéristiques des phénomènes ondulatoires. Pour le comprendre, imaginons que l'expérience des deux fentes soit réalisée avec des ondes à la surface de l'eau, au lieu d'électrons.

Prenons un bac rempli d'eau avec une paroi, interposée à mi-chemin, percée de deux fentes. Le filament chaud émetteur est remplacé par un dispositif provoquant des ondes : une planchette immergée mise en mouvement par un moteur fera l'affaire. Au lieu de l'appareil photographique, il suffira d'observer l'amplitude des ondes. Les vaguelettes traversent le bac à la surface de l'eau jusqu'à la paroi percée de fentes. La plus grande partie va être réfléchie. Une petite partie traversera les fentes, mais sans continuer en droite ligne : elles se dispersent, ou pour employer le terme exact, elles sont diffractées, car chaque fente agit comme une nouvelle source d'ondes. Ces ondes, représentées sur la figure 2.4 par des demi-cercles de rayon croissant, se propagent vers l'extrémité du bac, où l'on observe leur amplitude.

Figure 2.4 Vu de haut, un bac rempli d'eau traversé par des ondes émanant de deux points situés dans la partie supérieure de l'image. Les deux ondes circulaires se superposent et interfèrent les unes avec les autres. Les « rayons » sombres sont les régions où les deux ondes s'annulent les unes les autres, la surface de l'eau y reste calme.

Cette figure présente une démonstration visuelle frappante du comportement des ondes. On y voit des régions sombres où il n'y a pas d'ondes du tout, qui semblent rayonner à partir des fentes, tandis que dans d'autres zones on voit les sommets et les creux des vagues. Le parallèle avec les phénomènes observés par Davisson, Germer et Thomson est très net. Dans le cas d'électrons tombant sur un écran, les zones où l'on en détecte peu sont analogues à celles où, dans un bac d'eau, la surface demeure calme – ce sont les rayons sombres bien visibles sur la figure.

Pour un bac rempli d'eau, il est assez facile de comprendre comment se produisent ces aspects d'interférence : les ondes diffractées par les fentes s'additionnent ; si les sommets d'une onde coïncident avec les creux de l'autre, les ondulations s'annulent. À un autre endroit, les sommets coïncidant parfaitement, donnent une onde d'amplitude plus grande. Ce que l'on observe en un point donné est fonction de la distance aux deux fentes. Le résultat est une alternance entre zones calmes et agitées, une figure d'interférence typique.

Contrairement aux ondes à la surface de l'eau, le fait que des électrons produisent une figure d'interférence est très difficile à comprendre. Si l'on se fie au sens commun – ce serait aussi sans doute le point de vue de Newton – les électrons quittent le filament source, se propagent en ligne droite vers l'écran percé de fentes (car il n'y a pas de forces qui agissent sur eux, rappelez-vous la première loi de Newton), passent à travers l'ouverture avec peut-être une légère déviation s'ils ricochent sur le bord, puis continuent en droite ligne, jusqu'à ce qu'ils atteignent l'écran luminescent. Mais cela ne produirait pas de figure d'interférence – on verrait seulement deux lignes comme le montre la figure 2.2. Pour expliquer l'apparition des franges d'interférence, il faudrait imaginer quelque mécanisme ingénieux par lequel les électrons exerceraient une force l'un sur l'autre, de façon à provoquer une déviation par rapport à la trajectoire rectiligne au passage par la fente. Mais une hypothèse de ce genre doit être écartée, parce qu'il est possible de réaliser l'expérience en envoyant un seul électron à la fois. Naturellement, le résultat sera long à apparaître, mais, lentement et sûrement, les électrons frapperont l'écran l'un après l'autre, faisant apparaître progressivement les franges d'interférence. C'est un fait extrêmement surprenant, car en principe ces franges sont absolument liées à l'interférence entre deux ondes, or dans notre dispositif, il n'y a jamais plus d'un électron à la fois, qui pourtant construit point par point les franges sur l'écran. C'est un exercice mental profitable que de tenter d'imaginer comment il se peut que, particule après particule, de petits projectiles forment sur l'écran une figure d'interférence typique d'ondes arrivant sur deux fentes. C'est un bon exercice, car il doit vous convaincre, après quelques heures de vains efforts, qu'avec des projectiles classiques, l'apparition de franges est inconcevable. Il nous faudra bien admettre que les électrons ne se comportent absolument pas comme des projectiles ordinaires, mais qu'ils sont capables, en quelque sorte « d'interférer avec eux-mêmes ». Le défi est de parvenir à une théorie capable d'expliquer ce qu'une pareille affirmation pourrait bien signifier.

Complétons l'exposé de l'expérience de Davisson et Germer (1927) et de sa difficile interprétation, par un intéressant prolongement historique, à propos de George Paget Thomson. C'était le fils de Joseph John Thomson, qui avait reçu le prix Nobel pour avoir découvert l'électron en 1899, en montrant qu'il s'agissait d'une particule, caractérisée par sa charge électrique et par sa toute petite masse, qui en faisait un minuscule grain de matière. Or il advint que son fils reçut aussi le prix Nobel quarante ans plus tard, pour avoir contribué à démontrer que l'électron n'était pas conforme à l'idée que son père avait pu s'en faire. J.-J. Thomson n'avait pas tort, concernant la masse et la charge de l'électron : chaque fois que nous observons un électron, il apparaît comme un point matériel. Cependant, son comportement n'est pas exactement celui d'une particule ordinaire, comme Davisson, Germer et Thomson junior l'ont découvert. Il est important de préciser que l'électron n'a pas non plus totalement les caractéristiques d'une onde : le motif d'interférence ne provient pas d'une répartition continue d'énergie, mais il est constitué par l'accumulation progressive de nombreux points individuels. Lorsqu'on détecte les électrons, c'est toujours sous forme de particules isolées ponctuelles.

Peut-être commencez-vous déjà à vous convaincre de la nécessité d'adopter le point de vue de Heisenberg sur les grandeurs observables ? Si nous observons des particules, il nous faut une théorie des particules. De plus, elle doit également être en mesure de prévoir l'apparition d'une figure d'interférence qui s'accumule lorsque les électrons, un par un, passent à travers les fentes et arrivent sur l'écran. Or la façon dont les électrons passent de la source aux fentes, puis à l'écran, ne fait pas partie de notre observation. Il n'est pas nécessaire de l'imaginer conformément à notre expérience quotidienne. En fait, nous n'avons même pas à discuter du « trajet » de l'électron. Tout ce que nous avons à faire, est de trouver une théorie capable de calculer le résultat observé dans l'expérience des fentes d'Young. C'est ce que nous ferons dans le chapitre suivant.

Ne faites pas l'erreur de croire que tout ceci n'est qu'un exemple fascinant de microphysique, sans grand rapport avec l'ensemble du monde. La théorie quantique des particules développée pour expliquer l'expérience des fentes d'Young se révèle également capable d'expliquer la stabilité des atomes, les spectres de couleur émis par les éléments chimiques, la radioactivité – en somme toutes les grandes énigmes qui, au début du XXe siècle, laissaient perplexes les scientifiques. Le fait que notre cadre théorique décrive aussi la façon dont les électrons se comportent au sein de la matière nous permettra également de comprendre le fonctionnement de ce que l'on peut légitimement considérer comme l'invention la plus importante du XXe siècle : le transistor.

Dans le tout dernier chapitre du livre, nous parviendrons à une application frappante de la théorie quantique, qui représente l'une des grandes démonstrations de la puissance du raisonnement scientifique. Les prévisions les plus étonnantes de la théorie quantique concernent généralement le comportement d'objets microscopiques. Mais comme ceux-ci sont les constituants des corps de plus grande taille, la physique quantique est requise dans certaines circonstances pour expliquer les propriétés de certains des objets les plus massifs de l'Univers – les étoiles. Notre Soleil, par exemple, est le terrain d'une lutte constante contre la gravitation. Cette boule de gaz, dont la masse fait plus de 300 000 fois celle de notre planète, a une pesanteur en surface à peu près vingt-huit fois supérieure à celle de la Terre : il existe donc un grand risque d'effondrement gravitationnel. Ce risque est compensé par la pression vers l'extérieur générée par les réactions de fusion nucléaire : dans le noyau solaire, 600 millions de tonnes d'hydrogène sont converties en hélium à chaque seconde. Mais aussi énorme que soit notre étoile, la combustion de carburant à un tel rythme aura inéluctablement des conséquences :

les ressources en hydrogène du Soleil seront un jour épuisées. Aucun obstacle ne s'opposant plus alors à la pesanteur, il semblerait qu'aucune force naturelle ne puisse plus arrêter l'effondrement de la masse stellaire sur elle-même.

En réalité, la physique quantique intervient et sauve le destin de l'étoile, qui peut devenir une naine blanche, et tel sera le sort final de notre Soleil. À la fin de ce livre, nous utiliserons nos connaissances en mécanique quantique pour déterminer la masse maximale d'une naine blanche. Ce calcul, d'abord effectué en 1930 par l'astrophysicien indien Subrahmanyan Chandrasekhar, a pour résultat environ 1,4 fois la masse du Soleil. De façon tout à fait remarquable, ce calcul ne nécessite que la connaissance de la masse du proton et des valeurs des trois constantes de la Nature déjà rencontrées : constante universelle de la gravitation, vitesse de la lumière et constante de Planck.

Cette application de la théorie quantique et la détermination de ces quatre grandeurs pourraient en principe avoir été réalisées sans jamais avoir vu une seule étoile. Il est possible d'imaginer une civilisation extraordinairement agoraphobe, confinée dans des grottes profondes sous la surface de leur planète. N'ayant aucune idée d'un quelconque ciel, cette civilisation pourrait avoir développé la théorie quantique. Juste pour le plaisir, ils pourraient même décider de calculer la masse maximale d'une sphère gazeuse géante. Et voilà qu'un beau jour, un explorateur intrépide s'aventure en surface pour la première fois. Émerveillement et effroi : au-dessus de lui, un ciel constellé de lumières, une galaxie de cent milliards d'étoiles s'étendant d'un bout à l'autre de l'horizon. L'explorateur pourra dès lors contrôler, comme nous l'avons fait nous-mêmes de notre observatoire terrestre, que dans cette immensité, parmi les pâles vestiges des étoiles mourantes, il n'en existe pas un seul dont la masse soit supérieure à la limite de Chandrasekhar.

3

DESSINE-MOI UNE PARTICULE !

Pour progresser vers la théorie quantique, nous allons emprunter la voie tracée par Richard Feynman, prix Nobel et virtuose de bongo, que son ami et collaborateur Freeman Dyson décrivit ainsi pour le *New-Yorker* : « moitié génie, moitié clown » ; mais plus tard, Dyson affina sa description : « total génie, total clown. » Si nous choisissons de suivre dans ce livre sa présentation de la physique quantique, c'est qu'elle nous a semblé tout à la fois féconde et dépourvue de complications mathématiques.

En tant que théoricien, Richard Feynman s'est montré créatif et profond, mais il fut aussi un extraordinaire enseignant, capable de communiquer sa compréhension de la physique devant son auditoire avec une clarté inégalée et un maximum de simplicité. Il ne détestait rien tant que les détours inutiles dans les raisonnements scientifiques. Mais profondément honnête, il n'a rien dissimulé de la nature paradoxale de la théorie quantique ; voici ce qu'il en dit : « Les particules subatomiques ne se comportent pas comme des ondes, ni comme des particules, ni comme des nuages, ni des boules de billard, ni des masses attachées à des ressorts, ni comme quoi que ce soit que vous ayez déjà vu[1] ». Construisons donc un modèle décrivant leur comportement de façon adéquate.

Comme point de départ, nous supposerons que les blocs de construction élémentaires de la nature sont des particules. Ceci a été confirmé,

1. Extrait de son grand classique, *Le cours de physique de Feynman* (Dunod 1999).

non seulement par l'expérience des fentes d'Young, où les électrons sont toujours détectés à des endroits précis de l'écran, mais par toute une série d'autres expériences. En effet, c'est à juste titre que « la physique des particules » est ainsi dénommée. La question à laquelle nous devons répondre est la suivante : comment les particules se déplacent-elles ? Bien sûr, l'hypothèse la plus simple serait que ces particules ponctuelles se déplacent sur de jolies lignes droites, ou sur des trajectoires courbes sous l'action de forces, selon Newton. Mais ces hypothèses sont contredites par les résultats de l'expérience des fentes d'Young, qui requièrent que les électrons « interfèrent avec eux-mêmes » au passage à travers les fentes, ce qui implique qu'ils puissent d'une certaine façon s'étaler. Voilà donc la difficulté : construire une théorie de particules ponctuelles, tout en leur attribuant une dimension qui ne soit pas réduite à un point. Ce n'est pas aussi impossible que cela peut le paraître : il suffit d'admettre qu'une particule puisse être *en plusieurs endroits à la fois.* Bien sûr, cela peut encore sembler impossible, mais au moins cette proposition est-elle assez claire, même si de prime abord elle peut paraître absurde. À partir de maintenant, l'expression « particules quantiques » désignera des « particules-ponctuelles-étalées-dans-l'espace ».

Cette proposition : « une particule peut être en plusieurs endroits à la fois », nous éloigne de notre expérience quotidienne, et nous pénétrons en territoire inconnu ; mais il ne faudrait pas que ce type d'obstacle vous donne le sentiment d'être perdu. Il faut suivre Heisenberg et apprendre à se familiariser avec des représentations du monde qui vont à l'encontre de notre expérience concrète. « Ne pas être en terrain familier » peut donner l'impression « d'être perdu », et très souvent, les étudiants en physique quantique ont tendance à vouloir expliquer ce qui se passe, en faisant référence au quotidien. C'est cette résistance aux idées nouvelles qui conduit effectivement à se sentir perdu, pas la difficulté inhérente aux idées elles-mêmes ; le monde réel ne se comporte tout simplement pas comme nous en avons l'habitude. Il faut donc garder l'esprit ouvert et ne pas se laisser troubler par ce qui est étranger. Shakespeare l'exprime bien, quand il fait dire à Hamlet : « Et accueille-le donc comme il convient à un étranger. Il y a plus de choses dans le ciel et sur la terre, Horatio, que ne peut en rêver toute ta philosophie. »

Une bonne façon de démarrer consiste à analyser en détail l'expérience des fentes d'Young dans le cas des ondes à la surface de l'eau : pourquoi les ondes donnent-elles naissance à des franges d'interférence ? Nous aurons alors à nous assurer que notre théorie des particules quantiques rend compte de ce comportement, pour avoir une chance d'expliquer l'expérience de la double fente pour les électrons.

Il y a deux raisons pour lesquelles une onde passant à travers deux fentes peut interférer avec elle-même. La première est que l'onde passe à travers les deux fentes simultanément, créant deux nouvelles ondes, poursuivant leur chemin et se recombinant ; cela est à l'évidence possible pour une onde. Il n'y a pas de difficulté à se représenter une vague de l'océan atteignant le rivage et déferlant sur une plage. C'est un mur d'eau, possédant un certain étalement spatial et étant en mouvement. Comment allons-nous faire pour que notre particule quantique « possède un certain étalement spatial et soit en mouvement » ? La deuxième raison est que les deux nouvelles ondes sortant des fentes sont en mesure de s'ajouter ou de se soustraire en se combinant. Cette capacité d'interférer des deux ondes est évidemment cruciale pour expliquer la figure d'interférence ; un cas limite est celui où la crête d'une onde coïncide avec le creux de l'autre, auquel cas elles s'annulent complètement. Il faudra qu'il en soit de même de notre particule quantique, pour lui permettre d'interférer en quelque sorte avec elle-même.

L'expérience des fentes d'Young relie le comportement des électrons à celui des ondes : jusqu'où va cette similitude ? Regardez la figure 3.1, en ignorant tout d'abord les lignes joignant A à E et B à F. Ce dessin représente un bac rempli d'eau calme. À un instant initial, on agite l'eau du côté gauche, provoquant une onde à la surface de l'eau, figurée par des lignes ondulées, se déplaçant vers la droite. À gauche du dessin, on voit la photo instantanée, qui a été prise tout de suite après. Un second instantané, pris un peu plus tard, montre l'onde arrivée au voisinage des fentes. Plus tard encore, l'onde est passée à travers les deux fentes, engendrant la figure d'interférence illustrée à droite.

Maintenant relisons ce dernier paragraphe, en remplaçant « onde à la surface de l'eau » par « onde électronique » – peu importe le sens attribué à cette dernière expression. Une onde électronique, traversant l'eau comme une onde, doit pouvoir expliquer les franges d'interférences

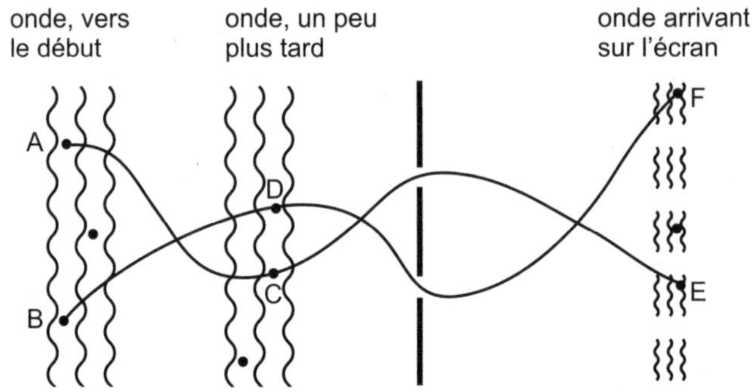

Figure 3.1 Onde décrivant un électron qui va de la source jusqu'à l'écran. Ce schéma ne présente que deux des chemins possibles (A-C-E et B-D-F). Il existe en réalité pour l'électron une infinité de chemins.

observées. Mais nous n'avons pas à nous préoccuper du fait que la figure d'interférence engendrée est constituée de points individuels, du fait que les électrons frappent l'écran un à un. À première vue, cet aspect discontinu semble en contradiction avec l'idée d'une onde continue, mais ce n'est pas le cas. L'astuce est de prendre conscience que pour comprendre le phénomène, il ne faut pas interpréter l'onde électronique comme une perturbation matérielle réelle (ce qui est le cas pour l'onde à la surface de l'eau), mais simplement comme une information sur la position probable de l'électron. Nous avons bien dit « l'électron », car l'onde électronique a pour but de décrire le comportement d'un unique électron – dans l'espoir de comprendre une figure d'interférences constituée de points individuels. Nous avons affaire à une onde électronique, et non pas à une onde d'électrons : ne tombons pas dans le piège de penser autrement. Si nous imaginons l'onde à un instant donné, si son amplitude est grande, il faut en déduire que l'électron est probablement là, et dans le cas contraire, qu'il n'est vraisemblablement pas là. Quand l'onde atteint l'écran, le point qui apparaît signale la position de l'électron. Le seul rôle de l'onde électronique est de permettre de calculer la probabilité de présence de l'électron en un point donné de l'écran. Si nous acceptons de ne pas poser la question de la nature de l'onde, alors tout devient simple, car une fois que nous connaissons l'onde, nous pouvons déterminer la probabilité de présence de l'électron ici ou là. Cela devient tout particulièrement intéressant si on se demande ce que cette manière de voir peut nous dire sur le *parcours* de l'électron de la fente à l'écran.

Auparavant, il pourrait être utile de relire le paragraphe précédent, car nous y posons des jalons importants. Nous ne prétendons pas que tout cela soit évident, et encore moins intuitif. Cette notion d'onde électronique a toutes les propriétés nécessaires pour expliquer l'apparition de la figure d'interférences observée expérimentalement, mais elle n'est qu'une hypothèse de travail. En bon physicien, il convient d'en examiner les conséquences, puis de voir si elles sont conformes à la Nature.

Revenons maintenant à la figure 3.1 ; l'idée est de décrire, à chaque instant, l'électron par une onde, en conservant l'analogie avec des ondes à la surface de l'eau. Au début, l'onde électronique se trouve à gauche des fentes. L'électron est, en un certain sens, situé quelque part dans l'onde. Plus tard, l'onde a avancé vers les fentes, et l'électron est désormais quelque part dans cette nouvelle région. Nous disons l'électron « peut aller de A à C », ou « de B à D », ou « de A à D », et ainsi de suite. Ceci étant entendu, représentez-vous ce qui se passe plus tard, une fois que l'onde a traversé les fentes et atteint l'écran : l'électron est peut-être en E, ou en F. Les courbes tracées sur la figure représentent deux des chemins que l'électron aurait pu prendre pour aller de la source à l'écran, à travers les fentes. Il aurait pu aller de A à C puis à E, ou de B à D puis à F. Ce ne sont que deux des chemins possibles pour l'électron, parmi un nombre infini.

Le point crucial est qu'il ne faudrait surtout pas dire : « certes, l'électron aurait pu passer par n'importe lequel de ces chemins, mais dans la réalité, il est passé par un seul d'entre eux ». Si nous disions cela, nous n'aurions plus aucune chance d'expliquer la figure d'interférence, tout comme si, dans l'expérience des ondes dans l'eau, nous avions obturé l'une des fentes. Il faut permettre à l'onde de passer par les *deux* fentes afin d'obtenir des franges d'interférence, et cela signifie que nous devons permettre à l'électron tous les chemins possibles entre la source et l'écran. En d'autres termes, quand nous disons « l'électron se trouve quelque part dans l'onde », il faut entendre qu'il est partout en même temps dans l'onde ! C'est ainsi que nous devons penser, car si nous supposons que l'électron se situe en fait en un point précis, l'onde est réduite à ce point, elle n'a plus d'étalement spatial, et nous perdons l'analogie avec l'onde dans l'eau. Dans ce contexte, une figure d'interférence serait inexplicable.

Encore une fois, il pourrait être utile de relire le raisonnement ci-dessus, car il conditionne une grande partie de la suite. Il ne s'agit pas d'un tour de passe-passe : nous disons seulement qu'il nous faut une onde occupant un certain espace, et qui soit en même temps un électron ponctuel ; cela peut s'exprimer en disant que l'électron balaye simultanément tous les chemins possibles de la source à l'écran.

L'onde électronique se définit donc comme un électron se déplaçant de la source à l'écran par une infinité de voies différentes. En d'autres termes, la bonne réponse à la question : « par où cet électron est-il passé pour arriver sur l'écran ? » est la suivante : « il est passé par une infinité d'itinéraires possibles, certains à travers la fente du haut, d'autres à travers celle du bas ». Clairement ce « il », qui désigne l'électron, ne se réfère pas à une particule ordinaire ; son comportement n'est en rien celui des particules de notre environnement quotidien. C'est cela, une particule quantique.

Étant à la recherche d'une description de l'électron ressemblant à bien des égards au comportement d'une onde, il nous faut trouver une manière plus précise d'aborder les ondes. Nous commencerons par décrire ce qui se passe dans un bac d'eau, lorsque deux ondes se rencontrent, se combinent en interférant. Pour ce faire, nous avons besoin d'un moyen commode de représenter les positions des pics et des creux de chacune des deux ondes. En langage technique, on parle de phases. En langage familier : deux choses sont « en phase » si elles se renforcent l'une l'autre de quelque façon, ou « pas en phase » dans le cas contraire. Ce mot est également utilisé pour décrire la Lune : suivant un cycle de 29,5 jours environ, la Lune passe de « pleine » à « nouvelle », avant de redevenir « pleine ». L'étymologie du mot « phase » provient du grec *phasis*, qui signifie « apparition et disparition d'un phénomène astronomique », comme par exemple les aspects de la surface lunaire. Son usage actuel dans le champ scientifique fait référence aux phénomènes cycliques. C'est cette notion que nous allons adapter pour élaborer une représentation graphique des positions des sommets et des creux des ondes.

Regardons la figure 3.2. On peut représenter une phase par un cadran d'horloge pourvu d'une aiguille unique. Cela nous donne la liberté de représenter visuellement toutes les valeurs possibles sur 360°. L'aiguille peut pointer sur n'importe quelle heure : midi, trois heures, neuf heures et tous les points intermédiaires. Dans l'exemple des phases lunaires, la nouvelle lune est représentée par l'aiguille pointant sur 12 h, le premier croissant à 1 h 30, le premier quartier à 3 h, la phase gibbeuse croissante à 4 h 30, la pleine Lune à 6 h et ainsi de suite. La situation concrète de l'aspect lunaire est ainsi représentée par un symbole abstrait, la position d'une aiguille sur un cadran. L'aiguille en haut du cadran se traduit immédiatement par la nouvelle lune, et même des positions intermédiaires ont du sens : l'aiguille sur 5 h signale la proximité de la phase de pleine lune. Ce recours à des figurations abstraites est indispensable en physique – c'est essentiellement à cela que servent les mathématiques aux physiciens. La puissance de cette approche tient au fait que les symboles abstraits se prêtent à des manipulations simples permettant d'aboutir à des prévisions certaines touchant au monde réel. C'est ce rôle que jouent, comme on va le voir, les cadrans d'horloge, car nous allons les utiliser pour suivre l'évolution des positions relatives des creux et des sommets des ondes ; nous pourrons dès lors calculer si elles s'annulent ou se renforcent lorsqu'elles se rencontrent.

La figure 3.3 représente à un instant donné deux ondes à la surface de l'eau. Des horloges affichent 12 h pour les sommets et 6 h pour les creux ; comme dans le cas des phases lunaires, toutes les positions intermédiaires ont aussi du sens. La distance entre deux creux ou deux sommets successifs de l'onde est une grandeur caractéristique, appelée longueur d'onde.

Les deux ondes de la figure 3.3 ne sont pas en phase, elles ont même des phases totalement opposées, car on voit que les sommets de l'onde du haut correspondent exactement aux creux de l'onde du bas, et vice-versa. Il est clair que si on additionne ces deux ondes, elles s'annulent totalement : c'est la ligne horizontale qui représente l'état de l'onde résultante au bas de la figure. En l'image de l'horloge, nous voyons que les aiguilles indiquant 12 h de l'onde du haut, correspondent aux aiguilles marquant 6 h pour l'onde du bas ; en tout point, elles indiquent des directions exactement opposées.

Il est bien possible qu'à ce stade, l'emploi des horloges paraisse une complication inutile. Il est bien vrai que pour additionner deux ondes à la surface de l'eau nous pourrions nous contenter de faire point par point la somme algébrique de la hauteur des ondes. Mais nous avons

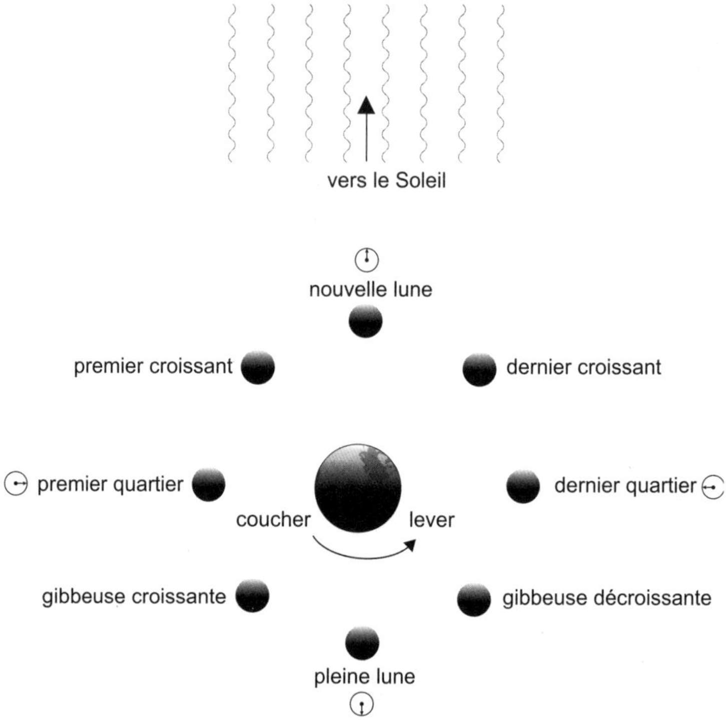

Figure 3.2 Les phases de la Lune.

une bonne raison pour justifier l'introduction des horloges : elle nous donnera le degré de souplesse supplémentaire requis pour décrire les particules quantiques.

Ceci dit, il nous faut maintenant une technique pour additionner les horloges. Dans le cas de la figure 3.3, le résultat est zéro, pour l'ensemble des horloges. Mais bien sûr, ce n'est valable que dans le cas particulier de deux ondes en opposition de phase. Or il nous faut effectuer le calcul dans le cas général d'ondes présentant des décalages quelconques et des formes quelconques.

La figure 3.4 représente à nouveau deux ondes, mais avec un décalage qui n'est pas aussi extrême que dans l'exemple précédent. Comme auparavant, des cadrans et des aiguilles repèrent les sommets, les creux et les points intermédiaires des ondes. Par exemple, l'aiguille affichant 12 h pour le sommet de l'onde du haut correspond à celle indiquant 3 h sur celle du dessous. La règle d'addition sera la suivante : on fait coïncider la

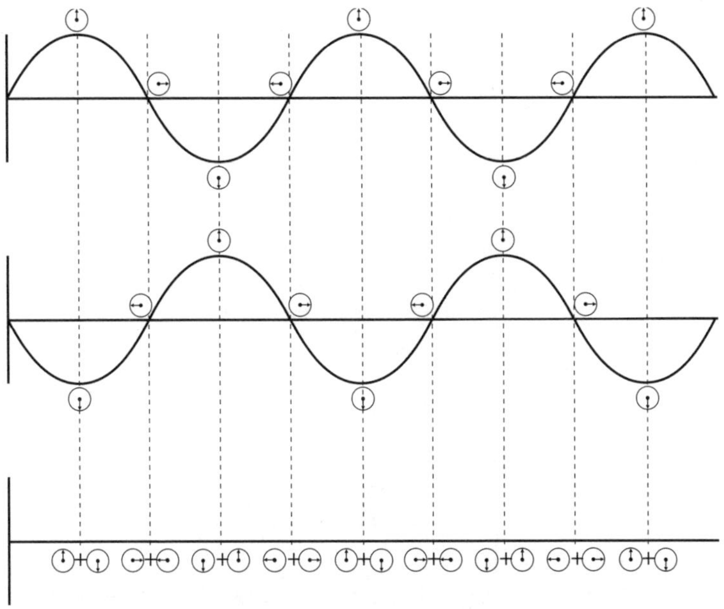

Figure 3.3 Deux ondes décalées de telle sorte qu'elles s'annulent totalement. L'onde du haut est en opposition de phase par rapport à l'onde du bas, c'est-à-dire que les sommets de l'une correspondent aux creux de l'autre. Dans un tel cas, le résultat est nul : une ligne horizontale représente l'état de « l'onde résultante » au bas de la figure.

pointe d'une aiguille avec le début de l'autre, puis on forme un triangle dont le troisième côté est la somme recherchée. Comme le montre la figure 3.5, on obtient une nouvelle « aiguille d'horloge », de longueur et d'orientation différente des deux composantes de cette somme[1].

Pour effectuer un calcul précis au lieu de se limiter à une représentation géométrique, il faut employer la trigonométrie. Par exemple, dans la figure 3.5, nous effectuons la somme de l'aiguille indiquant 12 h et de celle indiquant 3 h. Supposons que ces deux aiguilles aient une longueur de 1 cm (ce qui revient à dire que la hauteur des crêtes et la profondeur des creux de l'onde dans l'eau sont de 1 cm). Quand elles seront mises bout à bout, elles formeront un triangle rectangle ayant deux côtés de 1 cm. La nouvelle aiguille aura la longueur du troisième côté du triangle :

1. Nos lecteurs avertis auront certainement reconnu la méthode pour trouver la somme de deux vecteurs, la résultante de deux forces par exemple. NdT

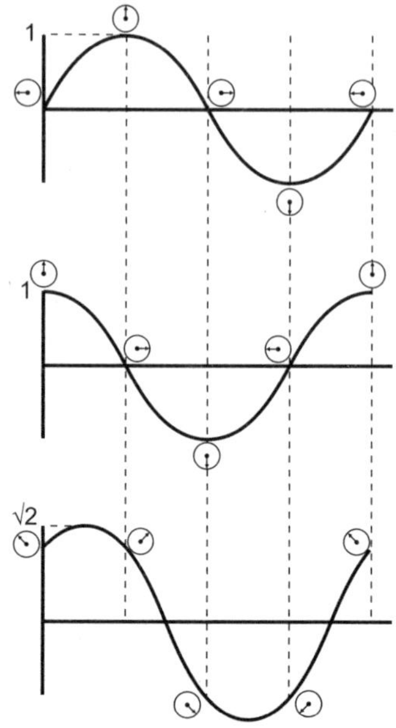

Figure 3.4 Deux ondes décalées. L'onde du bas représente la somme des deux ondes du haut.

l'hypoténuse. D'après le théorème de Pythagore, le carré de l'hypoténuse est égal à la somme des carrés des côtés de l'angle droit : $h^2 = x^2 + y^2$ avec $x = 1$ et $y = 1$. Donc $h^2 = 1^2 + 1^2 = 2$. De ce fait, la longueur de l'aiguille résultante est égale à la racine carrée de 2 : $\sqrt{2} = 1{,}414$ cm approximativement. Quelle sera la direction de cette troisième aiguille ? Il faut déterminer l'angle désigné par θ sur la figure. Dans ce cas particulier d'un triangle rectangle isocèle, et sans utiliser de trigonométrie, il apparaît clairement que $\theta = 45°$. Cependant, nous aurons besoin de travailler aussi dans le cas général, et le recours à la trigonométrie sera inévitable. Allons-y progressivement.

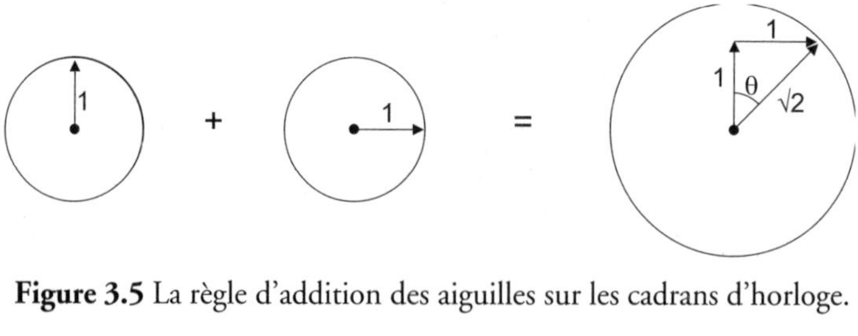

Figure 3.5 La règle d'addition des aiguilles sur les cadrans d'horloge.

Revenons à la figure 3.4. Pour construire point par point l'onde résultante, il faut appliquer la technique d'addition aux hauteurs des deux ondes. Si la somme pointe vers 12 h, la hauteur de la crête de l'onde résultante est simplement égale à la longueur de l'aiguille. Si elle pointe vers 6 h, cela correspond à un creux de l'onde, de profondeur égale à cette même longueur. Si l'horloge marque 3 h (ou bien 9 h), on voit bien que la hauteur de l'onde est nulle, puisque l'aiguille est à angle droit par rapport à la direction de 12 h. Pour obtenir la hauteur de l'onde pour n'importe quelle position, il faut multiplier la longueur de l'aiguille (h) par le cosinus de l'angle que fait l'aiguille avec la direction de 12 h. Par exemple, si l'aiguille marque 3 h, elle fait un angle de 90° par rapport à la direction de 12 h ; or le cosinus de 90° est égal à zéro, donc la hauteur est nulle. De même pour 1 h 30, on est à 45° de la direction de 12 h, et le cosinus de 45° vaut à peu près 0,707 (on rappelle que $1/\sqrt{2} = \sqrt{2}/2 = 0{,}707$), de sorte que la hauteur est égale à la longueur de l'aiguille multipliée par 0,707). Si vos souvenirs de trigonométrie ne vont pas si loin, n'hésitez pas à sauter ces détails. Seul compte le principe du calcul : la hauteur de l'onde se déduit de la direction de l'aiguille. D'ailleurs, même sans aucun calcul, il suffirait à partir d'un dessin de mesurer la longueur de la projection de l'aiguille sur la direction de 12 h. (Bien sûr, les étudiants ne sauraient se dispenser ainsi des sinus et des cosinus...)

Cette règle d'addition des cadrans d'horloge marche à merveille, comme on le voit au bas des trois dessins de la figure 3.4, où nous l'avons appliquée de manière répétitive en divers points des ondes.

Dans cette description des ondes à la surface de l'eau, tout est basé sur la projection de l'aiguille pointant dans la direction de 12 h, et on en retire une seule valeur, la hauteur de l'onde. On voit sur la figure 3.6 pourquoi le recours aux horloges n'était pas indispensable dans le cas des ondes à la surface de l'eau : trois cadrans d'horloge peuvent marquer des heures différentes, mais correspondent à la même projection dans la direction verticale, donc à la même hauteur de l'onde. Et pourtant, ces trois cadrans n'appartiennent pas à la même horloge ; nous verrons que pour les particules quantiques, la longueur de l'aiguille (ou de manière équivalente, le rayon du cadran), représente une grandeur importante.

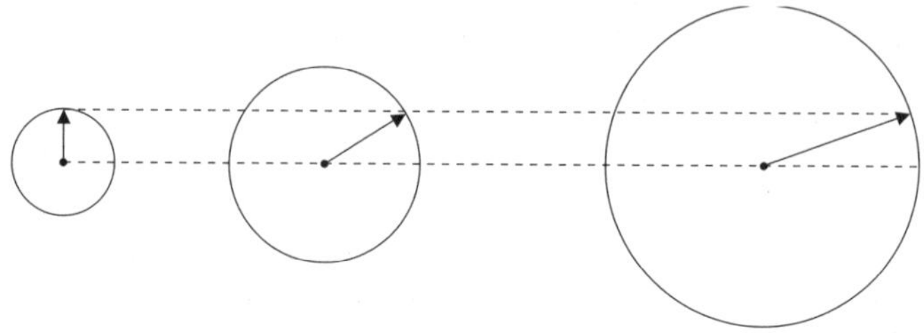

Figure 3.6 Trois cadrans d'horloge marquant des heures différentes, mais donnant la même projection dans la direction verticale.

Certains passages de ce livre présentent un fort degré d'abstraction et c'est le cas ici. Un bon moyen pour ne pas être pris de vertiges est de revenir au tableau d'ensemble. Les résultats expérimentaux de Davisson, Germer et Thomson, et leur similitude avec le comportement des ondes dans l'eau, nous ont incités à formuler une hypothèse : représenter une particule par une onde, elle-même figurée par des cadrans d'horloge. Nous imaginons que l'onde électronique se propage « comme une onde dans l'eau », mais nous n'avons pas expliqué comment cela fonctionne en détail. Nous n'avons pas dit non plus comment l'onde se propage dans l'eau. Tout ce qui importe pour le moment, c'est de reconnaître l'analogie avec les ondes, ce qui nous incite à décrire l'électron à tout instant comme une onde qui se propage et interfère comme une onde dans l'eau. Dans le chapitre suivant nous irons plus loin et décrirons plus précisément la façon dont un électron se déplace en fonction du temps. Ce faisant, nous parviendrons à une « chambre au trésor », abritant notamment le célèbre principe d'incertitude de Heisenberg.

Avant cela, rappelons que les horloges associées à l'onde électronique ne sont nullement réelles, et que leurs aiguilles n'ont absolument rien à voir avec l'heure qu'il est. Cette idée d'utiliser un tableau de petites horloges pour décrire un phénomène physique réel n'est pas aussi bizarre qu'il y paraît. Les physiciens utilisent des techniques similaires pour décrire beaucoup de phénomènes naturels ; abordons un autre exemple.

La température dans une pièce peut être représentée à l'aide d'un tableau de valeurs. Ces nombres n'existent pas en tant qu'objets physiques, pas plus que nos horloges. Au lieu de cela, l'ensemble des nombres et leur association avec des endroits de la pièce est tout simplement un moyen commode de représenter la température. Les physiciens appellent cette structure mathématique un champ. Le champ de température est simplement un tableau de valeurs, une en chaque position. Dans le cas d'une particule quantique, le champ est plus compliqué, car il nécessite un cadran d'horloge en chaque point, plutôt qu'un nombre. Ce champ est appelé fonction d'onde de la particule. Le fait d'avoir besoin d'un ensemble d'horloges pour la fonction d'onde, tandis qu'un seul nombre suffit dans le cas d'un champ de températures ou d'ondes dans l'eau, est une différence importante. Dans le jargon physico-mathématique, nous faisons intervenir des horloges parce que la fonction d'onde est un champ « complexe », tandis que la hauteur des ondes ou la température sont des champs « réels » : nous évitons l'emploi de ces notions grâce à l'intermédiaire des cadrans d'horloge[1].

Nous n'avons aucun moyen direct de détecter une fonction d'onde, contrairement à un champ de température : mais le fait que ce ne soit pas quelque chose qu'on puisse toucher, sentir ou voir est sans importance. En effet, nous ne serions pas très avancés en physique, si nous avions limité notre description de l'Univers aux choses que nous pouvons détecter directement.

Dans notre discussion de l'expérience des fentes d'Young pour les électrons, nous avons dit que l'onde électronique est plus grande aux points où l'électron est le plus susceptible de se trouver. Cette interprétation nous a permis d'imaginer la façon dont les franges d'interférences peuvent se construire point par point en fonction de l'arrivée des électrons. Mais il faut maintenant être plus précis : nous voulons connaître la valeur de la probabilité de trouver un électron en un point donné. C'est là que les horloges deviennent nécessaires, car la probabilité recherchée n'est pas réduite à la hauteur ou à la profondeur d'une onde dans l'eau. Il faut interpréter le carré de la longueur de l'aiguille de l'horloge comme la probabilité de trouver la particule au point où se situe l'horloge. C'est en cela que les horloges nous offrent plus de souplesse que de simples nombres. Mais cette interprétation n'a rien

1. Pour nos lecteurs familiers avec les mathématiques, il suffit de remplacer « horloge » par « nombre complexe », « taille de l'horloge » par « module du nombre complexe » et « direction de l'aiguille » par « phase ». La règle d'addition des horloges n'est en effet rien d'autre que l'addition des nombres complexes.

d'évident, nous savons seulement qu'elle est correcte car elle conduit à des prévisions qui sont en accord avec les données expérimentales. Cette interprétation de la fonction d'onde a été l'un des problèmes épineux auxquels ont été confrontés les pionniers de la théorie quantique.

La fonction d'onde (notre ensemble d'horloges) a été introduite par une série d'articles publiés en 1926 par le physicien autrichien Erwin Schrödinger. Son article du 21 juin 1926 contient une équation qui doit rester gravée dans l'esprit[1] de tous les étudiants en physique. Elle s'appelle naturellement l'équation de Schrödinger :

$$i\hbar\frac{\partial}{\partial t}\,\Psi = \hat{H}\Psi$$

La lettre grecque Ψ (prononcer « psi ») est le symbole de la fonction d'onde et l'équation de Schrödinger exprime sa variation en fonction du temps. Nous n'allons pas expliciter l'approche de Schrödinger dans ce livre, donc les détails techniques de son équation importent peu. Par contre il est important de relever que, bien que l'équation soit parfaitement correcte, l'interprétation initiale donnée par son auteur lui-même était fausse ! Cependant l'interprétation correcte ne tarda guère : elle fut conçue par Max Born, l'un des plus âgés parmi les pionniers de la physique quantique, dans un article soumis pour publication quatre jours seulement après celui de Schrödinger... Nous avons fait allusion à l'âge de Born – 43 ans – car au milieu des années 1920, on qualifiait cette nouvelle physique de *Knabenphysik* (physique de gamins) du fait de la jeunesse de ses protagonistes. En 1925, Heisenberg avait vingt-trois ans, Wolfgang Pauli, dont nous rencontrerons plus tard le fameux principe d'exclusion, avait vingt-deux ans, tout comme Paul Dirac, le physicien britannique qui écrivit le premier une équation fournissant une description adéquate de l'électron. On a souvent affirmé que leur jeunesse les rendait libres par rapport aux anciennes façons de penser et leur permettait d'intégrer totalement l'image radicalement nouvelle du monde, proposée par la théorie quantique. Schrödinger, à trente-huit ans, faisait figure d'ancien, et il est vrai qu'il n'a jamais été totalement à son aise avec la théorie, dont il était pourtant l'un des fondateurs.

1. À tout le moins, elle est gravée sur la tombe du physicien...

L'interprétation radicale de la fonction d'onde par Born, pour laquelle il a reçu le prix Nobel de physique en 1954, est que le carré de la fonction d'onde en un point est égal à la probabilité de présence de la particule en ce point. Reprenons notre outil du cadran d'horloge : si l'aiguille des heures sur l'horloge située en un point donné a une longueur de 0,1, son carré vaut 0,01, donc la probabilité de trouver la particule en ce point est de 1 %. Vous pourriez vous demander pourquoi le fait d'élever la longueur au carré n'est pas posé dès le départ, de sorte que dans cet exemple de l'aiguille de l'horloge aurait elle-même une longueur de 0,01. Mais cela ne marcherait pas, car pour tenir compte des interférences, on réalise l'opération d'addition sur au moins deux horloges ;
or $0{,}1^2 + 0{,}1^2 = 0{,}01 + 0{,}01 = 0{,}02$ tandis que $(0{,}1 + 0{,}1)^2 = 0{,}2^2 = 0{,}04$.

Illustrons cette idée-clé par un petit exemple. Imaginez une expérience avec une particule, décrite comme nous en avons maintenant l'habitude par une série d'horloges. Imaginez également que nous ayons un dispositif permettant de déterminer la position des particules : une idée simple – tant qu'on ne cherche pas à la réaliser ! – serait de pouvoir rapidement construire une petite boîte autour de n'importe quel point de l'espace. Si la probabilité de trouver la particule en un certain point est de 0,01 (l'aiguille du cadran d'horloge est de longueur 0,1 à cet endroit), alors nous aurons une chance sur cent de trouver la particule dans la boîte autour de ce point. Cela signifie qu'il est peu probable que nous trouvions quelque chose. Cependant, si nous sommes en mesure de refaire l'expérience en réglant tout de telle sorte que la particule est une fois de plus décrite par le même ensemble initial d'horloges, nous pourrions recommencer autant de fois que l'on veut. En moyenne, une fois toutes les 100 expériences, nous devrions trouver la particule dans la petite boîte, et elle serait vide les 99 autres fois.

L'interprétation probabiliste des propriétés quantiques de la particule n'est donc en elle-même pas si difficile à comprendre, mais par contre, d'où sort-elle donc, ou plus exactement, d'où Max Born l'a-t-il sortie ? Et en effet, il s'est avéré très difficile pour certains grands scientifiques, Einstein et Schrödinger entre autres, de l'accepter. Parlant cinquante ans plus tard de l'été 1926, Dirac écrit : « Le problème d'obtenir une interprétation s'est révélé plus difficile que d'élaborer les équations. » En dépit de cette difficulté, à la fin de l'année 1926, le spectre de la lumière émise par l'atome d'hydrogène, soit l'une des grandes énigmes de la physique du XIXe siècle, pouvait être calculé aussi bien par les équations de Heisenberg et de Schrödinger (d'ailleurs, Dirac démontrera que les deux approches étaient totalement équivalentes).

L'opposition d'Einstein à la nature probabiliste de la mécanique quantique est restée célèbre ; elle s'est exprimée dans une lettre adressée à Born en décembre 1926 :

> « La théorie nous dit beaucoup, mais ne nous rapproche pas vraiment du secret du " Vieux ". Moi, en tout cas, je suis convaincu qu'Il ne joue pas aux dés. »

Le problème est que, jusque-là, on supposait que la physique était complètement déterministe. Bien sûr, la notion de probabilité n'existe pas qu'en théorie quantique. Elle est systématiquement utilisée dans toute une série de situations, depuis les paris sur les courses de chevaux jusqu'à la thermodynamique, sur laquelle des pans entiers de la révolution industrielle ont été fondés. Mais dans ces cas-là, le recours aux probabilités est dû à un certain degré d'ignorance sur une partie du réel, et non pas à une raison fondamentale. Pensez au jeu de dés – le jeu de hasard par excellence, ou bien au jeu de pile ou face. Nous sommes tous familiers avec la probabilité dans ce contexte. Si on lance la pièce de monnaie 100 fois, nous nous attendons à obtenir en moyenne cinquante fois pile et cinquante fois face. Avant la théorie quantique, on pouvait se dire que, si nous disposions avec précision de tous les éléments intervenant dans le jet de la pièce – les forces, les vitesses, la pesanteur, les petits mouvements de l'air, la température, etc. – nous pourrions alors, *en principe*, savoir si la pièce allait atterrir sur pile ou face. L'émergence des probabilités dans ce contexte est donc le reflet de notre manque de connaissances sur le système, plutôt que quelque chose d'intrinsèque au système.

Les probabilités en théorie quantique sont au contraire tout à fait fondamentales. Si nous ne pouvons prévoir la présence d'une particule dans un endroit plutôt qu'un autre, cela ne tient pas à notre ignorance. Nous ne pouvons pas, *même en principe*, prévoir la position d'une particule. Ce que nous pouvons prévoir, avec une précision absolue, c'est la probabilité pour qu'une particule se trouve en un point donné.

Mieux encore, on peut prévoir avec une précision absolue la façon dont la probabilité varie en fonction du temps. Born l'a merveilleusement exprimé en 1926 : « Le mouvement des particules suit des lois de probabilité, mais la probabilité elle-même se propage selon la loi de la causalité ». C'est exactement ce qu'apporte l'équation de Schrödinger : elle permet de calculer exactement ce que sera la fonction d'onde dans l'avenir, compte tenu de ce qu'elle a été précédemment. En ce sens, elle est analogue aux lois de Newton. La différence est que, alors que les lois de Newton permettent de calculer la position et la vitesse de particules à n'importe quel moment donné dans le futur, la mécanique quantique ne permet de calculer que la probabilité qu'elles se trouvent en un endroit donné.

Cette perte de capacité prédictive est ce qui a posé problème à Einstein et à plusieurs de ses collègues. Avec plus de quatre-vingts ans de recul et tous les progrès réalisés grâce au travail acharné des chercheurs, le débat semble désormais quelque peu dépassé. Il serait facile de l'écarter, en affirmant simplement que Born, Heisenberg, Pauli, Dirac et d'autres avaient raison, tandis qu'Einstein, Schrödinger, de Broglie et la vieille garde étaient dans l'erreur. Mais à l'époque, il était aisé de croire que la théorie quantique était en quelque sorte incomplète et que les probabilités n'y apparaissaient, tout comme en thermodynamique ou dans les jeux de hasard, que faute de certaines informations sur les particules. Aujourd'hui, cette idée n'a plus cours – les progrès théoriques et expérimentaux indiquent qu'il existe au cœur même de la nature des processus aléatoires, et que l'impossibilité de prévoir de manière certaine la position des particules est une propriété intrinsèque du monde physique : calculer des probabilités est réellement le mieux que nous puissions faire.

4

TOUT CE QUI PEUT ARRIVER... ARRIVE !

Nous disposons maintenant d'un cadre qui va nous permettre d'explorer en détail la théorie quantique. Les idées de base sont très simples dans leur contenu technique, mais délicates dans leur compréhension, car elles nous confrontent en permanence à nos préjugés concernant le réel. Nous savons qu'une particule peut être représentée par un ensemble d'horloges dont le carré de la longueur de l'aiguille représente en chaque point la probabilité de présence de la particule. Ces horloges ne sont pas la notion centrale, mais seulement une astuce contournant l'aspect mathématique du calcul de probabilité sous-jacent. Leur propriété additive permet de rendre compte des interférences de la fonction d'onde décrivant la particule. Il nous manque maintenant une règle permettant de connaître les variations des horloges en fonction du temps. Nous aurions ainsi de quoi remplacer la première loi de Newton, au sens où nous aurions alors la possibilité de prévoir le comportement d'une particule évoluant librement. Débutons tranquillement le raisonnement, en imaginant une seule particule placée en un point précis.

Nous savons comment représenter une particule en un point, comme sur la figure 4.1. L'aiguille est de longueur 1, de telle sorte que son carré, égal à 1, donne une probabilité égale à 1 (comme il est certain que la particule se trouve en ce point, la probabilité est de 100 %). De manière tout à fait arbitraire, nous positionnerons l'aiguille sur 12 h : du point

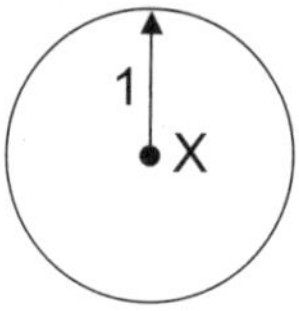

Figure 4.1 Une seule horloge suffit à représenter une particule parfaitement localisée en un point donné.

de vue de la probabilité, cela n'a aucune importance, mais il nous faut bien un point de départ. Nous voulons pouvoir répondre à la question suivante : quelle est la probabilité de présence de la particule ailleurs, à un moment ultérieur ? Combien de cadrans d'horloge faudra-t-il représenter, et où devront-ils être disposés ? Pour Isaac Newton, cette question serait dépourvue de tout intérêt : si nous mettons une particule quelque part, et que nous l'abandonnions là, elle y resterait, tout simplement. Mais cela n'est pas conforme à la nature du monde et Newton est totalement dans l'erreur.

Voici la seule réponse correcte : *ultérieurement, la particule peut se trouver n'importe où ailleurs dans l'Univers.* Combien d'horloges faudrait-il pour représenter la particule ? Un nombre infini. Où les placer ? En tout point de l'espace. Voilà de quoi méditer un certain temps... Et nous aurons certainement à y revenir ! Permettre à la particule de se trouver n'importe où revient à s'abstenir de supposer quoi que ce soit concernant le mouvement de la particule. Cette attitude ne souffre pas du moindre biais et elle présente un certain attrait ascétique,[1] mais le bon sens s'y trouve quelque peu malmené et peut-être même les lois de la physique.

Une horloge est le symbole d'une grandeur définie – la probabilité de présence de la particule en ce point. Si on sait que la particule se trouve à un endroit précis à un moment donné, nous la représentons par un seul cadran en ce point. Si à l'instant zéro, une particule est en un point précis, l'instant d'après, il faudra représenter une infinité d'horloges, dans l'Univers entier. C'est donc admettre la possibilité que la particule puisse sauter instantanément n'importe où ailleurs. Elle pourra se trouver simultanément aussi bien à un nanomètre seulement, ou bien

1. Ou bien un certain attrait esthétique, si cela vous convient mieux...

à un milliard d'années-lumière au cœur d'une étoile. N'avions-nous pas promis de vous mener dans l'étrange ? Mais soyons très clairs : la théorie doit être capable d'expliquer l'expérience d'interférence pour des particules et, comme une onde se répand quand on touche la surface de l'eau, il faut qu'un électron localisé à l'instant initial se répande, en quelque sorte, par la suite. Nous devons établir exactement la manière dont il le fait.

À la différence d'une onde dans l'eau, nous proposons que l'onde électronique se répande dans l'Univers en un instant. Techniquement parlant, nous dirions que la règle de la propagation des particules est différente de la règle de propagation des ondes dans l'eau, bien que toutes deux obéissent à une « équation d'onde ». L'équation pour l'eau est différente de celle des particules (la fameuse équation de Schrödinger mentionnée au chapitre précédent), mais toutes deux décrivent la propagation d'un mouvement ondulatoire. Les différences portent sur la façon dont le déplacement se fait de proche en proche. Par ailleurs, si la théorie de la relativité vous est familière, vous vous demandez sûrement comment une particule peut-elle sauter instantanément à travers l'Univers, ce qui ne semble pas respecter la limite représentée par la vitesse de la lumière. Mais en fait, l'idée qu'une particule puisse être ici et, un instant plus tard, très loin ailleurs, n'est pas en soi en contradiction avec la théorie d'Einstein, car la limite imposée par la théorie, c'est que l'*information* ne peut se déplacer plus vite que la vitesse de la lumière, et la théorie quantique respecte cette contrainte. Comme nous allons le voir, le saut d'une particule n'a rien d'un transfert d'information, parce que nous ne pouvons pas *savoir* à l'avance où la particule va aller. Il peut sembler, qu'à ce stade, nous construisions une théorie basée sur l'anarchie généralisée, et vous pouvez légitimement rétorquer que la Nature ne se comporte pas ainsi. Mais, comme nous le verrons dans la suite de cet ouvrage, l'ordre que nous observons dans le monde ordinaire découle en réalité de ce comportement fantastiquement chaotique.

Si vous avez du mal à avaler ce présupposé anarchique consistant à imaginer l'Univers empli de petites horloges pour décrire une seule particule subatomique dans son imprévisible déplacement, rassurez-vous, car vous vous trouvez en excellente compagnie... L'interprétation du fonctionnement détaillé de la théorie quantique est totalement déconcertante pour quiconque. Niels Bohr l'exprime dans une formule bien connue : « Ceux qui ne seraient pas perturbés en découvrant la mécanique quantique ne l'ont sûrement pas comprise ». Quant à Richard Feynman, il ouvre le troisième volume de son *Cours de Physique* sur ces mots : « Je pense pouvoir affirmer sans risque que nul ne comprend la mécanique quantique ». Heureusement, appliquer les règles de la théorie quantique est plus simple que de l'interpréter. L'aptitude à suivre de bout en bout les conséquences des hypothèses de départ, sans se laisser bloquer par leur dimension philosophique, figure parmi les apprentissages indispensables à tout physicien. Nous retrouvons là une fois de plus l'esprit de Heisenberg : formulons nos hypothèses de départ et calculons leurs conséquences ; si elles sont en accord avec les observations, il faut considérer que la théorie est correcte.

Très généralement, un problème n'a rien à voir avec une devinette, pour laquelle il suffit d'avoir la bonne inspiration pour atteindre d'un seul bond la solution ; un degré approfondi de compréhension n'émerge que rarement d'un subit « Eurêka ! ». La méthodologie rationnelle consiste à s'assurer que l'on possède bien chaque niveau de raisonnement, et après avoir franchi un nombre suffisant d'étapes, on doit aboutir à une vision d'ensemble du problème. Si ce n'est pas le cas, c'est qu'on s'est laissé emporter du mauvais côté, et qu'il ne reste plus qu'à tout reprendre dès le début. Les petites étapes esquissées jusqu'ici ne sont pas difficiles en elles-mêmes, mais l'idée de partir de la description d'une particule unique à l'aide d'un seul cadran d'horloge pour se retrouver avec une infinité de cadrans est évidemment assez inquiétante, surtout si on s'imagine en situation de tous les représenter ! L'éternité, c'est bien long, et Woody Allen ajoute : « surtout vers la fin... ». Notre conseil consiste à garder son calme, à ne pas céder au découragement, et à se convaincre que l'aspect infini du problème n'est absolument pas central. Reprenons notre tâche, dont nous rappelons qu'elle consiste à trouver une règle capable de déterminer toutes ces horloges, après que l'on ait abandonné la particule à elle-même.

La règle recherchée est essentielle à la théorie quantique, même s'il faudra la compléter dans le cas où on a affaire à plusieurs particules. Mais laissons la « priorité aux priorités » : pour l'instant, notre univers est réduit à une seule particule – on ne pourra pas nous accuser d'aller trop vite ! Cette particule se trouve initialement en un point donné, et il suffit pour la décrire, d'une seule horloge. Comment seront les nouvelles horloges dispersées dans tout l'Univers, à un moment ultérieur quelconque ?

Nous allons d'abord énoncer la règle, sans aucune justification. Dans quelques paragraphes, nous y reviendrons pour comprendre d'où elle provient, mais pour le moment, nous devons l'admettre, tout comme on accepte une règle dans un jeu. Voici son énoncé : à tout instant t, pour une horloge située à la distance x du point initial, on doit tourner l'aiguille dans le sens contraire des aiguilles d'une montre, d'un angle proportionnel à x^2 et à la masse m de la particule, et inversement proportionnel au temps t. En notation algébrique, cet angle sera proportionnel à mx^2/t. Sous forme verbale, l'angle de rotation de l'aiguille sera d'autant plus grand que la masse de la particule et la distance sont plus grandes, et cet angle diminuera avec le temps. Il s'agit d'un algorithme – une recette si vous préférez – qui dicte exactement ce qu'il faut faire pour définir un arrangement d'horloges en fonction du temps et de la position, en tout point de l'Univers. Ceci concorde avec notre affirmation selon laquelle la particule peut, et elle le fait effectivement, sauter de sa position initiale vers chaque point dans l'Univers, en générant de nouvelles horloges dans le processus.

Pour simplifier les choses, nous avons imaginé une seule horloge initiale, mais bien sûr, à un certain moment, il y a peut-être déjà de nombreuses horloges, représentant le fait que la particule n'est pas localisée à un endroit précis. Comment pratiquer avec tout un ensemble d'horloges ? Nous devons faire ce que nous avons fait pour une horloge, et le répéter pour chacune des horloges de l'ensemble. La figure 4.2 illustre cette idée. La première série d'horloges est représentée par les petits cercles, et les flèches indiquent que la particule saute à partir de la position initiale de chaque horloge jusqu'au point X, créant au passage une nouvelle horloge. Bien sûr, on a en chaque point X une nouvelle horloge pour chaque horloge initiale, et nous devons additionner toutes ces horloges pour construire l'horloge finale, définitive, du point X. La taille de l'aiguille de cette horloge finale donnera la probabilité de trouver la particule au point X à l'instant considéré.

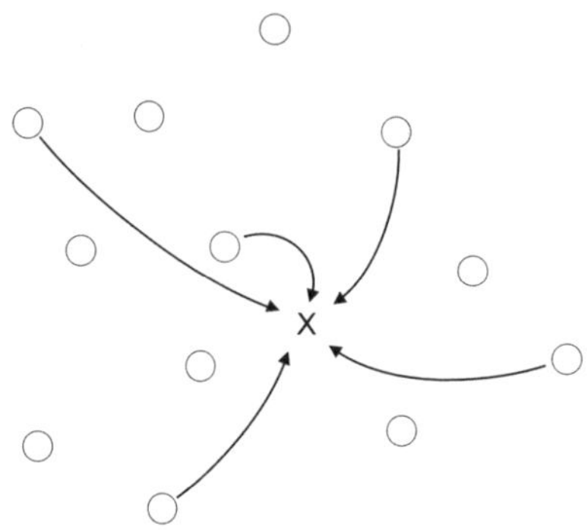

Figure 4.2 Les sauts des horloges.
Les cercles indiquent les positions de la particule à un instant donné ; nous allons associer une horloge à chaque point. Pour calculer la probabilité de présence de la particule au point X, nous autorisons la particule à sauter en ce point à partir de toutes les positions initiales. Les flèches représentent quelques-uns de ces sauts. Les formes des flèches sont arbitraires : il ne faut en aucune façon les identifier à des trajectoires depuis le point de départ jusqu'au point X.

Il n'est pas si étrange de devoir additionner des horloges entre elles, lorsque plusieurs arrivent au même point. Chaque horloge correspond à une manière différente de parvenir en X. Cette addition d'horloges est compréhensible si l'on repense à l'expérience des fentes d'Young ; nous essayons simplement de reformuler la description de l'onde en termes d'horloges. On peut imaginer deux horloges initiales, l'une à chaque fente. Chacune de ces deux horloges générera une horloge en un point précis de l'écran à un moment ultérieur, et il nous faut additionner ces deux horloges ensemble afin d'obtenir des franges d'interférences.[1] En résumé donc, la règle permettant de définir l'horloge en n'importe quel point consiste à transporter une à une en ce point toutes les horloges initiales, puis à additionner en utilisant la règle décrite dans le chapitre précédent.

Puisque nous disposons désormais d'un langage décrivant la propagation des ondes, nous pouvons tenter de l'appliquer à des ondes tout à fait ordinaires. C'est d'ailleurs une idée fort ancienne. Une description

1. Si la phrase précédente vous pose problème, essayez de remplacer le mot « horloge » par le mot « onde ».

fameuse, appliquée aux ondes lumineuses, remonte à 1690 ; son auteur est le physicien hollandais Christiaan Huygens. Il n'employait pas la métaphore d'horloges imaginaires, mais il s'appuyait sur le fait que chaque point de l'onde lumineuse joue le rôle de source secondaire d'ondes (tout comme chaque horloge engendre d'autres horloges). Ces ondes secondaires se combinent pour produire l'onde résultante. Le processus se reproduit de proche en proche : tous les points de l'onde résultante agissent comme de nouvelles sources secondaires, et c'est de cette façon que l'onde progresse.

Répondons enfin à la question qui vous taraude depuis un moment : d'où peut bien provenir la quantité mx^2/t qui détermine la position de l'aiguille des horloges en chaque point et à chaque instant ? Cette quantité porte en physique le nom d'*action* et elle possède une longue histoire, qu'il est important de rappeler. En réalité, nul ne comprend la raison pour laquelle elle est si fondamentale pour les processus naturels, ni, en particulier, pourquoi elle intervient dans la propagation de la fonction d'onde, en mécanique quantique. Ce qui nous ramène de manière plus pressante encore à cette question : comment a-t-on pu trouver cette quantité et prendre conscience de son importance ? L'action fut introduite en premier par le philosophe et mathématicien allemand Gottfried Leibniz dans un travail non publié écrit en 1669, sans qu'il ait trouvé un moyen de l'utiliser pour faire des calculs. Elle fut retrouvée par le savant français Pierre-Louis Moreau de Maupertuis en 1744, puis employée par son ami le mathématicien suisse Leonhard Euler, pour formuler un principe de la Nature tout à fait nouveau et puissant. Considérons une balle lancée en l'air : selon Euler, sa trajectoire est telle que l'action, calculée entre deux points de la trajectoire, soit toujours la plus petite possible. Dans le cas de la balle, l'action est reliée à la *différence* entre son énergie cinétique et son énergie potentielle.[1] Exprimé ainsi, on obtient le « principe de moindre action », qui peut se substituer aux lois du mouvement de Newton. À première vue, c'est un principe assez étrange, car pour adopter une trajectoire qui

1. L'énergie cinétique est égale à $mv^2/2$ et l'énergie potentielle est mgh, lorsque la balle est à la hauteur h au dessus du sol. La quantité g est l'accélération de la pesanteur au voisinage de la surface de la Terre. L'action est égale à la différence des deux énergies, intégrée entre deux instants correspondant à deux points de la trajectoire.

minimise l'action, il faudrait que la balle sache où elle doit aller avant d'y parvenir ; sinon, comment pourrait-elle suivre sa trajectoire en l'air de telle sorte que, une fois arrivée, la quantité dénommée « action » soit minimale ? Ainsi formulé, le principe de moindre action souffre d'être téléologique – c'est-à-dire que les événements se produisent de manière à réaliser un but fixé à l'avance. En science, on se méfie constamment des idées téléologiques et il est facile de comprendre pourquoi. En biologie par exemple, une explication téléologique de l'apparition de créatures intelligentes servirait de preuve de l'existence du plan d'un créateur ; l'explication de l'évolution par Darwin, basée sur le simple principe de la sélection naturelle, évite élégamment ce piège, tout en étant en parfait accord avec les données d'observation. Il n'y a pas de téléologie dans la théorie darwinienne : des mutations aléatoires sont source de variation dans les organismes vivants, et ce sont les pressions exercées par l'environnement et les autres êtres vivants qui déterminent quelles variations seront transmises aux générations ultérieures. Ce processus suffit à lui seul pour rendre compte de la complexité des formes de vie existant sur Terre. Autrement dit, ni plan grandiose ni ascension irrésistible vers une perfection idéale : bien au contraire, une évolution fondée sur des pas aléatoires, provoqués par des erreurs de réplication au niveau génétique, au sein d'un environnement lui-même en constant changement. Le biologiste français Jacques Monod, qui a obtenu le prix Nobel en 1965, alla jusqu'à définir la pierre angulaire de la biologie moderne comme « le refus systématique de considérer comme pouvant conduire à une connaissance "vraie" toute interprétation des phénomènes donnée en termes de causes finales c'est-à-dire de projet. »

Concernant la physique elle-même, il n'y a aucun doute sur la validité du principe de moindre action, car il est à la base de calculs décrivant parfaitement les phénomènes naturels et il constitue l'un des piliers de la physique. On peut débattre des aspects téléologiques de ce principe de moindre action, mais le débat s'éteint de toute façon, à partir du moment où l'on comprend le point de vue de Feynman sur la mécanique quantique. On pourrait l'énoncer en termes simples, soulignant jusqu'à la provocation l'étrangeté quantique : la balle dans son parcours en l'air « sait » quel chemin elle doit suivre, car elle explore, secrètement, tous les chemins possibles.

L'histoire de la découverte du fait que la règle de propagation exprimée ici en termes de réglage des « horloges », est basée sur le concept d'action, mérite d'être contée. Dirac fut le premier à rechercher une formulation de la théorie quantique mettant en jeu l'action. De manière assez inattendue, il publia cette recherche dans un journal soviétique, en témoignage de son soutien à la science en URSS. Cet article, publié en 1933, intitulé « Le lagrangien en mécanique quantique » demeura longtemps assez largement ignoré. Au printemps 1941, le jeune Richard Feynman cherchait à introduire en mécanique quantique le formalisme du lagrangien, bien connu dans le cadre classique (il s'agit d'une formulation découlant du principe de moindre action). À l'occasion d'une soirée à la Taverne Nassau de Princeton – un lieu convivial très apprécié des étudiants – il rencontra le physicien allemand Herbert Jehle, et après quelques verres, ils discutèrent d'idées de recherche. Jehle se souvenait d'un article peu connu de Dirac, et dès le lendemain ils mirent la main dessus à la bibliothèque de l'université. Sous les yeux de Jehle, Feynman se lança immédiatement dans des calculs utilisant le formalisme de Dirac, et l'après-midi même, démontra l'équation de Schrödinger à partir du principe de moindre action. C'était là un énorme pas en avant, mais Feynman se dit que comme c'était très simple, Dirac l'avait sans doute également vu – simple, à condition d'être Richard Feynman, naturellement. En 1946, à l'issue d'une conférence peu passionnante de Dirac, Feynman eut l'occasion de lui demander s'il savait que son article de 1933, au prix de quelques calculs, pouvait être appliqué de cette façon. Allongé sur la pelouse de l'université, Dirac, grand génie peu prolixe, lui répondit : « Non. C'est intéressant. » L'éminent Eugene Wigner fit le commentaire suivant : « Feynman est un second Dirac, mais humain, cette fois. »

Récapitulons : nous avons énoncé une règle permettant de préciser l'état de la série d'horloges représentant une particule à un instant donné. Elle est pour le moins étrange : remplir l'Univers d'un nombre infini d'horloges, décalées en fonction d'une quantité physique historiquement importante, l'action. Si deux horloges ou plus se retrouvent au même point, les additionner. Cette règle est basée sur un principe : laisser une particule absolument libre de sauter instantanément en n'importe quel point de l'univers. Nous avons dit dès le départ que même les idées totalement hors-norme doivent être confrontées au réel. Appliquons cette stratégie pour voir émerger de cette apparente anarchie l'une des bases de la théorie quantique, le principe d'incertitude de Heisenberg[1].

Le principe d'incertitude de Heisenberg

Nous abordons l'une des parties de la théorie les plus susceptibles d'être détournée, servant de passage par lequel s'infiltrent toutes sortes de charlatans et de marchands d'obscurantisme pour vendre leurs absurdités. Ce principe a été présenté en 1927 dans un article intitulé « *Über den anschaulichen Inhalt der quantentheoretischen Kinematik und Mechanik* », posant de redoutables problèmes de traduction. Dès le titre, on achoppe sur le mot très polysémique *anschaulich*, qui suggère quelque chose de clair, de limpide. Il semble en effet qu'Heisenberg était motivé par une sérieuse préoccupation : la version de Schrödinger de la théorie quantique avait bien plus d'audience que la sienne, bien que les deux formalismes mènent aux mêmes résultats. Au printemps 1926, Schrödinger était convaincu que son équation pour la fonction d'onde décrivait une représentation concrète des processus intra-atomiques. Il pensait que la fonction d'onde pouvait être visualisée, et qu'elle était en relation avec la distribution de charge dans l'atome. Cette conception se révéla incorrecte, mais du moins offrit-elle un certain réconfort aux physiciens durant les six premiers mois de 1926 : jusqu'à ce que Born propose son interprétation probabiliste.

De son côté, Heisenberg avait bâti sa théorie sur la base de mathématiques abstraites, la rendant capable de prévoir des résultats expérimentaux de manière extrêmement satisfaisante, mais peu susceptible d'une interprétation physique claire. Il fit part de son irritation à Pauli dans une lettre du 8 juin 1926, quelques semaines avant que Born ne lance – métaphoriquement – sa pierre dans le jardin de Schrödinger. « Plus je songe au contenu physique de la théorie de Schrödinger, plus je la trouve

1. Le terme d'incertitude a posé un problème de traduction. Dans la première rédaction, Heisenberg emploie *Unsicherheit* (incertitude) et *Ungenauigkeit* (imprécision). Il emploiera par la suite *Unbestimmtheit* (indétermination), mais la première traduction en anglais avait consacré le terme « principe d'incertitude » (Jean-Marc Lévy-Leblond et Françoise Balibar, « When did the indeterminacy principle become the uncertainty principle ? », *Physics* 66, 1998, p. 278- 279).

répugnante. Il parle de la clarté [*Anschaulichkeit*] de sa théorie... moi je n'y vois que du fumier [*Mist*]. »

Heisenberg était décidé à examiner ce que pouvait bien vouloir signifier une théorie physique, pourvue d'une interprétation claire. Au fond, qu'est-ce que la théorie quantique pourrait bien dire de propriétés classiques d'une particule, de sa position par exemple ? Heisenberg suggéra que cette notion ne fait sens que si on précise la méthode employée pour sa mesure. On ne peut parler de la position d'un électron dans l'atome d'hydrogène sans décrire exactement par quel procédé on va rechercher cette information. Il ne s'agit absolument pas ici d'une précaution oratoire : Heisenberg avait perçu que l'acte même de la mesure d'une grandeur introduisait une perturbation ; de là découlait nécessairement une limite sur notre connaissance de l'électron. Dans son premier article, il avait formulé la relation entre la précision avec laquelle on peut mesurer simultanément la position et la quantité de mouvement d'une particule. Son célèbre principe d'incertitude énonce que si Δx (prononcer « delta x ») est l'imprécision sur la position d'une particule, et si Δp est celle sur la quantité de mouvement (qui est proportionnelle à la vitesse), alors :

$$\Delta x . \Delta p \sim h$$

h étant la constante de Planck, le symbole $\sim$ signifiant « environ égal à ». Répétons cela, en toutes lettres : le produit de l'incertitude sur la position d'une particule et de l'incertitude sur sa quantité de mouvement est de l'ordre de la constante de Planck. Par conséquent, si la précision sur la position est très bonne, la précision de la mesure de la quantité de mouvement, donc de la vitesse, se détériore. Réciproquement, si on veut avoir une valeur très précise de la quantité de mouvement d'une particule, on ne saura plus exactement où elle se trouve ! Heisenberg est parvenu à cette limitation, étrange mais fondamentale, en étudiant la diffusion des photons par les électrons : pour « voir » un électron, comme pour tout objet ordinaire, il faut l'éclairer, donc le bombarder avec des photons. Mais à la différence des objets ordinaires qui ne sont perturbés qu'imperceptiblement par la lumière, les électrons subissent du fait de cette interaction, un effet mesurable. Nous nous heurtons donc, spécialement dans ce cas, à une impossibilité absolument générale : on ne peut pas effectuer de mesure qui soit sans effet sur la quantité mesurée. On pourrait se demander s'il n'est pas possible de contourner cet obstacle et d'obtenir simultanément des mesures précises de la position et de la quantité de mouvement, grâce à quelque ingénieux dispositif expérimental. Nous allons démontrer – *uniquement à l'aide de raisonnements basés sur les horloges* – que les limites posées par le principe d'incertitude de Heisenberg sont radicalement infranchissables.

Déduction du principe d'incertitude de Heisenberg à partir du raisonnement basé sur les horloges

Cette fois, au lieu de partir d'une particule située en un point précis, supposons que la position n'est pas connue avec exactitude : on sait seulement qu'elle réside dans une certaine portion d'espace. Il faut donc représenter un ensemble d'horloges en chaque point de cette région, chacune d'entre elles figurant la probabilité de présence de la particule en ce point. La somme des carrés de la longueur des aiguilles de ces horloges doit être égale à 1 (probabilité totale égale à 100 % de chances), puisqu'on a la certitude que la particule se trouve quelque part dans cette zone.

À partir de là, nous allons pouvoir appliquer les règles quantiques pour effectuer un calcul important, à condition d'introduire tout d'abord un complément indispensable à la technique du décalage des horloges. Il s'agit d'un détail dont nous avons retardé la mention jusqu'ici, mais il n'est plus possible à présent de s'en dispenser pour obtenir les valeurs correctes des probabilités. Ce détail a trait aux derniers mots du paragraphe précédent.

Dans le cas d'une seule horloge, la longueur de l'aiguille doit être égale à 1, parce que la particule se trouve avec certitude (probabilité 100 %) en ce point. La règle quantique veut qu'à un instant ultérieur, l'horloge ait essaimé en tout point de l'Univers, du fait du saut de la particule depuis sa position initiale. Les aiguilles de toutes ces horloges, qui représentent des probabilités, ne sont donc plus de longueur unité. S'il y avait par exemple, 4 horloges, en 4 points différents, et que les aiguilles soient de longueur 1, la probabilité que la particule se trouve en l'un des 4 points serait de... 400 % ! Pour résoudre cette difficulté, en plus du décalage des horloges dans le sens contraire des aiguilles d'une montre introduit auparavant, il va falloir « contracter » le rayon du cadran des horloges. Cette règle de contraction s'exprime en spécifiant qu'après l'apparition de la nouvelle génération d'horloges, chacune devra avoir une taille réduite d'un facteur égal à la racine carrée du nombre total d'horloges.[1] Dans l'exemple de 4 horloges, chaque aiguille sera de longueur $1/\sqrt{4} = 1/2$. Il y aura donc $(1/2)^2$ = 25 % de chances que la particule soit située en l'un quelconque des 4 points. On le voit, la nouvelle règle revient à s'assurer que la probabilité totale soit, comme il se doit, égale à 100 %. Si le nombre total d'horloges est infini, on pourrait s'inquiéter du facteur de réduction qui pourrait aboutir à une longueur nulle, mais en fait, cela ne pose aucun problème mathématique, et nous n'aurons pas à en tenir compte dans nos calculs.

Revenons maintenant à notre Univers ne contenant qu'une seule particule, dont la position n'est pas précisément connue. Vous pouvez considérer le calcul qui va suivre comme un petit jeu mathématique, peut-être délicat à suivre en première lecture, mais cela vaudra la peine de le revoir, car il conditionne la compréhension de l'origine du principe d'incertitude. Nous supposerons, par souci de simplicité que la particule se déplace sur une seule dimension : elle ne peut se situer que sur une droite. Le cas de trois dimensions ne serait pas fondamentalement différent, il serait seulement plus difficile à représenter. Dans la figure 4.3, nous avons esquissé la situation de départ, en représentant la particule par trois horloges alignées. Nous aurions pu considérer bien plus d'horloges, partout où la particule pourrait se situer, mais cela n'aurait fait que compliquer le dessin. Nous plaçons l'horloge 3 du côté gauche du groupe initial et l'horloge numéro 1 à droite. En somme, la particule est initialement quelque part entre les horloges 1 et 3. Du point de vue de Newton, la particule va demeurer au point où elle se trouve si on n'exerce aucune action sur elle, mais que dit la règle quantique ? C'est ici que commence le jeu, il va falloir utiliser les règles des horloges pour répondre à cette question.

1. Nous ne tiendrons pas compte des effets éventuels de la contraction des longueurs, qui existe dans la relativité restreinte d'Einstein. Cela aboutirait à des facteurs de réduction différents entre les horloges.

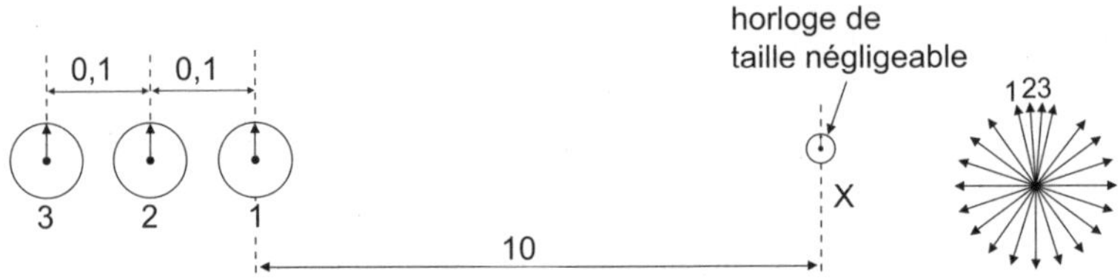

Figure 4.3 Trois horloges alignées indiquant la même heure : ceci décrit une particule située dans cette région. On recherche la probabilité de trouver, à un instant ultérieur, la particule au point X.

Que se produit-il à un instant ultérieur ? Nous commencerons par aborder cette question pour un point donné X, situé loin de la région initiale. Nous préciserons plus tard ce que signifie « loin », pour l'instant cela signifie simplement qu'il faudra pratiquer des décalages importants des horloges. Selon les règles du jeu, il faudra prendre chaque horloge du groupe de départ et la transporter en X, en décalant la position de l'aiguille et en réduisant comme il convient sa longueur ; physiquement, cela correspond au saut de la particule depuis sa position initiale jusqu'au point X. Plusieurs horloges parviendront en X, à partir de chaque horloge de départ, et il conviendra de les additionner. Cela étant fait, le carré de la longueur de l'aiguille résultante donnera la probabilité de présence de la particule en X.

Voyons maintenant ce que ça donne en posant quelques valeurs numériques. Supposons que le point X soit à une distance de « 10 unités » de l'horloge, et que le groupe initial soit d'une largeur de « 0,2 unités ». Une question vient immédiatement à l'esprit : est-ce que « 10 unités » représente une grande distance ? Pour y répondre il faudrait faire appel à la valeur de la constante de Planck, mais pour l'instant, admettons seulement qu'« une unité de distance » correspond à un décalage de l'horloge de 12 heures, soit un tour complet. En appliquant la règle du décalage, cela signifie que le point X se trouve approximativement à $10^2 = 100$ tours complets par rapport au groupe de départ. Admettons de plus que toutes les horloges au point de départ sont de même taille, et qu'elles sont réglées initialement sur 12 heures. L'hypothèse que les horloges sont identiques revient à dire qu'il y a autant de chances que la particule se trouve en un point quelconque entre 1 et 3 (figure 4.3), et nous verrons plus loin la signification de les régler toutes sur la même heure.

Pour déplacer une horloge du point 1 au point X, la règle impose de tourner l'aiguille dans le sens contraire des aiguilles d'une montre, en lui faisant faire 100 tours complets de cadran. Pour l'horloge située au point 3, qui est 0,2 unités plus loin, la déplacer jusqu'en X revient à la décaler de $(10,2)^2$ soit environ 104 tours complets en arrière.

À ce stade, nous avons deux horloges au point X, ce qui correspond à un saut de la particule de 1 à X et de 3 à X, et nous devons les additionner pour progresser vers notre but, qui est de calculer l'horloge résultante. Sur ces deux cadrans, les aiguilles indiquent pratiquement 12 h, puisque l'on a effectué des tours presque complets. La somme donne une aiguille plus grande, pointant également sur 12 h. Notez que seule compte la position finale de l'aiguille, car le nombre de tours complets effectués n'a pas d'importance. Mais nous n'en avons pas encore fini, car nous n'avons utilisé pour l'instant que deux des horloges du groupe initial.

Penchons-nous à présent sur l'horloge du milieu, celle du point 2. Elle est à une distance de 10,1 unités de X, donc son déplacement nécessitera de la reculer de $(10,1)^2$ soit pratiquement 102 rotations complètes. Il faut ajouter cette horloge aux deux autres déjà arrivées en X. Ce qui allongera encore l'aiguille de l'horloge résultante. En continuant ainsi, on aura un point situé à mi-chemin entre les points 1 et 2 ; l'horloge partant de là subira un décalage de 101 tours, et l'aiguille résultante s'allongera encore. Voici maintenant une remarque importante : en continuant ainsi, on tombera sur une horloge qu'il faudra décaler de 100,5 tours quand elle parviendra en X. Son aiguille pointera donc sur 6 h, ce qui aboutira à *réduire* la longueur de la résultante. En prolongeant ce raisonnement, on arrivera à la conclusion que les points marqués 1, 2 et 3, ainsi que les points situés à mi-chemin entre 1 et 2 et entre 2 et 3 aboutissent à des aiguilles pointant sur 12 h, tandis que les points situés au quart ou aux trois quarts des distances entre 1 et 3 et entre 2 et 3 ont pour résultantes des aiguilles pointant vers 6 h. Au total, il y a 5 horloges dont les aiguilles pointent vers le haut et 4 dont les aiguilles pointent vers le bas. En effectuant le total, on obtient une aiguille résultante de petite taille, car pratiquement toutes les horloges se seront annulées.

Cette « annulation des horloges » s'applique aussi au cas réaliste où l'on étend le raisonnement à l'ensemble des points possibles entre 1 et 3 : par exemple, le point situé à la distance 1/8 à partir du point 1 engendre une horloge indiquant 9 h, tandis que pour le point situé à 3/8 l'horloge indique 3 h – les deux s'annulant encore. En définitive, les horloges correspondant à toutes les manières d'arriver au point X, à partir de la position initiale de la particule, s'annulent entre elles. Cela est illustré à l'extrême droite de la figure, les flèches indiquant les aiguilles des horloges aboutissant en X à partir de tous les points du groupe initial. Le résultat net est nul : voilà l'idée à retenir.

Cependant, il va falloir aller plus loin, pour aboutir au principe de Heisenberg ; pour le moment, où en sommes-nous ? Nous sommes parvenus à la conclusion que, pour toute horloge arrivée au point X et indiquant 12 h, il existe une autre horloge indiquant 6 h qui l'annule, mais à une double condition : il faut que le groupe initial d'horloges soit *assez grand*, et que le point X soit *assez loin*. Dans ce cas-là, on est assuré que si une horloge arrive en indiquant 3 h, une autre viendra en indiquant 9 h, l'annulant ainsi. En somme, la probabilité de trouver la particule en X est nulle, ce qui ne peut manquer de nous rassurer, puisque cela correspond à une particule immobile, bien loin de la folle hypothèse initiale d'une particule qui pourrait se retrouver peu après à l'autre bout de l'Univers : en partant d'un groupe d'horloges, cela ne se produit pas. Car du fait des interférences entre les horloges, il n'existe aucune chance que la particule se retrouve bien loin de sa position initiale. Pour reprendre l'expression employée par James Binney, professeur à Oxford, cette conclusion provient d'une « orgie d'interférences quantiques ».

Pour que cette « orgie » aboutisse à une annulation générale, il faut que X soit assez loin du groupe initial d'horloges. Pourquoi en est-il ainsi ? Si X est trop proche, les aiguilles n'auront pas l'occasion de faire le tour du cadran, et seront donc dans l'impossibilité de s'annuler aussi complètement. Si, par exemple, la distance entre une horloge initialement au point 1 et le point X est de 0,3 et non pas de 10 unités, l'horloge devra être décalée de $(0,3)^2 = 0,09$ tour, elle indiquera un peu plus que 1 h. De même, l'horloge initialement au point 3 arrivera en X décalée de $(0,5)^2 = 0,25$ tour, l'aiguille indiquant donc 3 h. Par conséquent, toutes les horloges aboutissant au point X, à partir d'une zone comprise entre le point 1 et le point 3, ne s'annuleront pas, mais s'additionneront de manière à donner une grande horloge pointant approximativement sur 2 h.

Tout cela revient à dire qu'il y a des chances non négligeables de retrouver la particule en dehors de sa zone initiale, mais à proximité cependant. Par « à proximité », nous entendons que le décalage des horloges soit insuffisant pour faire au moins un tour du cadran. Nous commençons, mais encore de manière quelque peu indistincte, à flairer la piste du principe d'incertitude : il nous reste à préciser ce que nous entendons exactement par *assez grand* et par *assez loin*.

Notre hypothèse initiale, à la suite de Dirac et Feynman, était que le décalage de l'aiguille de l'horloge, quand une particule de masse m parcourt une distance x durant le temps t est proportionnel à l'action, c'est-à-dire à mx^2/t. Dire qu'il est « proportionnel à » est insuffisant, si nous voulons obtenir un résultat concret. Nous avons besoin de connaître précisément la valeur du décalage. Dans le chapitre 2, nous avons discuté la loi de la gravitation de Newton, et afin de faire des prévisions quantitatives, nous avons introduit la constante de gravitation, qui détermine l'intensité de la force gravitationnelle. Ce n'est que grâce à cette constante que l'on peut fixer les valeurs numériques à introduire dans les équations, afin de calculer précisément la durée de l'orbite de la Lune, ou bien la trajectoire de la sonde Voyager 2 à travers le système solaire. Nous avons maintenant besoin de quelque chose d'analogue pour la mécanique quantique – une constante de la nature qui « définira l'échelle » en quelque sorte, et permettra de calculer le décalage correspondant à un déplacement donné, effectué durant un temps donné. Cette constante est la constante de Planck.

La constante de Planck : un bref historique

C'est au cours de la soirée du 7 octobre 1900, dans un élan de génie créatif, que Max Planck parvint à expliquer la façon dont les corps chauds rayonnent de l'énergie. Tout au long de la seconde moitié du XIXe siècle, la relation exacte entre la distribution des longueurs d'onde de la lumière émise par les corps chauds et la valeur de leur température est demeurée l'une des grandes énigmes de la physique. Tout corps chaud émet de la lumière, et lorsque sa température augmente, les caractéristiques de la lumière émise évoluent. Nous sommes familiers de la lumière visible, correspondant aux couleurs de l'arc-en-ciel, mais la lumière peut avoir des longueurs d'onde, soit trop longues, soit trop courtes, pour que l'œil humain y soit sensible. Si la longueur d'onde est supérieure à celle de la lumière rouge, on a affaire à de l'« infra-rouge », que l'on peut observer en utilisant des lunettes de vision nocturne. Des longueurs d'onde encore plus longues appartiennent au domaine des ondes radio. De même, la lumière dont la longueur d'onde est inférieure au violet est un rayonnement ultra-violet, et les longueurs d'onde encore plus courtes appartiennent au domaine des rayonnements X et gamma. Un morceau de charbon éteint, à la température ambiante, émet de la lumière, mais elle est invisible pour l'œil humain, car elle appartient à la partie infrarouge du spectre. Si ce charbon est jeté dans le feu, il va commencer à rougeoyer. En effet, au fur et à mesure que sa température s'élève, la longueur d'onde moyenne du rayonnement du morceau de charbon diminue, jusqu'à entrer dans la gamme de la lumière visible. Il s'agit d'une loi générale : plus la température d'un corps s'élève, plus la longueur d'onde de la lumière émise diminue. Cependant, avec la précision des mesures expérimentales qui s'était améliorée au cours du XIXᵉ siècle, il est apparu que l'on ne disposait pas d'une loi mathématique décrivant ces observations. Ce problème est habituellement dénommé le « problème du corps noir », car c'est ainsi que les physiciens se réfèrent à des objets idéalisés qui absorbent et réémettent parfaitement les rayonnements. C'était un sérieux problème qui révélait une incapacité générale à comprendre la nature de la lumière émise par toute chose.

Planck avait déjà beaucoup réfléchi à ce problème et à d'autres questions connexes, dans les domaines de la thermodynamique et l'électromagnétisme avant d'être nommé titulaire de la chaire de physique théorique à Berlin. Le poste avait été proposé à Boltzmann et Hertz mais tous deux l'avaient refusé. Cela s'est révélé être un hasard heureux, parce que Berlin était au centre des recherches expérimentales sur le rayonnement du corps noir ; l'immersion de Planck au cœur du travail expérimental s'est montré essentiel pour la suite de son tour de force théorique. Il est bien connu que les scientifiques sont souvent plus efficaces quand ils ont l'occasion d'échanger librement avec des collègues, hors de toute planification stricte, sur une large gamme de sujets.

Il se trouve que nous connaissons parfaitement la date et l'heure de la découverte de Planck. En effet, lui et sa famille avaient passé l'après-midi du dimanche 7 Octobre 1900 en compagnie de son collègue Heinrich Rubens. Au cours du déjeuner, ils avaient discuté des modèles théoriques existants, et constaté leur incapacité de décrire exactement le rayonnement du corps noir. Au cours de la soirée, Planck griffonna une formule sur une carte postale et l'envoya à Rubens. La formule s'avéra correcte mais paraissait à première vue extrêmement étrange. Planck déclara plus tard l'avoir écrite « en désespoir de cause », après avoir envisagé toutes les autres possibilités. Nous ne sommes naturellement pas en mesure de retracer son cheminement exact, mais Abraham Pais, dans son superbe ouvrage *Albert Einstein : La vie et l'œuvre*, a écrit, à propos de ce tournant de la physique : « Son raisonnement était fou, mais sa folie a cette qualité divine que seuls les plus grands innovateurs peuvent apporter à la science ». L'inspiration de Planck peut être décrite comme tout à la fois inexplicable et révolutionnaire. Il était parvenu à la conclusion qu'on ne pouvait expliquer le spectre de rayonnement du corps noir qu'en admettant que l'énergie lumineuse était émise, non pas de manière continue, mais par petites quantités discontinues. En d'autres termes, l'énergie totale devait être conçue comme « quantifiée », en fonction d'une nouvelle constante naturelle fondamentale, que Planck désigna sous le nom de « quantum d'action », que nous nommons aujourd'hui bien légitimement la « constante de Planck ».

La formule de Planck impliquait donc que la lumière soit toujours émise, ou absorbée, par petites quantités, les quanta ; mais Planck ne mesura lui-même les conséquences de ce fait que très progressivement. En notation moderne, l'énergie des paquets est $E = hc/\lambda$, où λ est la longueur d'onde de la lumière, (prononcer « lambda »), c est la vitesse de la lumière et h la constante de Planck. On voit dans cette formule que la constante de Planck est en quelque sorte le facteur de conversion entre la longueur d'onde de la lumière et l'énergie du quantum associé. La quantification de l'énergie lumineuse, admise par Planck, provient en dernier ressort du fait que la lumière elle-même est constituée de « grains de lumière » : c'est ce qui fut proposé, à titre d'hypothèse dans un premier temps, par Albert Einstein en 1905. Cette année-là – qui fut, dans son explosion sans égale de créativité, l'*annus mirabilis* d'Einstein – fut marquée également par la découverte de la théorie de la relativité et de l'équation la plus célèbre de l'histoire des sciences, $E = mc^2$. Einstein reçut le prix Nobel de physique en 1921, non pour sa théorie de la relativité, mais pour son article sur l'effet photoélectrique. Il postulait que la lumière pouvait être considérée comme un flux de particules (à ce moment, il n'utilisait pas encore le terme de « photons »), et énonçait que l'énergie du photon est inversement proportionnelle à sa longueur d'onde. Cette hypothèse d'Einstein constitue le départ de l'un des paradoxes les plus profonds de la théorie quantique : les ondes se comportent comme des particules, et vice versa.

Il revient donc à Planck le mérite d'avoir enlevé la première brique des fondations de la théorie de la lumière conçue par Maxwell, en démontrant que l'énergie rayonnée par les corps chauds ne peut être décrite que si elle est émise par quanta. Puis Einstein retira d'autres briques, provoquant l'écroulement de tout l'édifice de la physique classique. Son interprétation de l'effet photoélectrique exigeait en effet non seulement que la lumière soit émise par petites quantités, mais qu'elle interagisse avec la matière sous forme de paquets localisés : la lumière se comporte réellement comme un flux de particules.

Cette idée du « photon », qui revient à affirmer que « le champ électromagnétique est quantifié », a provoqué bien des controverses et ne fut acceptée que des décennies plus tard, après qu'Einstein l'ait envisagé en 1905. En voici un écho daté de 1913, d'autant plus remarquable que Planck lui-même y a contribué. Il s'agit d'un rapport proposant l'admission d'Einstein à la prestigieuse Académie de Prusse :

> « En somme, on peut dire qu'il n'existe pratiquement aucun des grands problèmes dont la physique moderne est si riche, auquel Einstein n'ait apporté une remarquable contribution. Que certaines de ses spéculations aient manqué leur but, comme par exemple son hypothèse des quanta de lumière, ne peut guère lui être reproché, car il n'est pas possible d'introduire des idées vraiment nouvelles, même dans les sciences exactes, sans quelquefois prendre des risques. »

Au fond, personne ne croyait que les photons étaient réels. L'interprétation la plus largement admise était que l'hypothèse de Planck était bien fondée, car elle était plus liée aux propriétés de la matière – les petits oscillateurs émettant le rayonnement – qu'à la lumière elle-même. Il était tout simplement bien trop étrange d'imaginer que les belles équations d'onde de Maxwell devraient être remplacées par une théorie particulaire.

Si nous mentionnons tous ces aspects historiques, c'est en partie pour vous faire constater que les réelles difficultés de la théorie quantique font qu'elle ne peut être aisément acceptée. Il n'est pas possible de visualiser quoi que ce soit, électron ou photon, se comportant tantôt comme une particule, tantôt comme une onde, et tantôt ni comme l'une, ni comme l'autre. Toute sa vie durant, Einstein demeura hanté par ces questions. Écrivant en 1951, quatre ans seulement avant sa mort, il s'interrogeait encore :

> « Toutes ces cinquante années de réflexions ne m'ont nullement rapproché d'une réponse à la question : que sont les quanta de lumière ? »

Soixante ans plus tard, ce qui est incontestable, c'est que la théorie que nous sommes en train de développer, à l'aide de nos ensembles de petites horloges, est capable de décrire, avec une précision inattaquable, les résultats de chacune des expériences conçues pour la tester.

Retour sur le principe d'incertitude de Heisenberg

Voilà donc l'arrière-plan historique de l'origine de la constante de Planck. Le plus important pour notre propos est de noter que cette constante est une unité d'« action », c'est-à-dire le même type de quantité qui définit dans notre théorie le décalage des horloges. Sa valeur déterminée actuellement est de $6{,}6260695729 \times 10^{-34}$ kg · m²/s, ce qui est extrêmement faible : nous verrons que c'est pour cela que son omniprésence passe inaperçue au quotidien.

Souvenons-nous à présent que l'action, pour une particule se déplaçant d'un point à un autre, est égale au produit de sa masse par la distance parcourue, divisé par la durée du déplacement. Ceci s'exprime en kg·m²/s, tout comme la constante de Planck, de telle sorte que si on divise l'action par cette constante, on obtient un simple nombre, sans unité. Toujours en suivant Feynman dans sa présentation de la théorie quantique, ce nombre pur nous donne le décalage de l'horloge associée à une particule ayant effectué un saut. Si, par exemple, ce nombre vaut 1, le décalage est d'un tour complet, s'il vaut $\frac{1}{2}$, cela correspond à un demi-tour, etc. Sous forme algébrique, pour une particule de masse m ayant parcouru une distance x en un temps t, la valeur du décalage de l'horloge est $mx^2/2ht$. Remarquez qu'un facteur $\frac{1}{2}$ figure dans cette formule ; on peut tout aussi bien considérer que cela découle de la définition de l'action[1] ou que cela répond au besoin de faire concorder la théorie et l'expérience.

Appliquons nos résultats théoriques à un tout petit objet, un simple grain de sable. La théorie de la mécanique quantique suggère que si le grain de sable est déposé en un point quelconque, il *pourrait* se trouver à un instant ultérieur n'importe où dans l'Univers. Ce n'est manifestement pas ainsi que se comportent les grains de sable. Nous avons déjà rencontré un moyen d'échapper à ce type de problème : avec un degré suffisant d'interférences entre horloges, correspondant à des sauts à partir de différents points, il y aura une annulation totale aboutissant à l'immobilité. La première interrogation qu'il convient d'aborder est de calculer le décalage des horloges si un grain de sable se déplace par exemple d'un millième de millimètre en une seconde. Cette distance est trop réduite pour être observée à l'œil nu, mais elle est grande à l'échelle atomique. Vous pouvez vous-même effectuer ce calcul, en appliquant la règle de Feynman donnant le décalage[2]. Cela donne un résultat de l'ordre de 100 millions d'années de décalage. On peut imaginer le degré d'interférences que cela autorise : en définitive, le grain de sable reste en place, et la probabilité pour qu'il s'éloigne d'une distance appréciable est quasi-nulle, même si, pour parvenir à ce résultat, il nous a fallu prendre en compte tous les déplacements potentiels en n'importe quel point de l'Univers.

1. Pour une particule de masse m ayant parcouru en ligne droite et à vitesse constante une distance x en un temps t, l'action est $\frac{1}{2}\, m(x/t)^2\, t$, mais il ne faudrait pas en conclure que la trajectoire d'une particule quantique est rectiligne. La règle du décalage des horloges découle de l'association d'une horloge avec tous les chemins possibles de la particule entre deux points, et le fait que la sommation aboutisse à un résultat simple n'est pas significatif. Par exemple, le résultat serait plus compliqué, si on prenait en compte les corrections relativistes.

2. On peut admettre que le grain de sable a une masse voisine de 1 microgramme, c'est-à-dire un millionième de gramme.

Nous avons là un résultat très important, et si vous avez vous-même tenté le calcul vous avez pu en éprouver la cause : la petitesse de la constante de Planck. Écrivons-la pour une fois sans utiliser les puissances de 10 : 0,00000000000000000000000000000000066260695729 kg m^2/s. Il est clair que si on divise n'importe quel nombre correspondant à une quantité usuelle par cette valeur, on obtiendra un décalage considérable pour les horloges, donc un niveau d'interférences garantissant que notre valeureux grain de sable, explorateur potentiel des confins de l'Univers, se tiendra aussi tranquille que n'importe quel autre grain de sable de la plage...

Naturellement, nous voudrions savoir s'il existe des situations où l'annulation générale des horloges ne se produit pas, ce qui nécessiterait, comme nous l'avons vu, des décalages d'horloges n'atteignant pas un tour complet. Dans un tel cas, « l'orgie d'interférences » n'aurait pas lieu. Voyons ce que cela donnerait quantitativement.

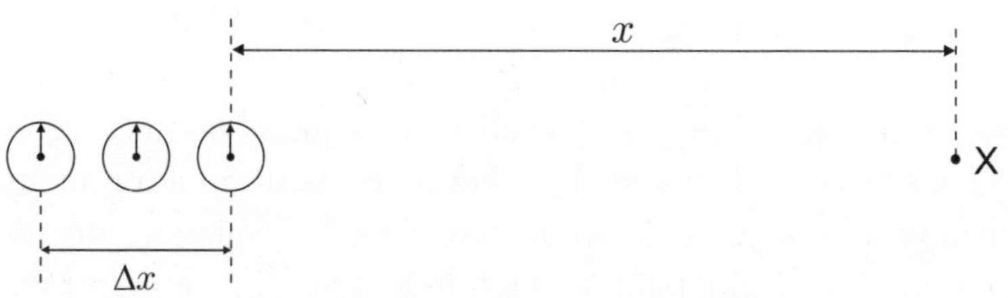

Figure 4.4 Identique à la figure 4.3, à part le fait que cette fois, nous n'avons pas fixé de valeur à la taille du groupe d'horloges, ni à la distance à laquelle se situe le point X.

Reprenons le groupe d'horloges initial, représenté une nouvelle fois figure 4.4, mais en restant à un degré d'analyse plus abstrait, sans choisir des valeurs déterminées pour les dimensions. La taille du groupe d'horloges est de dimension Δx et la distance entre le point X et l'extrémité la plus proche du groupe est x. Dans ce cas, Δx désigne l'incertitude sur notre connaissance de la position initiale de la particule ; elle se trouve au départ dans une région de dimension Δx. Pour un saut entre le point 1 du groupe, le plus proche de X, et le point X, il faut décaler l'horloge de la quantité :

$$W_1 = \frac{mx^2}{2ht}$$

Partons maintenant du point 3, le plus éloigné de X. Quand l'horloge passe de 3 à X, il faut lui faire subir un plus grand décalage :

$$W_3 = \frac{m(x + \Delta x)^2}{2ht}$$

Nous allons maintenant fixer précisément la condition de non-annulation des horloges parvenues au point X, à partir de tout point du groupe initial ; le décalage entre les horloges aux points 1 et 3 devra être inférieur à 1 tour complet :

$$W_3 - W_1 < \text{un tour}$$

En développant cette relation, on obtient :

$$\frac{m(x + \Delta x)^2}{2ht} - \frac{mx^2}{2ht} < 1$$

Considérons maintenant le cas particulier où la taille Δx du groupe initial est beaucoup plus petite que la distance x. Nous recherchons ainsi les possibilités que notre particule effectue un grand bond en dehors de sa région de départ. Dans ce cas, la condition pour qu'il n'y ait aucune annulation d'horloge, se déduit directement de l'équation précédente : ceci revient, en développant la parenthèse, à négliger le terme en Δx^2 (qui est encore bien plus petit que Δx). En effectuant la différence, on obtient :

$$\frac{mx\Delta x}{ht} < 1$$

Cette inégalité exprime la condition pour qu'il ne survienne aucune annulation entre les horloges arrivées au point X. Cela a pour conséquence que la probabilité que la particule se situe au point X est non nulle. Nous ne sommes pas certains de l'y trouver, mais au moins cela est-il possible. Nous constatons donc que si la particule se trouve à l'instant 0 dans une zone de taille Δx, il sera possible, à un instant ultérieur t, qu'elle se trouve à une distance x de sa position initiale, si la condition ci-dessus est satisfaite. De plus, x augmente en fonction de t, du fait que le temps figure au dénominateur de la formule. Pour le dire clairement, plus le temps augmente, plus il est possible de trouver la particule loin de sa position initiale : cela ressemble fort à une particule explorant l'espace.

De plus, si Δx est faible, c'est-à-dire si l'incertitude sur la position de la particule diminue, la probabilité de trouver la particule à une grande distance augmente : plus on détermine avec précision la position d'une particule, plus vite elle pourra se retrouver loin de sa position initiale. Nous voici maintenant très près du principe d'incertitude de Heisenberg.

Pour progresser encore, il reste à effectuer quelques manipulations algébriques. La particule se trouve à l'instant 0 dans la zone de largeur Δx. Supposons qu'à l'instant t, elle soit parvenue en X. Ayant parcouru la distance x durant un temps t, sa vitesse est égale à x/t. Rappelons que le produit de la masse par la vitesse est égal à la quantité de mouvement, symbolisée par p. La quantité mx/t représente donc la quantité de mouvement de la particule ; notre inéquation s'écrit donc maintenant :

$$\frac{p\Delta x}{h} < 1$$

ou bien enfin :

$$p\Delta x < h$$

Voilà qui ressemble beaucoup au principe d'incertitude !

Dorénavant, nous en avons terminé avec les opérations mathématiques, et si vous aviez quelque peu perdu le fil, vous pouvez tranquillement le retrouver ici.

Si au départ une particule est localisée dans un petit secteur de dimension Δx, nous venons de découvrir qu'un peu plus tard, elle peut se trouver n'importe où, dans une zone plus grande de dimension x. La situation est illustrée figure 4.5. Plus précisément, cela signifie que si nous recherchons la particule à l'instant initial, il y a des chances de la trouver dans la zone intérieure, la plus petite. Sans la détecter à ce moment, mais en attendant quelque temps, elle pourra se retrouver quelque part dans une région plus étendue. Comment exprimer cela de manière adéquate ? Il se peut que la particule se soit déplacée de la petite zone de départ, vers un point de la plus grande zone. Mais cela n'a rien d'obligatoire : il existe toujours une probabilité non nulle que la particule se trouve encore dans la zone initiale Δx. Mais il est tout à fait possible qu'une mesure révèle un déplacement de la particule jusqu'au bord de la zone la plus grande[1]. Si la particule s'y trouve effectivement, nous pourrons en conclure que la particule s'est déplacée avec une quantité de mouvement donnée par la formule $p < h/\Delta x$ démontrée plus haut (si vous n'avez pas suivi la démonstration, il vous faudra nous faire confiance !).

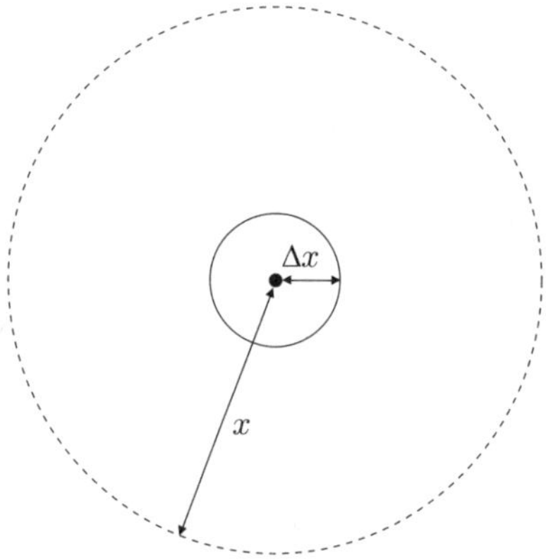

Figure 4.5 Un groupe de petite taille s'agrandit progressivement, correspondant à une particule initialement bien localisée, devenant de plus en plus délocalisée au fil du temps.

Mais ce cas extrême n'est qu'un cas particulier ; avec les mêmes conditions initiales, il se pourrait que la particule soit finalement localisée dans la zone la plus grande, ailleurs que sur son bord. Dans ce cas, on trouvera que sa quantité de mouvement est inférieure à la valeur limite trouvée précédemment.

Si cette même expérience – déterminer la quantité de mouvement p d'une particule se trouvant à l'instant initial dans une petite zone de taille Δx – est répétée un très grand nombre de fois, on obtiendra une série de valeurs de p comprises entre 0 et le maximum égal à $h/\Delta x$. Dire que « si cette expérience est répétée à plusieurs reprises, on peut prévoir que la quantité de mouvement obtenue sera comprise entre 0 et $h/\Delta x$ » exprime le fait qu'« il existe une indétermination sur la quantité de mouvement égale à $h/\Delta x$ ». Tout comme pour l'incertitude sur la position x, qui était notée Δx, notons Δp l'incertitude sur la quantité de

1. Il y a même une chance pour que la particule se trouve au-delà du « bord extrême » représenté sur la figure, mais comme nous l'avons montré, les horloges tendent à s'annuler dans un tel scénario.

mouvement, et nous écrirons $\Delta x.\Delta p \sim h$. Le symbole $\sim$ indique que le produit des incertitudes sur la quantité de mouvement et sur la position est approximativement égal à la constante de Planck ; il pourrait être un peu plus grand, ou un peu plus petit que h. Avec un peu plus de rigueur dans le maniement des mathématiques, nous aurions pu obtenir exactement cette équation. Le résultat dépend du groupe d'horloges initial, mais ne mérite pas de travail supplémentaire, car nous sommes d'ores et déjà en possession des idées essentielles.

L'énoncé auquel nous venons d'aboutir : « le produit des incertitudes sur la position et sur la quantité de mouvement est (approximativement) égal à la constante de Planck », est sans doute la forme la plus classique du principe d'incertitude de Heisenberg. Selon lui, si on connaît la position initiale d'une particule dans une région donnée, la mesure de la position de la particule à un instant ultérieur montrera que la particule se déplace avec une quantité de mouvement dont la valeur ne peut être prévue de manière plus précise qu'en disant qu'elle est « comprise entre 0 et $h/\Delta x$ ». En d'autres termes, si au départ on confine une particule dans une région de plus en plus étroite, elle aura tendance à sauter de plus en plus loin de cette position. Ce résultat est si important qu'on nous permettra d'en proposer un troisième énoncé : mieux la position d'une particule est connue à un instant donné, moins il sera possible de savoir quelle est sa vitesse et par conséquent, où elle pourra se trouver à quelque moment ultérieur.

Ces formulations du principe d'incertitude de Heisenberg sont au cœur de la théorie quantique. Elles sont ici exprimées en langage ordinaire, mais ce ne sont pas pour autant de vagues affirmations. Elles stipulent que nous ne sommes pas en mesure de suivre avec précision la position d'une particule, et toute dérive magique ou obscurantiste est ici hors de propos. Les quelques pages précédentes représentent une démonstration de ce principe à partir de règles fondamentales de physique quantique, présentées ici sous forme de règles de décalage, de contraction et de création d'horloges. Mais en définitive, tout provient de l'hypothèse qu'une particule, après avoir été détectée en un point précis, peut se retrouver en un endroit quelconque de l'Univers. Cette proposition anarchique a été ramenée à un résultat bien plus plausible d'« une orgie d'interférences » quantiques, et en un certain sens, le principe d'incertitude représente tout ce qui subsiste de l'anarchie initiale.

Avant de poursuivre notre progression, il nous reste maintenant une importante remarque concernant l'interprétation du principe d'incertitude. Il ne faudrait surtout pas faire l'erreur de s'imaginer que la particule se trouve de fait à un endroit précis, et que l'étalement spatial du groupe initial d'horloges n'est que la marque des limites de notre connaissance. S'accrocher à ce type d'hypothèse nous mettrait dans l'impossibilité de démontrer le principe d'incertitude : il est en effet indispensable dans cette visée d'envisager toutes les routes possibles entre un point quelconque du groupe initial et le point d'arrivée X, et d'additionner chacune de ces contributions. Il nous a fallu partir de l'hypothèse que pour arriver en X, la particule empruntait la superposition de nombreux chemins possibles. Nous ferons par la suite usage du principe de Heisenberg dans quelques situations du monde réel. Pour l'instant, contentons-nous d'être parvenus à démontrer un résultat fondamental de la théorie quantique à l'aide de quelques manipulations simples d'horloges imaginaires.

Introduisons maintenant quelques valeurs numériques dans les équations ; demandons-nous par exemple combien de temps il faudrait pour avoir une chance de voir un grain de sable sauter en dehors d'une boîte d'allumettes. Admettons que la boîte ait des côtés de 3 cm et que le grain de sable pèse 1 microgramme. Rappelons la condition qui doit être satisfaite pour que le grain de sable puisse sauter à une distance donnée :

$$\frac{mx\Delta x}{ht} < 1$$

où Δx est la taille de la boîte. Calculons t pour que le saut soit de longueur $x = 4$ cm, c'est-à-dire supérieur à la taille de la boîte. Un petit réarrangement algébrique donne :

$$t > \frac{mx\Delta x}{h}$$

et en introduisant les valeurs numériques on obtient que t doit être supérieur à 10^{21} secondes environ. Cette durée représente à peu près 6×10^{13} années, soit plus de 1 000 fois l'âge de l'Univers. Autant dire que cela n'arrivera jamais... La mécanique quantique est étrange, certes, mais pas au point de permettre à un grain de sable de sauter de lui-même hors d'une boîte d'allumettes.

Pour conclure ce chapitre et lancer le suivant, nous ferons une dernière observation. Notre démonstration du principe d'incertitude est partie d'une configuration d'horloges bien particulière, celle de la figure 4.4. Toutes les horloges ont des aiguilles de même longueur, pointant sur la même heure. Cet arrangement correspond à une particule initialement au repos dans une certaine région d'espace, par exemple un grain de sable dans une boîte d'allumettes. Or nous avons trouvé que pour des objets de taille suffisante, et c'est le cas du grain de sable relativement aux particules quantiques, le mouvement éventuel est totalement indétectable. Nous avons dû manquer un facteur important, car il existe pourtant bien des déplacements d'objets massifs. Et comme la théorie quantique doit s'appliquer à tous les corps, quelle que soit leur taille, il nous faut maintenant aborder ce problème : comment expliquer le mouvement ?

5

Le mouvement comme illusion

Au cours du chapitre précédent, nous avons démontré le principe d'incertitude de Heisenberg en considérant un arrangement d'horloges dont les aiguilles, toutes de même longueur, pointaient initialement dans la même direction. Cela correspond à une particule restant presque sur place, à part quelques petits mouvements autorisés par les lois quantiques. Nous partirons à présent d'une configuration différente, destinée à représenter une particule en mouvement (figure 5.1). Il s'agit à nouveau d'un ensemble d'horloges, au voisinage duquel se trouve initialement la particule. Sur le cadran placé au point 1, l'aiguille indique 12 h comme précédemment, mais les aiguilles des autres horloges sont avancées de différentes durées. Pour mieux visualiser le raisonnement, nous n'avons représenté que cinq horloges, mais on peut en imaginer d'autres, en chaque point de l'arrangement. Appliquons la règle quantique comme auparavant, et déplaçons ces horloges en un point X très éloigné du groupe initial, afin de décrire une fois de plus toutes les manières dont la particule peut arriver en X.

Comme nous en avons maintenant l'habitude, déplaçons l'horloge se trouvant au point 1 jusqu'au point X, en décalant l'aiguille d'une quantité

$$W_1 = \frac{mx^2}{2ht}$$

Pratiquons de même pour le cadran du point 2 ; il se trouve un peu plus loin, à une distance *d*, donc le décalage sera un peu supérieur :

$$W_2 = \frac{m(x+d)^2}{2ht}$$

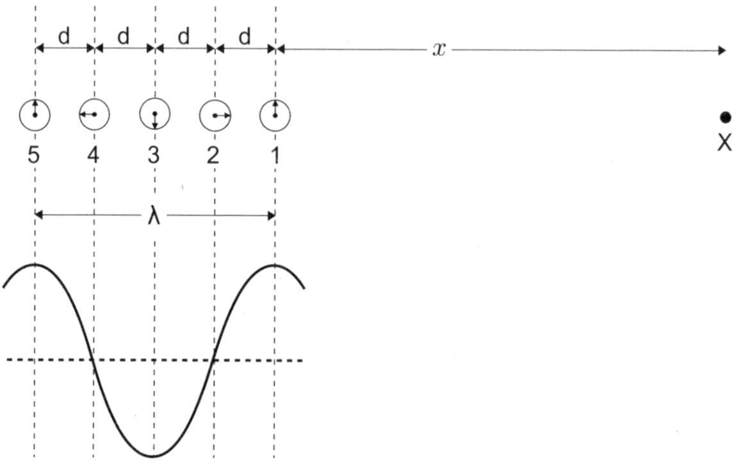

Figure 5.1 Le groupe initial (les horloges 1 à 5) indique en chaque point des heures différentes, avec un décalage de 3 heures par rapport à l'horloge voisine. Le bas de la figure montre la variation de l'heure indiquée en fonction de la position dans le groupe.

Nous avons procédé exactement de la même manière au chapitre précédent, mais quel sera cette fois le résultat, étant donnée la disposition initiale différente ? L'horloge 2 *avance* de 3 heures par rapport à l'horloge 1 : elle indique 3 h au lieu de 12 h. En la déplaçant jusqu'au point X, il va falloir la *reculer* un peu plus que l'horloge 1, du fait de la distance supplémentaire *d* parcourue. Si nous nous arrangeons pour que l'avance initiale de l'horloge 2 soit exactement égale à ce retard supplémentaire, les horloges 1 et 2 *indiqueront exactement la même heure* une fois parvenues au point X. Loin de s'annuler, les deux horloges s'additionneront pour en donner une plus grande, ce qui signifie une probabilité supérieure de trouver la particule en X. Au contraire, lorsque toutes les horloges indiquaient la même heure dans l'arrangement de départ, nous avions obtenu une interférence destructive, donnant naissance à l'« orgie d'interférences quantiques », pour reprendre l'expression de James Binney.

Considérons à son tour l'horloge 3, qui avançait de six heures par rapport à l'horloge 1. Elle doit parcourir une distance supplémentaire $2d$ pour arriver au point X, et une fois de plus, du fait du décalage, cette horloge indiquera 12 h. Si nous réglons tous les décalages de la même manière pour le groupe d'horloges, on obtient une interférence constructive au point X.

Il y aura donc une forte probabilité de trouver la particule en ce point à un instant ultérieur. En quoi le point X est-il donc si particulier ? Cela vient tout simplement du fait que les horloges du groupe y indiquent la même heure. Mais c'est aussi le cas de tous les points à la gauche de X, à une distance égale à la longueur du groupe initial. Pour s'en rendre compte, déplaçons l'horloge 2 d'une distance d, à gauche de X. Cela revient à l'amener à une distance x, égale à celle appliquée à l'horloge 1 pour l'amener en X. Déplaçons alors l'horloge 3 en ce nouveau point, en lui faisant parcourir la distance $x + d$, égale à celle dont on avait précédemment déplacé l'horloge 2. À leur arrivée, ces deux horloges indiqueront donc la même heure et s'ajouteront. On peut procéder de même pour chaque horloge du groupe, jusqu'à atteindre une distance à gauche de X égale à la taille du groupe de départ. En dehors de cette région particulière, les horloges s'annulent en bloc, car elles ne sont plus à l'abri de la fameuse orgie d'interférences quantiques[1]. L'interprétation est claire : le groupe d'horloges se déplace, comme on le voit sur la figure 5.2.

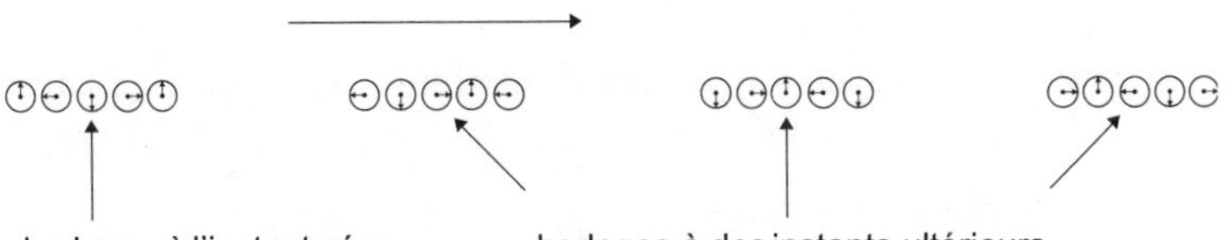

Figure 5.2 Le groupe d'horloges se déplace à une vitesse constante vers la droite. Cela est dû aux conditions initiales choisies.

Nous sommes parvenus à un résultat très important : en réglant le groupe initial sur des heures décalées, plutôt que sur la même heure, on parvient à décrire une particule en mouvement. De manière tout à fait

1. Nous vous engageons à le vérifier explicitement par vous-même.

intrigante, nous avons également pu établir un lien très important entre les décalages des horloges et le comportement des ondes.

Souvenons-nous que nous avons été amenés à introduire le principe des horloges au chapitre 2, pour être à même de comprendre le comportement ondulatoire des particules dans l'expérience de la double fente. Revenons à la figure 3.3, où nous avions représenté un arrangement d'horloges décrivant une onde. Il était tout à fait analogue à l'arrangement d'horloges dans notre groupe en déplacement. Dans la figure 5.1, l'onde correspondante est dessinée sous le groupe, de la même manière que précédemment : 12 h représente le maximum de l'onde, tandis que 3 h et 9 h correspondent à des points où l'amplitude de l'onde est nulle.

Cela était prévisible : une particule en mouvement est en lien avec une onde. Cette onde est caractérisée par une longueur d'onde, qui correspond à la distance entre les horloges du groupe indiquant la même heure. Sur la figure, cette distance est représentée par la longueur λ.

Demandons-nous maintenant à quelle distance du groupe doit se trouver le point X pour que les horloges adjacentes interfèrent de manière constructive. Ceci nous conduira à un autre résultat fondamental en mécanique quantique, et rendra plus clair le lien entre particules quantiques et ondes. Empruntons encore un peu le sentier escarpé des mathématiques.

Commençons par calculer le décalage supplémentaire de l'horloge 2 par rapport à l'horloge 1, dû à la distance supplémentaire à parcourir pour parvenir en X. Utilisons les résultats démontrés précédemment :

$$W_2 - W_1 = \frac{m(x+d)^2 - mx^2}{2ht} \approx \frac{mxd}{ht}$$

Là encore, vous devriez être à même de contrôler ce résultat, en développant l'expression dans la parenthèse et en éliminant le terme en d^2, car d, la distance entre les horloges, est négligeable par rapport à x, la distance à laquelle se trouve le point X, éloigné du groupe de départ.

Il est également possible d'exiger que les horloges indiquent la même heure ; il faut que le décalage supplémentaire correspondant au déplacement de l'horloge 2 soit annulé par l'avance initiale que nous lui avons donnée. Dans l'exemple de la figure 5.1, ce décalage pour l'horloge 2 est de $\frac{1}{4}$, car nous avons avancé cette horloge d'un quart de tour. De la même façon, l'horloge 3 doit être décalée de $\frac{1}{2}$, car nous l'avons avancée d'un demi-tour. En utilisant des symboles algébriques, on peut exprimer de manière générale la fraction de tour entre deux horloges sous la forme d/λ, où d est la distance entre les horloges et λ la longueur d'onde. Si cela vous paraît difficile, pensez au cas où la distance entre deux horloges est égale à la longueur d'onde. Alors $d = \lambda$ donc $d/\lambda = 1$, ce qui représente un tour complet, et les deux horloges marquent la même heure.

En rassemblant tous ces éléments, on obtient le résultat suivant : pour que deux horloges adjacentes indiquent la même heure au point X, il faut que le décalage supplémentaire de l'horloge initiale soit égal à celui issu de la différence de distance de propagation :

$$\frac{mxd}{ht} = \frac{d}{\lambda}$$

Nous pouvons simplifier, comme nous l'avons fait plus haut, en utilisant le fait que mx/t est égal à p, la quantité de mouvement de la particule. Au prix de quelques réarrangements, on obtient :

$$p = \frac{h}{\lambda}$$

Ce résultat fondamental est la relation de Louis de Broglie, du nom du physicien français qui l'a proposé dès septembre 1923. Son importance provient du fait qu'il associe une longueur d'onde à une particule dont la quantité de mouvement est p ; il exprime donc le lien profond entre une propriété mécanique d'une particule et un mouvement ondulatoire. On a ainsi pu mettre en évidence, à partir de nos raisonnements sur les horloges, la dualité onde-particule qui caractérise la mécanique quantique.

La relation de Louis de Broglie représenta historiquement un bond conceptuel considérable. Dans son article, de Broglie évoque une onde fictive associée à toute particule, à l'électron par exemple, prévoyant qu'un faisceau d'électrons passant à travers une fente devrait présenter un phénomène de diffraction[1]. En 1923, il ne s'agissait que d'une spéculation théorique, bien antérieure à l'observation en 1927 des interférences dues

1. La diffraction est un phénomène ondulatoire qui est un type particulier d'interférence.

aux électrons par Davisson et Germer. Vers la même époque, Einstein fit une proposition analogue, tout en utilisant une démarche différente, et ces deux résultats théoriques catalysèrent le développement de la mécanique ondulatoire de Schrödinger. Dans un article précédent immédiatement l'introduction de sa célèbre équation, Schrödinger écrivit : « Cela signifie essentiellement qu'il convient de prendre au sérieux la théorie ondulatoire des particules due à de Broglie et Einstein. »

On peut mieux saisir la signification de la formule de Louis de Broglie en examinant ce qui se produit si on diminue la longueur d'onde, ce qui revient à augmenter le décalage entre horloges adjacentes. Autrement dit, réduisons la distance entre horloges marquant la même heure. Pour compenser cette diminution de λ, il convient d'augmenter la distance x. C'est-à-dire que le point X doit se situer plus loin, de telle sorte que le décalage supplémentaire soit compensé. Cela correspond à une particule plus rapide : une longueur d'onde plus petite correspond à une quantité de mouvement plus grande, ce qui est exactement ce qu'exprime l'équation de de Broglie. Il est tout particulièrement remarquable d'avoir pu « démontrer » le mouvement ordinaire (le groupe d'horloges se déplace régulièrement en fonction du temps), à partir d'un arrangement statique d'horloges.

Paquets d'ondes

Il convient à présent de revenir sur un point important vu trop rapidement, plus haut dans ce chapitre. Nous avons dit que le groupe initial se déplaçait dans son ensemble au voisinage du point X, mais qu'il ne maintenait qu'approximativement sa configuration d'origine. Que signifie cette formulation plutôt floue ? Répondre à cette question va nous ramener au principe d'incertitude de Heisenberg, tout en nous offrant des éclairages supplémentaires.

Nous avons décrit ce qu'il advient d'un ensemble d'horloges, représentant une particule se trouvant quelque part dans une petite région de l'espace. C'est la zone schématisée par les cinq horloges de la figure 5.1. Un tel groupe s'appelle un paquet d'ondes. Mais nous avons constaté que confiner une particule dans une petite région d'espace n'est pas dépourvu de conséquences. Sa quantité de mouvement n'est plus déterminée qu'avec une certaine approximation, et plus le temps passe, plus la particule « s'échappe » de la région où elle était initialement localisée. Cet effet existe dans le cas où toutes les horloges marquent la même heure, aussi bien que dans le cas d'un groupe en mouvement. Le paquet d'ondes tendra à s'étaler au cours de son déplacement, tout comme une particule stationnaire s'étale au fil du temps.

Au bout d'un temps assez long, le paquet d'ondes correspondant au groupe d'horloges en déplacement se sera totalement dissocié, nous ôtant toute capacité à prévoir la localisation de la particule. Cela aura bien évidemment des conséquences sur une éventuelle mesure de la vitesse de la particule. Examinons précisément en quoi.

La technique naturelle de mesure de la vitesse passe par deux mesures de la position à deux instants différents. Le résultat est alors obtenu en divisant la distance parcourue par la durée écoulée entre les deux mesures. Malheureusement, cette méthode n'est pas réalisable du fait que la localisation très précise de la particule limite trop étroitement le paquet d'ondes, perturbant ainsi son mouvement. Si nous voulons diminuer cette conséquence du principe de Heisenberg – c'est-à-dire le changement de la quantité de mouvement lorsque Δx est petit – la mesure de la position doit rester suffisamment... imprécise ! Voilà bien une expression qui mériterait d'être quelque peu précisée : admettons que notre détecteur soit capable de définir une position au nanomètre près, et que le paquet d'ondes ait une extension de l'ordre du nanomètre, la détection n'aura alors pratiquement aucun effet sur la particule. Du point de vue d'un expérimentateur, une résolution d'un micromètre serait considérée comme excellente, mais pour l'électron cela représenterait une zone 100 fois plus étendue que le paquet d'ondes lui-même. Dans ce cas, la perturbation apportée par le principe de Heisenberg sera négligeable : voilà ce qu'il faut entendre par « la mesure de la position doit rester suffisamment imprécise ».

La situation est schématisée figure 5.3, où d représente l'extension initiale du paquet d'ondes et Δ la résolution du détecteur. On voit aussi le paquet d'ondes à un instant ultérieur, devenu un peu plus large ($d' > d$). Le sommet du paquet d'ondes s'est déplacé sur une distance L durant un temps t à la vitesse v. Sans doute, ce déluge de notations algébriques risque-t-il de replonger nos lecteurs dans l'atmosphère d'une salle de classe empoussiérée de craie, au milieu de tables en bois à l'ancienne, lorsque la voix monotone de l'enseignant devient de plus en plus soporifique... Mais la conclusion de ce raisonnement vous secouera plus encore que si vous aviez brusquement reçu sur la tête l'effaceur du tableau.

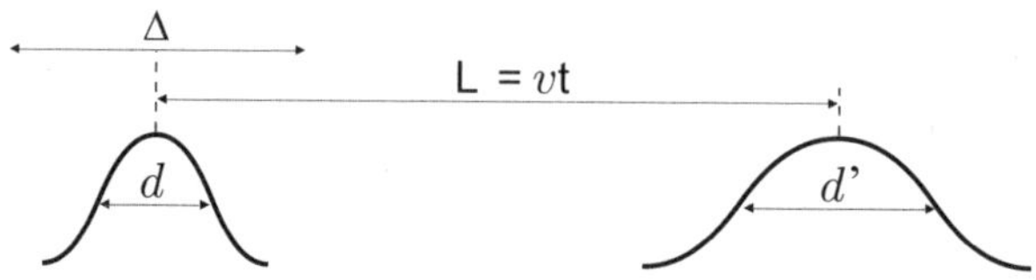

Figure 5.3 Un paquet d'ondes à deux instants successifs.
Il se déplace vers la droite tout en s'élargissant. Son mouvement est dû au décalage des horloges qui le constituent, conformément à la relation de Louis de Broglie et son élargissement découle du principe de Heisenberg. Sa forme en elle-même importe peu, mais précisons cependant que la dimension des horloges croît ou décroît en fonction de son amplitude.

Rejoignons maintenant une salle de travaux pratiques, où nous avons pour tâche de mesurer la vitesse v du paquet d'ondes, en déterminant sa position à deux instants successifs, obtenant ainsi les valeurs de L et de t. Mais la résolution du détecteur est Δ, ce qui limite la précision de la valeur de L, de sorte que la vitesse v est égale à :

$$v = \frac{L \pm \Delta}{t}$$

Cela signifie que nous ne disposons pas de la valeur exacte de L, mais seulement d'un intervalle défini par $L - \Delta$ et $L + \Delta$. De plus, Δ doit être très supérieur à la dimension du paquet d'ondes, sinon la particule serait confinée dans un domaine si réduit que le paquet serait totalement dissocié.

Réarrangeons un peu l'équation ci-dessus pour la rendre plus explicite :

$$v = \frac{L}{t} \pm \frac{\Delta}{t}$$

On pourrait espérer qu'avec une valeur de t assez grande, on obtiendrait v avec une excellente précision ; il suffirait d'attendre un intervalle de temps t suffisamment long entre les deux mesures pour que

Δ/t devienne négligeable, sans pour autant réduire Δ. Ce raisonnement est parfaitement conforme à l'intuition ordinaire : la mesure de la vitesse d'un véhicule est plus précise si elle est chronométrée sur une minute plutôt que sur une seconde... Serions-nous ainsi parvenus à contourner la limitation de Heisenberg ?

Il n'en est rien : nous avons seulement omis de tenir compte du fait que la particule est représentée par un paquet d'ondes qui s'élargit au fil du temps. Si t est long, le paquet d'onde peut donc avoir une extension si grande que la localisation de la particule en devient excessivement mauvaise, et l'incertitude sur L annule alors notre espoir d'obtenir une bonne précision sur la valeur de la vitesse.

Les limites du principe de Heisenberg nous contraignent donc toujours, dans le cas d'une particule décrite par un paquet d'ondes. Si la particule se trouve initialement dans une région de taille d, sa quantité de mouvement est nécessairement affectée d'une indétermination égale à h/d.

Si nous voulons réaliser un arrangement d'horloges figurant une particule dont la quantité de mouvement est bien définie, la seule possibilité est ainsi de prendre un paquet d'ondes de dimension d très grande : plus d est grand, plus l'incertitude sur la quantité de mouvement sera réduite. La conclusion est claire, il faut un ensemble d'horloges grand pour décrire une particule dont la vitesse est connue avec précision[1]. À la limite, il faudrait un paquet d'ondes infiniment étendu pour décrire une particule dont la vitesse serait déterminée avec une incertitude nulle.

A contrario, tant que la taille du paquet d'ondes est limitée, la quantité de mouvement de la particule n'est pas exactement définie ; si on effectuait des mesures sur un ensemble de particules, toutes décrites par un même paquet d'ondes, on obtiendrait une série de valeurs différentes. Même en prenant beaucoup de précautions expérimentales, la dispersion de ces valeurs ne pourrait être inférieure à h/d.

On pourrait également dire qu'un paquet d'ondes représente une particule dont le mouvement est caractérisé par des vitesses comprises dans un certain intervalle, donc par une certaine gamme de longueurs d'onde, selon la relation de Louis de Broglie. On conçoit dès lors le

1. Bien sûr, si d est très grand, on pourrait se demander comment il est possible de mesurer de la vitesse. Il est nécessaire que L reste très supérieur à d.

paquet d'ondes comme constitué de plusieurs longueurs d'onde. De même, si une particule est représentée par une onde de longueur d'onde parfaitement définie, il s'agit obligatoirement d'une onde infiniment longue. Nous sommes amenés à voir un tout petit paquet d'ondes comme une superposition d'ondes infiniment longues de différentes longueurs d'onde. Nous parvenons à une conclusion partagée aussi bien par les mathématiciens que par les physiciens : elle est au cœur de l'analyse de Fourier, ainsi nommée en hommage au mathématicien et physicien français Joseph Fourier. Il est le fondateur de la théorie analytique de la chaleur et le précurseur de l'étude de l'effet de serre.

Fourier montra la possibilité de décomposer une onde complexe quelconque en somme de vibrations sinusoïdales de différentes ondes monochromatiques (c'est-à-dire d'une longueur d'onde définie). La représentation graphique de cette méthode est assez parlante. Dans la figure 5.4, la courbe en pointillés est la somme des deux ondes sinusoïdales représentées plus bas. On peut pratiquement réaliser cette addition mentalement : les deux ont un maximum au centre, alors qu'elles tendent à s'annuler aux extrémités. La courbe en tirets est la somme des quatre ondes du bas : le pic central est plus accentué. La courbe en trait plein est la somme des dix premières ondes, les quatre du bas et six autres, de longueur d'onde décroissante. Plus le nombre de composantes et grand, plus le résultat est exact et détaillé. Le paquet d'ondes pris comme exemple décrirait de manière appropriée une particule localisée, analogue au paquet de la figure 5.3. Il est ainsi possible d'obtenir par synthèse additive une forme d'onde quelconque, uniquement à l'aide de vibrations sinusoïdales.

La relation de Louis de Broglie nous apprend que chacune des ondes au bas de la figure 5.4 correspond à une particule de quantité de mouvement définie, d'autant plus importante que la longueur d'onde est plus faible. Nous commençons à percevoir pourquoi une particule décrite par un ensemble localisé d'horloges est nécessairement constituée d'une gamme de quantités de mouvement.

Pour mieux expliciter cela, admettons qu'une particule soit décrite par le groupe d'horloges correspondant à la courbe en trait plein de

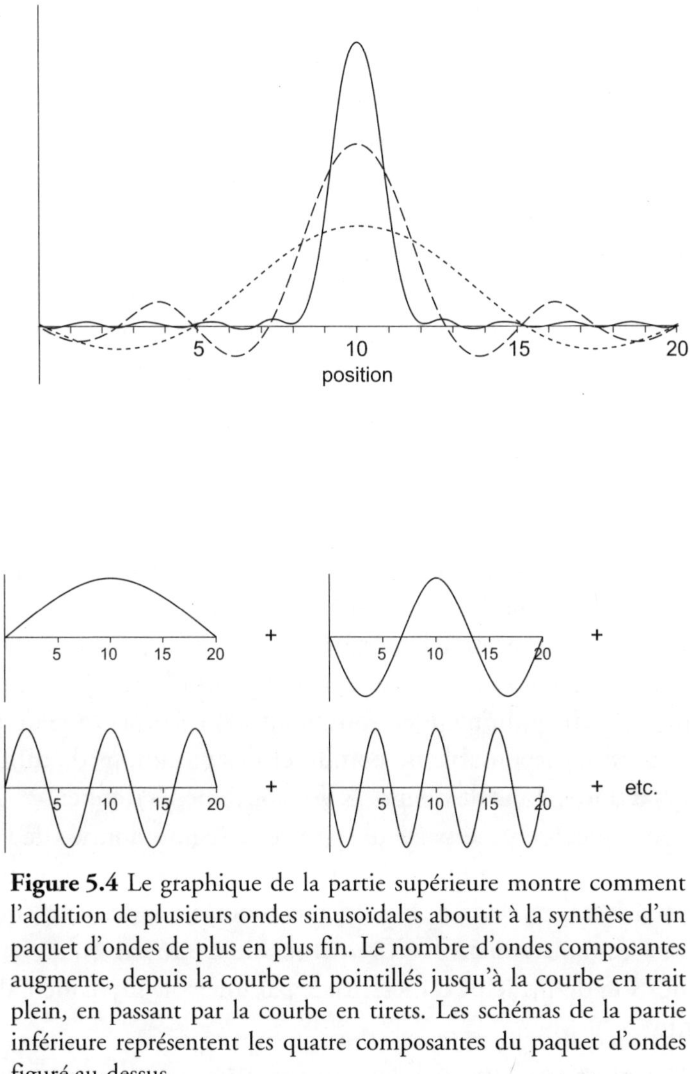

Figure 5.4 Le graphique de la partie supérieure montre comment l'addition de plusieurs ondes sinusoïdales aboutit à la synthèse d'un paquet d'ondes de plus en plus fin. Le nombre d'ondes composantes augmente, depuis la courbe en pointillés jusqu'à la courbe en trait plein, en passant par la courbe en tirets. Les schémas de la partie inférieure représentent les quatre composantes du paquet d'ondes figuré au-dessus.

la partie supérieure de la figure 5.4[1]. Nous venons de voir que cette particule peut être considérée comme la résultante d'une série de groupes d'horloges bien plus étendus : la première onde de la partie basse de

1. Il convient de rappeler ici qu'on obtient une représentation commode d'une onde en projetant, sur la direction de 12 h, la longueur de l'aiguille d'une horloge.

la figure, additionnée à la seconde, puis à la troisième et ainsi de suite. Selon ce raisonnement, il y a plusieurs horloges en chaque point (une pour chacun des groupes de plus grande longueur) qu'il faut ajouter pour aboutir au groupe d'horloges en haut de la figure 5.4. Vous avez le choix : considérer qu'une particule est représentée par une horloge en chaque point, ou bien qu'elle correspond à plusieurs horloges par point. Dans la première option, la taille de l'horloge donne immédiatement la probabilité de présence de la particule, avec un maximum vers le sommet de la courbe. Dans la seconde option, chaque horloge représente une valeur possible de la quantité de mouvement de la particule ; cela souligne le fait qu'une particule bien localisée dans une région peu étendue a une quantité de mouvement mal définie. Cette impossibilité de concevoir un paquet d'onde compact à partir d'une onde monochromatique découle directement de la décomposition de Fourier.

Nous sommes parvenus à une nouvelle perspective du principe d'incertitude de Heisenberg : il implique qu'il est impossible de décrire une particule par un groupe localisé d'horloges en utilisant des horloges correspondant à des ondes d'une seule longueur d'onde. En fait même, pour que les ondes s'annulent en tout point, sauf dans la zone du paquet d'ondes, il est indispensable de combiner des vibrations de différentes longueurs d'onde, donc de quantités de mouvements différentes. Le prix à payer pour localiser une particule dans une région donnée de l'espace est de renoncer à déterminer sa quantité de mouvement ; et plus nous voulons préciser la position de la particule, moins nous pouvons connaître sa quantité de mouvement. Il est remarquable d'être parvenu à retrouver la signification du principe d'incertitude par une voie fondamentalement différente[1].

Pour terminer ce chapitre, il faut encore insister sur la décomposition de Fourier, car elle fournit un excellent moyen de comprendre la théorie quantique, intimement relié aux idées dont nous venons de discuter. Le point important est que toute particule quantique, en toutes circonstances, peut être décrite par une fonction d'onde. Suivant la représentation choisie jusqu'ici, la fonction d'onde est un ensemble de

1. Dans ce nouveau raisonnement, la relation de Louis de Broglie, entre longueur d'onde et quantité de mouvement, est une notion incontournable.

petites horloges, réparties en chaque point de l'espace, dont la taille détermine la probabilité de présence de la particule en ce point. Ce type de représentation, ou fonction d'onde spatiale, n'est qu'une des possibilités de figurer mathématiquement l'onde. Par exemple, nous avons pu envisager la décomposition de l'onde comme une somme d'ondes sinusoïdales : il convient de réaliser que la connaissance de ces ondes partielles tient lieu de description complète de la particule, car leur somme permet d'obtenir les horloges associées à la fonction d'onde spatiale. Un paquet d'ondes est parfaitement spécifié par l'amplitude et la longueur d'onde des ondes sinusoïdales partielles qui le constituent. De plus, comme on peut associer chaque onde partielle à une horloge dont la dimension définit son amplitude et dont l'aiguille indique la phase, une particule peut être représentée par un ensemble d'horloges liées chacune non plus à un point de l'espace, mais à l'une des valeurs possibles de la quantité de mouvement. Nous sommes alors dans le cadre, totalement équivalent au précédent, des fonctions d'ondes dans l'espace des quantités de mouvement[1].

Cela peut sembler très abstrait, mais le monde technologique dans lequel nous vivons fait constamment appel aux décompositions en série de Fourier, par exemple dans les principes de la synthèse sonore, ou de la compression audio ou vidéo. N'importe quel son musical est une onde complexe qui peut être décomposée en ondes sinusoïdales partielles ; il est en principe nécessaire de réunir un très grand nombre de ces composantes pour obtenir fidèlement le son d'origine, mais en pratique, on peut par exemple éliminer les ondes partielles imperceptibles à l'oreille humaine, sans trop compromettre la restitution sonore. Cela réduit grandement la quantité de données nécessaires à l'enregistrement de la musique, et ce principe intervient dans le fonctionnement de nos petits lecteurs mp3.

Mais cet aspect technologique n'est pas le seul intérêt de ces représentations alternatives abstraites. Dans la représentation spatiale, une particule est représentée par une seule horloge, en un point donné de l'Univers. Dans l'espace des quantités de mouvement, une seule horloge décrit une particule dont la quantité de mouvement possède

1. Cet espace utilise comme coordonnées ce que l'on nomme les « états propres » des particules, caractérisés par des quantités de mouvement bien définies.

une seule valeur, bien définie. Selon le principe d'incertitude, une telle particule peut se trouver en n'importe quel point de l'espace avec une probabilité égale ; sa représentation spatiale nécessite donc un nombre infini d'horloges de même dimension. On comprend de ce fait que l'utilisation de l'espace des quantités de mouvement soit parfois utile pour simplifier le calcul de la fonction d'onde.

Ce chapitre nous a permis d'aborder, sous l'angle de la théorie quantique, ce que nous appelons banalement le « mouvement » des particules. Nous en avons à présent une vision tout à fait renouvelée, au point de nous rendre compte que le parcours continu d'un point A à un point B n'est qu'une illusion, qui doit céder la place à une notion d'exploration virtuelle de tous les chemins possibles entre ces deux points. Ce n'est qu'avec la somme de toutes ces possibilités que le mouvement perçu peut émerger. De plus, nous nous sommes familiarisés avec la description des particules par des horloges, qui sont une façon de considérer une particule, même ponctuelle, comme une onde dotée d'une extension spatiale. Cette dualité onde-particule se révélera tout particulièrement fructueuse : c'est elle qui nous permettra de résoudre le mystère de la structure des atomes.

6

LA MUSIQUE DES ATOMES

Qu'il est étrange, le cœur de la matière ! Infime à notre échelle, l'atome n'est qu'une vaste étendue vide... Faisons l'effort de nous représenter le plus simple d'entre eux, l'atome d'hydrogène. En son centre, un proton, dont le diamètre est seulement de 10^{-15} m (0,000 000 000 000 001 mètre !). Cette taille est pourtant colossale vis-à-vis de l'imperceptible électron, qui n'a pas d'extension spatiale, en l'état de nos connaissances. Si le proton était une boule d'un mètre de diamètre, située à Calais, le bord flou de l'atome d'hydrogène passerait au niveau des blanches falaises de Douvres, à une cinquantaine de kilomètres de là, et le long de ce parcours, rien que du vide. L'électron dispose donc d'un large espace pour s'ébattre, mais il ne peut s'échapper au-delà, prisonnier de l'attraction électromagnétique mutuelle exercée par le proton. C'est la dimension et la forme de cette prison qui détermine le « code-barre » identifiant chaque atome, c'est-à-dire l'arc-en-ciel du spectre des longueurs d'onde émises, compilées par le Professeur Kayser, déjà rencontré au deuxième chapitre.

Mais ni Rutherford, ni Bohr, ni les autres scientifiques du début du XXe siècle ne savaient décrypter l'origine de ces spectres ; que se passe-t-il donc dans l'atome ? Voilà un excellent domaine d'application des connaissances que nous avons acquises. Reprenons à l'époque où, Rutherford ayant découvert que dans l'atome la matière est pour l'essentiel localisée au centre, les physiciens se représentaient une sorte de système solaire microscopique, où les électrons naviguent sur de lointaines orbites autour d'un noyau dense. Ce modèle ne pouvait être correct : Rutherford savait parfaitement que des électrons, tournant autour du noyau devaient nécessairement émettre de la lumière. Leur énergie diminuant continuellement, les électrons devaient inévitablement diminuer leur orbite et entrer en collision avec le proton. Or cela ne se produit pas, car les atomes sont stables. Où résidait donc l'erreur de cette conception ?

Ainsi, notre théorie va pour la première fois se confronter à des phénomènes du monde réel. Nous étions jusqu'ici en quête d'un formalisme élaboré qui nous permettrait d'expliciter le concept de particule quantique. Le principe d'incertitude de Heisenberg et la relation de Louis de Broglie représentent les sommets atteints, mais il convient de se souvenir que nous n'avons traité que de modèles restreints à une particule unique. Or la théorie quantique a pour ambition de toucher à tous les domaines du monde réel : l'étude de la structure de l'atome nous en fournit la voie. Les atomes sont réels et tangibles, nous en sommes constitués. Notre stabilité, ainsi que celle de tout ce qui nous entoure, dépend de la leur. Sans aucune démesure, il est permis d'affirmer que comprendre leur structure, c'est comprendre tout l'Univers.

Débutons sur la base d'une idée simple : l'atome d'hydrogène est une région de l'espace entourant un proton, dans laquelle est confiné un électron. Nous allons voir dans quelle mesure ce concept élémentaire d'un électron piégé dans une sorte de boîte est capable de rendre compte des propriétés fondamentales de l'atome. À cet effet, il convient de convoquer la notion fondamentale du chapitre précédent : les particules quantiques sont douées de propriétés ondulatoires. Cela nous suffira pour progresser, sans même nous soucier de détails tels que les règles de décalage, de contraction ou d'addition des horloges. Il conviendra seulement de garder à l'esprit que l'image de l'onde n'est qu'un raccourci commode pour exprimer la nature profonde des propriétés quantiques.

Comme nous l'avons fait jusqu'ici, nous allons exploiter l'analogie existant entre les propriétés ondulatoires attribuées aux particules et des ondes bien réelles : celles qui interviennent dans le son se propageant dans l'air, celles qui courent à la surface de l'eau, ou bien celles qui conditionnent les vibrations des cordes de la guitare. Comment ces ondes familières se comportent-elles, lorsqu'elles sont confinées de quelque façon ?

Les phénomènes ondulatoires ne sont jamais simples : un plongeur se jette brutalement dans l'eau d'une piscine ; il serait vain de tenter de décrire l'ensemble des remous provoqués à travers tout le bassin ! Mais sous cette complexité évidente se dissimulent quelques éléments simples. Soulignons ici que l'eau de la piscine est confinée et les ondes prisonnières du bassin. C'est l'origine du phénomène des « ondes stationnaires ». Reconnaissons d'abord que les remous désordonnés de l'eau de la piscine ne sont pas sagement stationnaires ; cependant, il est possible de mettre en vibration la surface de l'eau, de manière à obtenir des oscillations régulières, répétitives. La figure 6.1 présente quelques aspects d'une eau ainsi mise en mouvement : la surface se soulève et se creuse alternativement, les sommets et les trous se retrouvant exactement à la même place. On aurait pu représenter d'autres situations particulières, par exemple celle du milieu du bac, dont l'eau monte et retombe périodiquement. Une telle mise en vibration régulière de l'eau est délicate à obtenir, ce qui explique qu'on ne l'observe habituellement pas, et pourtant son importance est fondamentale : toute perturbation de la surface, aussi complexe qu'elle soit – y compris le grand « plouf ! » du plongeur débutant – peut être analysée comme une combinaison d'ondes stationnaires. Cette ligne de pensée est une généralisation directe des idées de Fourier rencontrées dans le chapitre précédent. Nous avons vu que tout paquet d'ondes peut être considéré comme la combinaison d'ondes ayant chacune une longueur d'onde définie. Ces ondes particulières, représentant des états où la quantité de mouvement des particules est bien définie, sont sinusoïdales. Si nous reprenons le même point de vue pour des ondes à la surface de l'eau, confinées dans une région donnée, nous pourrons analyser toute perturbation en tant que combinaison d'ondes stationnaires. Comme nous le verrons au cours de ce chapitre, ces ondes particulières ont une interprétation importante en théorie quantique : ce sont elles qui détiennent la clé de la compréhension de la structure de l'atome. C'est pourquoi nous allons nous y attacher un peu plus en détail.

La figure 6.2 montre un autre exemple d'ondes stationnaires existant dans la nature : celles qui s'établissent sur une corde de guitare. Quand

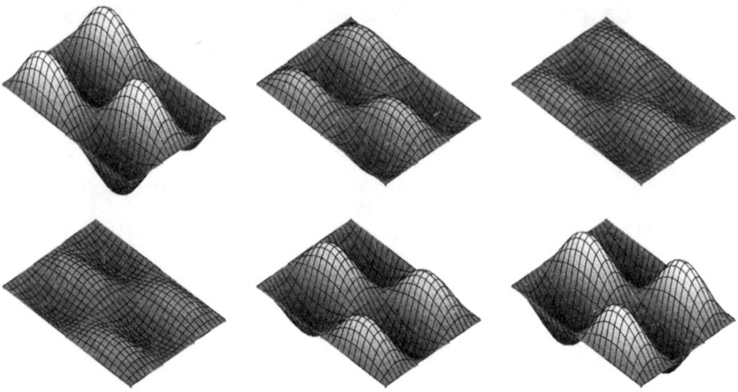

Figure 6.1 Six instants d'une onde stationnaire dans un bac empli d'eau. Le temps progresse de l'image supérieure de gauche, à celle du bas à droite.

on pince une corde, la note entendue est en général dominée par l'onde stationnaire de longueur d'onde maximum, représentée dans la partie supérieure de la figure. Il s'agit de ce que l'on appelle, aussi bien en musique qu'en physique, le fondamental. D'autres longueurs d'onde coexistent généralement avec la vibration du fondamental, ce sont celles des harmoniques. Les deux premiers harmoniques sont représentés dans la partie inférieure de la figure. L'exemple de la guitare permet d'appréhender aisément la raison pour laquelle il existe ces modes de vibration. La corde étant fixée à ses deux extrémités (du chevalet au sillet), la vibration a en ces points une amplitude nulle, et ceci détermine les longueurs d'onde des vibrations possibles de la corde. Pour les guitaristes, ce sont des éléments de physique instinctivement connus : en descendant les doigts vers le chevalet, on diminue la longueur de la corde, la contraignant à vibrer avec des longueurs d'onde plus courtes, produisant ainsi des notes plus aiguës.

Le fondamental n'a que deux « nœuds », c'est-à-dire deux points fixes. Tous les autres points de la corde sont en vibration. On voit sur la figure que la longueur d'onde correspondant à la note fondamentale est égale à deux fois la longueur de corde (comprise entre le sillet et le chevalet). La longueur d'onde du mode de vibration suivant est égale à la longueur de la corde, la note étant obtenue en faisant du milieu de la corde un nœud

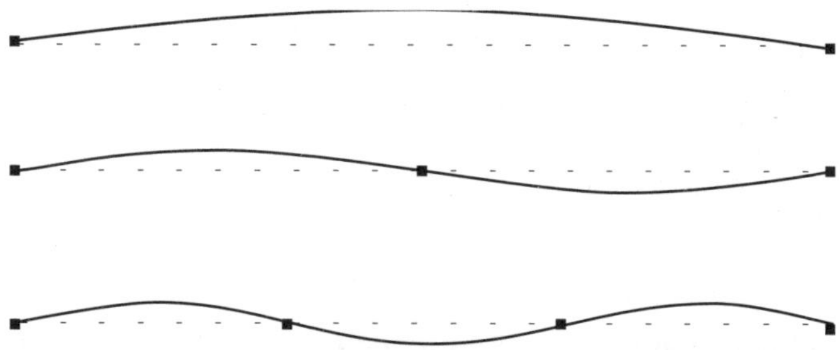

Figure 6.2 Les trois vibrations de longueur d'onde maximum pouvant s'établir sur une corde de guitare. Celle qui est représentée en haut est celle qui a la plus grande longueur d'onde : c'est le fondamental. Les autres modes vibratoires sont des harmoniques.

de vibration. Puis on peut obtenir une onde de longueur d'onde égale aux deux tiers de la longueur de la corde, et ainsi de suite.

En général, tout comme dans le cas de la surface d'eau contenue dans une piscine, la vibration de la corde est une combinaison de différentes ondes stationnaires possibles, en fonction de la manière dont la corde est pincée. La forme réelle de la corde peut toujours être décrite par l'addition des ondes stationnaires correspondant à chacun des harmoniques présents. Ce sont les harmoniques et leurs amplitudes respectives qui déterminent le timbre caractéristique du son obtenu. Différentes guitares peuvent avoir des distributions d'harmoniques distinctes, et sonneront donc différemment. Sur la guitare, la forme des ondes stationnaires est très simple : ce sont des ondes sinusoïdales pures, dont les longueurs d'onde sont fixées par la longueur de la corde. Dans le cas d'une piscine, les ondes stationnaires sont plus compliquées (figure 6.1), mais l'idée est exactement la même.

Vous pourriez vous demander pourquoi ces ondes sont qualifiées de stationnaires. Il en est ainsi car leur forme ne change pas. Si nous prenons deux photos d'une corde de guitare vibrant suivant un mode stationnaire, les deux images ne seront différentes que par l'amplitude de l'onde. Les sommets seront à la même place – les nœuds aussi, puisqu'ils sont fixés par les extrémités de la corde (dans le cas d'une piscine, par les bords du bassin). Mathématiquement, nous pourrions dire que dans les deux photographies, les ondes ne diffèrent que d'un facteur multiplicatif global. Ce facteur varie périodiquement en fonction du temps, selon la vibration périodique de la corde. Il en est de même pour la surface de l'eau dans la figure 6.1, où chaque image est reliée aux autres par un facteur multiplicatif global. Par exemple, la dernière image est obtenue à partir de la première en multipliant en tout point l'amplitude de l'onde par – 1.

Pour résumer, les ondes qui sont confinées, de quelque façon que ce soit, peuvent toujours être exprimées en termes d'ondes stationnaires (qui gardent leur forme), et cela justifie le temps que nous leur avons consacré ! En tout premier lieu, les ondes stationnaires sont *quantifiées*. Cela est parfaitement clair pour les ondes stationnaires sur une corde vibrante : le fondamental a une longueur d'onde double de la longueur de la corde, et le premier harmonique a une longueur d'onde égale à la longueur de la corde : il n'existe pas d'onde stationnaire intermédiaire, c'est ce que nous exprimons en disant que les longueurs d'onde permises sur une corde vibrante sont quantifiées.

Nous venons de voir qu'une quantification peut apparaître, lorsqu'une onde est confinée dans une région de l'espace. Pour une corde vibrante, la grandeur quantifiée est la longueur d'onde. Pour un électron enfermé dans une boîte, les ondes quantiques correspondant à l'électron présentent de manière analogue des ondes stationnaires. Seuls certains modes de vibration peuvent exister ; de la même façon, il n'est pas possible de jouer simultanément toutes les notes d'une octave simplement en pinçant la corde, sans faire varier la longueur d'une corde ni sa tension. Et tout comme dans le cas de la guitare, l'état le plus général de l'électron pourra être décrit comme une combinaison d'ondes stationnaires. Nous sommes de toute évidence sur une piste prometteuse, il nous reste à la suivre jusqu'au bout.

Pour aller plus loin, il convient de préciser la forme de la boîte dans laquelle l'électron est contraint de résider. Admettons simplement que l'électron soit libre de se déplacer dans une région de taille L, et qu'en sortir lui soit strictement interdit. Il n'est pas nécessaire de détailler cela plus avant – nous cherchons seulement un modèle simplifié d'atome, dans lequel la force d'attraction électromagnétique, entre l'électron de charge négative et le noyau positivement chargé, est responsable du confinement. C'est ce modèle qui est désigné sous le nom de « puits de potentiel carré ». Cette hypothèse est schématisée dans la figure 6.3, qui clarifie la raison de cette dénomination.

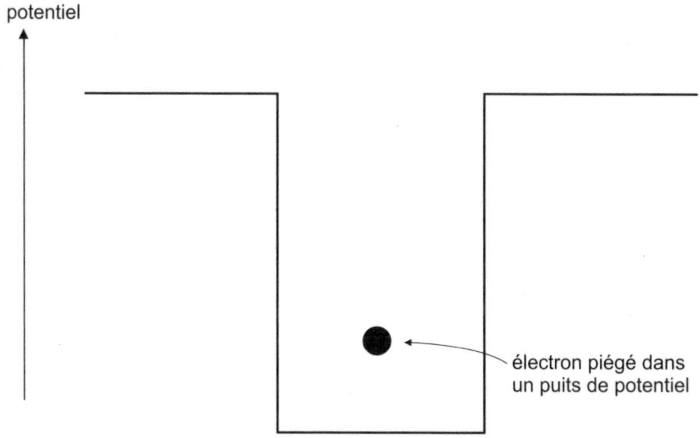

Figure 6.3 Un électron piégé dans un puits de potentiel carré.

Le confinement d'une particule dans un puits de potentiel est fondamental pour la suite : il faut donc préciser ce que signifie exactement cette notion. Comment peut-on piéger une particule ? Cette question est en elle-même très délicate ; elle nécessite des connaissances sur les interactions des particules, ce qui fera l'objet du chapitre 10. Nous pouvons cependant poursuivre notre progression, à condition de ne pas nous poser trop de questions. Il se trouve en effet que renoncer provisoirement à affronter certaines questions est une attitude bien souvent utile en physique. On se doute bien qu'aucun système n'est parfaitement isolé ; si, par exemple, on veut étudier le fonctionnement d'un four à micro-ondes, il n'y a pas à se soucier de la circulation alentour : en toute rigueur, celle-ci a une certaine influence sur le four, du fait des vibrations qu'elle engendre, ou des champs magnétiques parasites qui pourraient interférer, malgré le blindage. Négliger ces influences pourrait certainement représenter une source d'erreurs, mais si c'était le cas, il nous resterait à réexaminer nos hypothèses initiales. Voilà la méthodologie au cœur des progrès de la science ; toutes les hypothèses sont en définitive soit validées soit réfutées par l'expérience. C'est la Nature qui reste seule juge, non pas l'intuition humaine. Notre stratégie consistera donc à ignorer les détails du mécanisme qui piège l'électron, nous contentant de le modéliser par ce que nous appelons un « potentiel », désignant ainsi un mécanisme de quelque nature que ce soit ayant pour effet d'imposer des limites aux mouvements de la particule. Nous remettrons l'étude des interactions à une étape ultérieure, mais pour atténuer quelque peu toute frustration éventuelle, donnons une illustration de l'utilité des potentiels en physique.

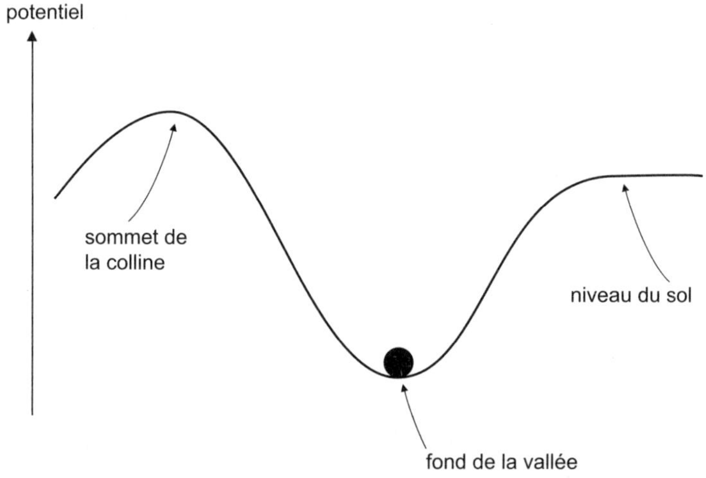

Figure 6.4 Une boule au repos au fond d'une vallée.
Le potentiel de la boule quand elle est située en un point quelconque est proportionnel à son altitude relativement au niveau de la mer.

La figure 6.4 montre une boule piégée au fond d'une vallée. Si nous donnons une impulsion à cette boule, elle pourra être délogée de sa position, mais elle aura tendance à y revenir. Dans ce cas, c'est le potentiel dû au champ gravitationnel terrestre qui maintient la boule au creux de la vallée. Plus la colline est élevée, plus le potentiel représente une barrière importante. Il est possible de prévoir les mouvements de la balle dans la vallée sans pour autant connaître jusqu'en ses ultimes détails les interactions de la balle et du sol – cela ferait intervenir la théorie de l'électrodynamique quantique. S'il se trouve que les interactions des atomes de la balle et de ceux du sol perturbent à l'excès nos prévisions, il sera temps de les prendre en considération. De fait, ces effets donnent naissance à des frottements non négligeables, mais il sera possible de les modéliser sans faire appel aux notions de mécanique quantique, aux diagrammes de Feynman par exemple. Mais il faut clore cette digression.

L'exemple de la figure 6.4 permet littéralement de voir la forme du potentiel[1]. Mais ce concept est d'application plus générale, il ne se limite pas aux exemples où la gravitation intervient. Nous devons ainsi considérer le cas de l'électron piégé dans un puits de potentiel carré. À la différence de la boule dans la vallée, la profondeur du puits ne représente pas l'altitude de quoi que ce soit ; il convient de la relier à la vitesse dont l'électron doit disposer pour se libérer du puits. L'analogie avec la vallée est claire : avec une vitesse suffisante, la boule montera assez haut pour quitter la vallée. De même, tant que la vitesse de l'électron ne dépasse pas une certaine valeur, la profondeur du puits importe peu : on peut tout simplement admettre que l'électron est piégé à l'intérieur.

Sur la base de ces notions, examinons de plus près différents aspects du mouvement de l'électron. Ne pouvant s'échapper, les ondes quantiques ont une amplitude qui tombe à zéro au niveau des bords du puits. Les trois vibrations de plus grande longueur d'onde pouvant exister dans le puits sont tout à fait analogues aux ondes stationnaires de la corde de guitare de la figure 6.2 : la longueur d'onde maximum est égale au double de la longueur de la boîte, $2L$; la suivante est égale à L, et la suivante à $2L/3$. Plus généralement, les longueurs d'onde de l'électron peuvent prendre les valeurs de longueur $2L/n$, avec $n = 1, 2, 3, 4$, etc.

Les ondes électroniques dans le cas du puits carré sont aussi des ondes sinusoïdales, dont les longueurs d'onde ne peuvent prendre que certaines valeurs particulières. On peut aller plus loin, en mettant en jeu la relation de Louis de Broglie qui associe la longueur d'onde à la quantité de mouvement de la particule, selon $p = h/\lambda$. Pour l'électron dans un puits carré, on trouve, en appliquant directement cette relation, que les quantités de mouvement possibles sont données par la formule $p = nh/2L$.

Nous venons d'obtenir un résultat fondamental : lorsqu'un électron se trouve dans un puits carré, sa quantité de mouvement est quantifiée. Mais il convient d'être prudents : le potentiel représenté figure 6.3 n'est qu'un cas particulier, et dans d'autres situations les ondes stationnaires ne sont pas sinusoïdales. Observons-les par exemple sur la surface d'un

1. Le potentiel gravitationnel suit exactement le profil du terrain, car il est proportionnel à l'altitude, mesurée par rapport au niveau de la mer, pris conventionnellement comme origine.

tambour. Pour en obtenir une photographie, il suffit de déposer du sable sur la membrane : les grains se rassembleront aux nœuds de la vibration. La limite de la surface en vibration étant circulaire et non carrée, les ondes stationnaires ne sont plus sinusoïdales[1]. Quand nous aurons à nous rapprocher de la situation réelle d'un électron piégé par un proton, il faudra nécessairement abandonner l'hypothèse des ondes stationnaires sinusoïdales. Il n'y aura donc plus de lien direct entre longueur d'onde et quantité de mouvement, ce qui posera un problème d'interprétation des ondes stationnaires. Quelle sera dans le cas général la quantité quantifiée ?

Figure 6.5 Membrane vibrante d'un tambour recouverte de sable. Les grains se rassemblent aux nœuds de l'onde stationnaire.

La réponse est à rechercher en remarquant que, si dans le cas du puits de potentiel carré, la quantité de mouvement est quantifiée, il en est de même pour l'énergie. Cela ne semble pas constituer en soi un bien grand progrès, vu la relation fort simple existant entre quantité de mouvement et énergie : $E = p^2/2m$, où p est la quantité de mouvement et m la masse de l'électron[2]. Cette observation n'est en rien mineure, car dans le cas de

1. Elles sont décrites par des fonctions de Bessel.

2. Ceci est aisément vérifié en utilisant l'expression de l'énergie cinétique $E = \frac{1}{2}mv^2$ et celle de la quantité de mouvement $p = mv$. Il faudrait tenir compte dans ces équations des effets de la relativité restreinte, mais ils sont faibles pour l'électron dans l'atome d'hydrogène.

potentiels plus complexes que le puits carré, chaque onde stationnaire correspond *toujours* à une particule d'énergie donnée.

Cependant, la formule $E = p^2/2m$ n'est valable que lorsque le potentiel est constant dans toute la région où la particule peut se trouver, lui permettant de se déplacer librement – comme une bille sur une table horizontale, ou un électron dans un puits carré. Il faut dans le cas général considérer l'énergie totale, c'est-à-dire la somme de l'énergie cinétique de la particule (liée à son mouvement), et de son énergie potentielle. Il n'existe plus dès lors de relation simple entre l'énergie de la particule et sa quantité de mouvement.

Une fois de plus, le recours à l'image d'une boule reposant dans un creux (figure 6.4) va nous permettre d'analyser la situation. Tant que la boule est au repos, rien ne se passe[1]. Si on la frappe, autrement dit si on lui communique de l'énergie, elle va monter à partir de sa position initiale. À l'instant même où elle est mise en mouvement, toute son énergie est sous forme cinétique. Lorsqu'elle monte le long de la pente, elle ralentit, puis s'arrête à une certaine hauteur avant de redescendre et de gravir l'autre versant. Aux points où sa vitesse est nulle, son énergie cinétique l'est aussi, mais il subsiste de l'énergie sous forme potentielle, égale à mgh, où g est l'accélération de la pesanteur à la surface terrestre, et h l'altitude atteinte par la boule. Lorsque la boule redescend, son énergie potentielle diminue, à mesure que son énergie cinétique augmente. Au cours de ce mouvement, l'énergie alterne entre forme potentielle et cinétique, mais le total reste constant (en supposant qu'il n'y a pas de dissipation d'énergie due aux frottements, auquel cas il faudrait la prendre en compte). En revanche, la quantité de mouvement varie durant tout le balancement.

Nous allons reprendre cette même question du lien entre ondes stationnaires et particules d'énergie donnée, mais cette fois sans faire appel au cas particulier du puits de potentiel carré. Nous utiliserons à nouveau nos petites horloges quantiques.

Remarquons d'abord que si un électron est décrit par une onde stationnaire à un instant donné, il en sera de même ultérieurement : la

1. Nous considérons là une boule macroscopique, pour laquelle les fluctuations quantiques sont négligeables. Mais si une objection vous est venue à l'esprit, à propos de « rien ne se passe », c'est que votre intuition est devenue en quelque sorte « quantifiée » !

forme de l'onde restera la même, comme nous l'avons vu pour les ondes stationnaires à la surface de l'eau (figure 6.1). Bien sûr, l'onde évolue en fonction du temps, la hauteur de l'eau varie, mais le point crucial est lié au fait que les positions des sommets et des creux ne changent pas. Ceci nous permet d'imaginer la description d'une onde stationnaire quantique à l'aide d'horloges (voir figure 6.6 la représentation du mode fondamental de l'onde). La dimension des horloges le long de l'onde reflète la position des sommets et des creux, et les aiguilles tournent à la même cadence. Cet ensemble particulier d'horloges respecte le fait que les sommets et les creux demeurent respectivement des sommets et des creux, sans changer de position. Au voisinage des nœuds les horloges sont *constamment* très petites, dans la région des sommets elles sont au contraire *toujours* de dimension maximum. Elles ne peuvent que demeurer sur place et tourner de manière synchrone.

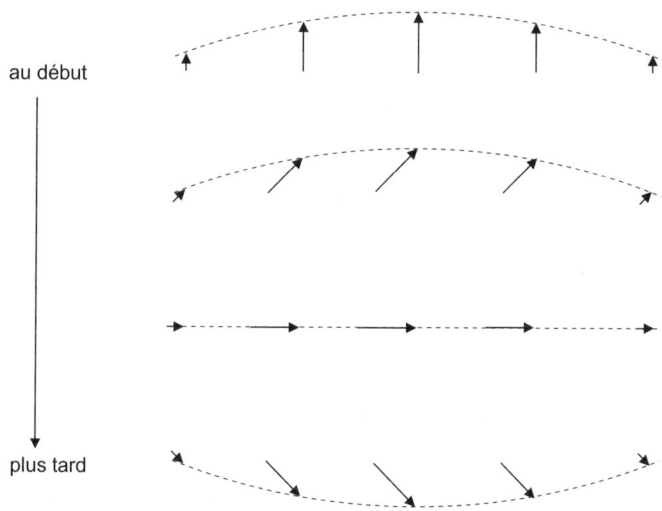

Figure 6.6 Quatre images successives d'une onde stationnaire. Les flèches représentent les aiguilles des horloges, et la courbe en pointillés est la projection sur la direction de « 12 h 00 » ; Les aiguilles tournent toutes à l'unisson.

Si nous devions respecter exactement la même progression que dans les chapitres antérieurs, il faudrait repartir de la configuration d'horloges de la ligne du haut de la figure 6.6, et faire usage des règles de contraction et de décalage, pour obtenir les trois lignes du bas à des instants ultérieurs.

Nous pourrions, mais ce serait un peu prématuré dans notre progression, et il faudrait introduire une petite astuce pour s'y prendre correctement ; en effet, il faudrait envisager la possibilité que la particule saute au-delà des parois de la boîte, avant de parvenir à sa destination. Mais dès à présent, on peut conclure qu'un électron décrit par cet ensemble d'horloges possède plus de chances de se trouver vers le milieu de la boîte, plutôt que sur les bords.

Nous savons donc que l'électron confiné peut être décrit par un ensemble d'horloges qui valsent toutes à la même cadence... Mais nous employons ici un langage bien peu conventionnel en physique, tout autant qu'en musique ; la formulation correcte consiste à dire que l'on observe des ondes stationnaires de fréquences bien définies. Les fréquences élevées correspondent à des horloges qui défilent plus vite que celles relatives aux fréquences les plus basses. Plus les ondes vont vite, plus est brève la durée nécessaire pour qu'un sommet soit remplacé par un creux avant de se soulever encore (un seul tour de l'aiguille). En terme d'ondes à la surface de l'eau, les ondes stationnaires de fréquence élevée se déplacent verticalement, vers le haut ou vers le bas, à des vitesses plus grandes que les ondes de fréquence plus basse. En musique, le do de la guitare a une fréquence de 262 Hz : la corde vibrante monte et redescend 262 fois par seconde. La note la, située au-dessus, vibre plus rapidement, 440 fois par seconde (c'est le la sur lequel les instruments s'accordent dans la musique occidentale). Comme nous l'avons cependant précisé, ce n'est que dans le cas des ondes sinusoïdales pures que ces ondes stationnaires de fréquence définie ont également une longueur d'onde définie. Pour l'exprimer dans les termes les plus généraux possibles, la *fréquence* est la quantité fondamentale qui décrit les ondes stationnaires (comme vous l'avez sans doute remarqué, un jeu sur les mots s'est glissé dans cette phrase...).

La question à un million d'euros est alors : « que veut-on dire quand on parle d'un électron d'une certaine fréquence ? » Si ces états de l'électron nous intéressent, c'est, comme vous le savez déjà, parce qu'ils sont quantifiés, et parce qu'un électron dans un état donné y reste indéfiniment sans perdre d'énergie (à moins naturellement que quelque chose ne pénètre dans la région du potentiel, perturbant ainsi l'électron).

Voici que se dévoile la raison profonde qui nous a guidés dans notre étude de la « fréquence ». Nous avons rencontré la loi de la conservation de l'énergie plus haut dans ce chapitre. Il s'agit d'une des rares lois de la physique qui ne souffre aucune exception. Selon cette loi, un électron dans l'atome d'hydrogène (ou dans un puits de potentiel carré) possède une certaine énergie, et celle-ci *ne peut pas* changer jusqu'à ce que « quelque chose se produise ». En d'autres termes, un électron ne peut changer d'énergie sans raison. Énoncée sous cette forme, cette propriété manquerait singulièrement d'intérêt ; mais opposez cela au cas d'un électron dont la position en un certain point est parfaitement déterminée. Nous le savons bien, cet électron peut, l'instant d'après, se retrouver à l'autre bout de l'Univers, en générant une infinité d'horloges. Pour une onde stationnaire, l'arrangement des horloges est totalement différent : il conserve sa forme, toutes les horloges tournant éternellement, à moins d'une perturbation extérieure. La permanence de ces ondes est exactement ce qui les rend appropriées pour décrire un électron doté d'une énergie définie.

Une fois franchie l'étape consistant à associer la fréquence d'une onde stationnaire et l'énergie d'une particule, nous pouvons appliquer les notions de modes vibratoires d'une corde de guitare pour formuler l'idée que les fréquences les plus élevées doivent correspondre aux énergies les plus élevées. En effet, une fréquence élevée implique une longueur d'onde courte (les cordes de faible longueur vibrent plus vite), et grâce à notre étude du cas particulier du puits de potentiel carré, nous pouvons prévoir qu'une petite longueur d'onde correspond à une particule de grande énergie, selon la relation de Louis de Broglie. La conclusion, essentielle pour toute la suite, est que *les ondes stationnaires décrivent des particules d'une énergie définie, et que plus l'énergie est élevée, plus les horloges tournent vite.*

Résumons les résultats obtenus : lorsqu'un électron est confiné dans un puits de potentiel, son énergie est quantifiée. Dans le jargon de la physique, on dit que l'électron ne peut exister que dans certains « niveaux d'énergie ». Le plus bas de ces niveaux (état fondamental, ou état non excité) correspond au fondamental de l'onde stationnaire[1]. Les autres

1. Cet état d'énergie minimum correspond à $n = 1$, dans le cas du puits de potentiel carré.

sont les niveaux excités, ils correspondent aux ondes stationnaires de fréquences supérieures.

Prenons un électron d'énergie donnée, piégé dans un puits de potentiel carré. Nous dirons qu'« il se trouve dans un niveau d'énergie donné » et que son onde quantique est associée à une valeur particulière de n. L'électron se trouve dans un niveau d'énergie donné et ne fait guère autre chose, en l'absence de toute influence extérieure. Plus généralement, on pourrait le décrire par la superposition de toute une série d'ondes stationnaires, tout comme le son de la guitare est composé de plusieurs harmoniques simultanément. L'électron ne dispose donc pas d'une seule valeur de l'énergie, sauf cas particulier.

Le point capital est qu'une mesure de l'énergie de l'électron donne toujours une valeur liée à l'une des ondes stationnaires composantes. Pour calculer la probabilité de trouver une valeur donnée de l'énergie, il faut considérer toutes les horloges associées aux ondes qui contribuent à la fonction d'onde totale, les élever au carré et les additionner. Le résultat donnera la probabilité que l'électron se trouve dans un état d'énergie particulier. Le total de toutes les probabilités relatives à chaque onde stationnaire composante doit être égal à 1, puisque la mesure de l'énergie donne toujours une valeur correspondant à l'une des ondes.

Soyons clairs : l'électron peut avoir plusieurs niveaux d'énergie simultanément, ce qui est tout aussi choquant que d'affirmer qu'il peut avoir plusieurs positions différentes. Naturellement, à ce stade du livre, le choc ne devrait pas être catastrophique, mais aussi prévenu qu'on puisse être, le bon sens quotidien est nécessairement choqué par de telles assertions. Il convient de remarquer qu'il existe une différence cruciale entre une particule quantique confinée et les ondes stationnaires à la surface de l'eau ou sur une corde de guitare. Dans ce dernier cas, la quantification est assez naturelle, car l'onde décrivant la corde vibrante est la résultante de plusieurs ondes stationnaires simultanées, et toutes ces composantes contribuent physiquement à l'énergie totale de la vibration. La combinaison pouvant se faire de plusieurs manières, l'énergie réelle de la corde vibrante peut prendre n'importe quelle valeur. Pour un électron dans un atome, la contribution de chaque onde stationnaire représente la probabilité pour l'électron d'avoir une énergie donnée. Les ondes à la surface de l'eau sont des ondes de molécules d'eau, les ondes quantiques de l'électron ne sont en aucune façon des ondes d'électrons.

Ces discussions nous ont amené à la conclusion que l'énergie de l'électron à l'intérieur de l'atome est quantifiée. Il est donc radicalement impossible que l'électron ait une énergie intermédiaire entre deux niveaux d'énergie permis. Imaginez ce que serait ce type de limitation dans la vie quotidienne : telle voiture peut rouler à 20 km/h et à 80 km/h, mais à aucune vitesse intermédiaire... C'est pourtant ce concept fantastique qui fournit l'explication du fait que l'électron ne perd pas son énergie de manière continue en rayonnant de la lumière, descendant en spirale vers le noyau. Cette diminution régulière d'énergie est interdite : la seule possibilité est qu'il perde son énergie d'un seul coup, en effectuant un saut quantique entre deux niveaux.

Nous pouvons également appliquer ces nouvelles notions aux propriétés observées des atomes, en particulier aux couleurs caractéristiques de la lumière émise. La figure 6.7 montre le spectre de la lumière visible du plus simple des atomes, celui de l'hydrogène. Il comprend cinq couleurs distinctes : une raie brillante rouge de longueur d'onde égale à 656 nanomètres, une raie bleu pâle de 486 nm, et trois raies violettes s'atténuant vers l'extrémité ultra-violette du spectre. Cet ensemble de raies constitue la série de Balmer, du nom du physicien théoricien suisse Johann Balmer qui proposa dès 1885 une formule capable d'en rendre compte. Il ne disposait d'aucune justification de la validité de sa formule, la théorie quantique n'étant pas encore découverte. Nous pouvons faire mieux, car cela est directement lié aux ondes quantiques permises à l'intérieur de l'atome d'hydrogène.

Figure 6.7 Série de Balmer de l'hydrogène.
Il s'agit de la lumière émise par l'hydrogène gazeux analysée au moyen d'un spectroscope.

La lumière est un flux de photons, chacun d'énergie $E = hc/\lambda$, où λ est la longueur d'onde[1]. Les atomes n'émettant que de la lumière de longueur d'onde bien précise, cela signifie qu'ils n'émettent que des photons ayant des énergies très spécifiques. Nous savons déjà qu'un électron confiné dans un atome ne peut posséder que des énergies bien particulières. Nous avons dès lors tout en main pour expliquer l'ancien mystère des raies spectrales émises par les atomes : les différentes couleurs correspondent à l'émission de photons lorsqu'un électron « tombe » d'un niveau d'énergie permis à un autre. Cette hypothèse implique que les énergies observées pour les photons correspondent toujours à des différences entre deux niveaux d'énergie permis. Cette manière d'expliquer les phénomènes physiques illustre bien l'intérêt d'exprimer l'état de l'électron en termes de niveaux d'énergie. Si nous avions choisi une formulation mettant en avant la quantité de mouvement, la quantification ne serait pas clairement apparue, ni l'explication de l'émission et de l'absorption du rayonnement à des longueurs d'ondes bien précises.

Notre modèle simplifié « particule-dans-une-boîte » n'est pas suffisamment précis pour permettre de calculer les niveaux d'énergie de l'électron dans un atome réel, ce qui serait pourtant indispensable pour valider la théorie. Par contre, une modélisation adéquate du potentiel au voisinage du proton piégeant un électron autorise des calculs poussés, dont les résultats ne laissent aucun doute : nous détenons là, réellement, l'explication de l'origine de ces raies spectrales énigmatiques.

Avez-vous remarqué que nous n'avons pas précisé au cours de ce chapitre la raison pour laquelle l'électron perd de l'énergie en émettant un photon ? Dans le chapitre 10, nous verrons ce qui fait que l'électron délaisse sa sacro-sainte onde stationnaire. Pour l'instant, contentons-nous d'affirmer ceci : « pour expliquer les observations des spectres lumineux émis par les atomes, il faut admettre que de la lumière est émise lorsqu'un électron tombe d'un niveau à un autre d'énergie inférieure ».

Jusqu'ici, nous avons réalisé un remarquable bond en avant en partant d'une hypothèse simple concernant l'atome, mais cela suffit-il pour

1. Cette équation provient de la combinaison entre la théorie de la relativité restreinte d'Einstein, qui prévoit que pour une particule de masse nulle $E = cp$, et la relation de Louis de Broglie $p = h/\lambda$, d'où $E = hc/\lambda$.

imaginer que les électrons se déplacent en toute liberté dans une « boîte » où ils sont confinés ? C'est qu'en effet, ils se trouvent dans un environnement compliqué par la présence d'autres protons et électrons, et pour vraiment rendre compte de la structure atomique, il devient indispensable de tenter d'appréhender plus précisément cette complexité.

La « boîte atomique »

C'est la notion de potentiel qui va nous amener à une description plus précise des atomes. Considérons encore le plus simple d'entre eux, celui de l'hydrogène constitué, comme vous le savez, d'un proton et d'un électron. Le proton étant presque 2 000 fois plus lourd que l'électron, il demeure pratiquement immobile, créant autour de lui le potentiel dans lequel l'électron est captif.

Vous savez également que le proton et l'électron sont dotés de charges électriques égales et opposées, mais au fond, pourquoi en est-il ainsi ? Nul ne le sait ; il existe certainement une bonne raison à cela, en lien avec une théorie sous-jacente clarifiant la nature des particules élémentaires, mais à l'heure où nous rédigeons cet ouvrage, nous n'en disposons pas.

En revanche, nous savons parfaitement qu'en raison de la force d'attraction entre charges opposées, le proton tend à attirer l'électron vers lui, et si on se limitait au cadre de la physique pré-quantique, il n'y aurait pas de limite à ce rapprochement, la taille du proton exceptée : mais avons-nous affaire à une boule dure ? à un nuage flou ? En fait, nous savons bien qu'il existe un niveau d'énergie minimum pour l'électron, déterminé pour l'essentiel par la longueur d'onde quantique la plus grande pouvant exister dans la zone du potentiel dû au proton. Ce potentiel est schématisé figure 6.8. Le trou profond qui y est représenté est fort différent du puits de potentiel carré considéré jusqu'ici, mais il fonctionne de manière analogue. Il s'agit du potentiel coulombien, ainsi nommé d'après Charles-Augustin de Coulomb qui a formulé en 1783 la loi de force entre deux charges électriques. La question demeure identique : quelles sont les ondes quantiques pouvant exister dans cette zone, déterminant à leur tour les niveaux d'énergie permis ?

Nous pourrions dire brutalement qu'il faudrait résoudre l'équation de Schrödinger dans le cas du puits de potentiel coulombien, ce qui est

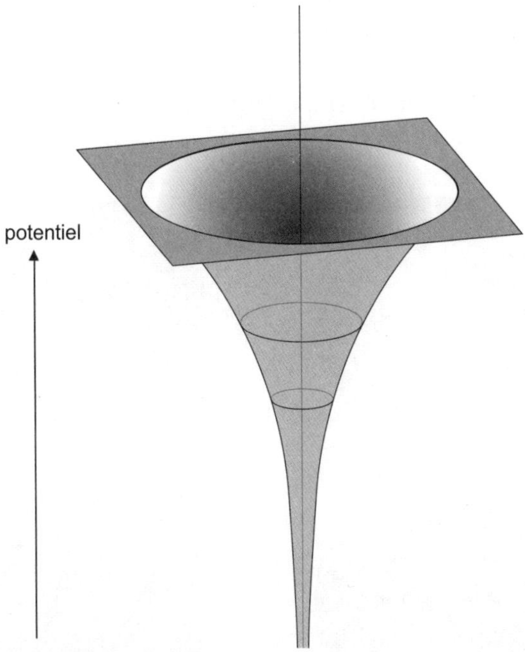

Figure 6.8 Potentiel coulombien autour d'un proton.
Le puits est le plus profond là où le proton est localisé.

une façon d'appliquer les règles de déplacement des horloges quantiques. Même dans le cas simple de l'atome d'hydrogène, le détail des calculs est nécessairement assez technique, mais il ne va guère au-delà de ce que nous connaissons déjà, ce qui nous autorise à accéder directement aux résultats. La figure 6.9 présente quelques-unes des ondes stationnaires de l'électron dans l'atome d'hydrogène, sous forme de cartographie de la probabilité de présence de la particule en chaque point, les régions les plus claires étant les plus probables. Naturellement, on ne voit que des coupes passant par le centre d'un atome tridimensionnel. La fonction d'onde de l'état fondamental est figurée en haut à gauche, l'électron se trouvant typiquement à 10^{-10} m du proton. L'énergie de l'onde stationnaire augmente à partir du coin supérieur gauche jusqu'en bas à droite. Sur ce trajet, l'échelle change d'un facteur 8 : la grande zone claire de l'état fondamental est approximativement de même taille que les petites taches brillantes au centre des deux images sur la droite. Cela signifie que plus l'électron occupe des états d'énergie élevés, moins il est lié au proton, et plus grande est la distance au proton. Il est évident que ces ondes ne sont pas sinusoïdales, et ne correspondent donc pas à des états de quantité de mouvement définie, par contre, comme nous avons tenu à le souligner, il s'agit bien d'états d'énergie définis.

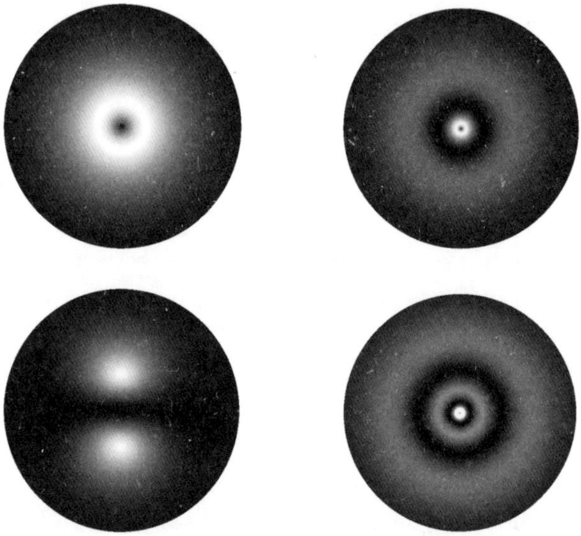

Figure 6.9 Les quatre niveaux d'énergie inférieurs de l'électron dans l'atome d'hydrogène. Les fonctions d'onde quantiques représentant la probabilité de présence de la particule en un point donné sont figurées d'autant plus claires que la probabilité y est plus élevée. Les images du haut à droite, et du bas à gauche, sont agrandies d'un facteur 4 par rapport à la première ; celle du bas à droite est diminuée d'un facteur 8 par rapport à la première. Le diamètre de la première image est d'environ 3.10^{-10} m.

L'allure particulière de ces ondes stationnaires provient de la forme du puits de potentiel et nous allons en discuter certaines des caractéristiques un peu plus en détail. La symétrie du puits autour du proton est particulièrement frappante. Son aspect est donc indépendant de l'angle d'observation. Vous pouvez l'imaginer comme un ballon de basket-ball : son aspect reste identique sous tous les angles si on fait abstraction des marques publicitaires. Cette comparaison vous choque-t-elle ? Elle est en tout cas bien plus plausible que d'imaginer l'électron piégé dans un puits de potentiel carré. Cette analogie souligne d'ailleurs une ressemblance remarquable : les ondes sonores que l'on peut produire à l'intérieur d'un ballon sont représentées dans la moitié gauche de la figure 6.10. Il s'agit à nouveau de vues en coupe, où la pression de l'air dans le ballon est d'autant plus élevée que la zone est figurée en plus clair. Sur la moitié droite de la même figure, on voit deux ondes stationnaires possibles dans l'atome d'hydrogène. Ces images ne sont pas identiques mais leur ressemblance est remarquable, justifiant ainsi une comparaison a priori grossière. Cela peut même, dans une certaine mesure, dissiper le mystère de ces domaines : comprendre l'électron dans l'atome d'hydrogène n'est somme toute guère plus compliqué que comprendre les vibrations de l'air dans un ballon de basket...

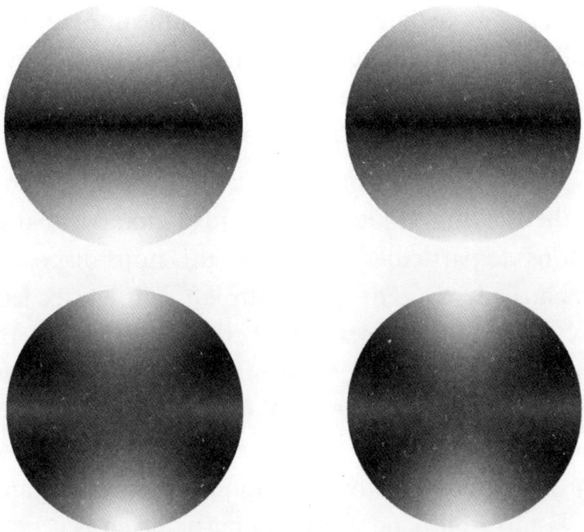

Figure 6.10 À gauche, deux des ondes sonores stationnaires les plus simples à l'intérieur d'un ballon. À droite, les ondes correspondantes pour l'électron dans l'atome d'hydrogène. La similitude entre ces images est remarquable. La figure du haut à droite est un agrandissement de la région centrale de l'image inférieure gauche de la figure 6.9.

Avant de quitter l'atome d'hydrogène, apportons quelques éléments complémentaires concernant le potentiel créé par le proton, et expliquant pourquoi l'électron passe d'un niveau d'énergie élevée à un niveau d'énergie inférieure en émettant un photon. Nous avons éludé la manière dont l'électron et le proton communiquent entre eux, grâce à l'introduction, tout à fait légitime, de la notion de potentiel. C'est cette simplification qui nous a permis de parvenir à comprendre la quantification de l'énergie des particules confinées. Mais si nous voulons aller plus loin, il nous faut tenter d'expliquer le mécanisme même qui sous-tend le fait de piéger les particules. Dans le cas d'une particule enfermée dans une boîte ordinaire, on peut se représenter des parois impénétrables constituées d'atomes, et c'est l'interaction de la particule avec ces atomes qui l'empêche de passer au travers. La compréhension adéquate de l'« impénétrabilité » passe donc par l'étude des interactions de particules. C'est ainsi que nous avons dit que le proton dans l'atome d'hydrogène « crée un potentiel » dans lequel l'électron se déplace, et que l'électron est captif de ce potentiel, un peu comme une particule enfermée dans une boîte. Là encore, cette présentation esquive la difficulté la plus profonde, car il est clair que l'électron interagit avec le proton, et que c'est cette interaction qui explique le confinement.

Au chapitre 10, nous verrons qu'il est nécessaire de compléter les règles de la théorie quantique énoncées jusqu'ici, par d'autres traitant des interactions de particules. Pour l'instant, nous disposons de règles simples : les particules sautent d'un endroit à l'autre, avec leurs horloges imaginaires, qui sont retardées en fonction de la distance parcourue. Tous les sauts sont autorisés, ce qui offre à une particule une infinité de parcours entre deux points A et B. Chacun des chemins apporte sa contribution, sous forme d'une horloge au point B, et il faut additionner toutes les horloges pour trouver l'unique horloge résultante. Celle-ci nous donne la probabilité de trouver la particule en B.

Comment s'introduisent alors les interactions ? De manière étonnamment simple ! Il suffit de compléter les règles de saut par une règle nouvelle, exprimant l'émission ou l'absorption d'une particule. Si, avant l'interaction, on avait affaire à une particule, il en existera deux après coup ; si il y en avait initialement deux, il n'y en aura en définitive qu'une seule. Naturellement, il faudrait, en vue d'effectuer des calculs, définir précisément quelles particules sont susceptibles de fusionner entre elles, ou bien de se diviser en deux, ainsi que clarifier ce qu'il advient des horloges au cours de l'interaction. Comme nous vous l'avons annoncé, cela fera l'objet du chapitre 10, mais les implications pour les atomes devraient être claires. S'il existe une règle exprimant la possibilité pour l'électron d'interagir par émission d'un photon, cela ouvrira une telle possibilité dans l'atome d'hydrogène, l'électron perdant de l'énergie et tombant à un niveau inférieur. Il serait également susceptible d'absorber un photon, gagnant ainsi un niveau supérieur d'énergie.

L'existence des raies spectrales est la preuve qu'il en est bien ainsi. Notez que ces processus sont fondamentalement dissymétriques : s'il est loisible à un électron placé à un niveau d'énergie élevé d'émettre à tout instant un photon, a contrario l'événement inverse ne peut se réaliser que si un photon venu de l'extérieur (ou toute autre forme d'énergie) entrait en collision avec l'électron, lui permettant d'atteindre un niveau supérieur. Dans l'hydrogène gazeux, il existe peu de photons susceptibles de provoquer une telle collision, donc l'émission d'un photon est bien plus probable qu'une absorption. Le résultat global est que les atomes d'hydrogène ont tendance à se désexciter, et au fil du temps, finissent par se retrouver dans leur état fondamental ($n = 1$). Si au contraire, on s'arrange pour apporter régulièrement de l'énergie aux atomes, ceux-ci seront artificiellement « excités » : c'est le principe du laser. Il consiste à « pomper » de l'énergie dans les atomes, les amenant ainsi dans un état excité, avant qu'ils ne se désexcitent en émettant des photons. Comme vous le savez, la lumière émise est utilisée – mais ce n'est qu'un exemple parmi tant d'autres – pour la lecture de données avec une haute précision, à partir d'un CD ou d'un DVD : la mécanique quantique se retrouve bien dans tous les domaines de l'existence !

Dans ce chapitre, nous sommes parvenus à expliquer l'origine des raies spectrales sur la base de la quantification des niveaux d'énergie des atomes. Nous disposons dès lors d'une vision éclairante de leur structure. Malheureusement, il manque à ce stade une pièce indispensable à la théorie quantique, et il se trouve que ce défaut est flagrant : nous sommes pour le moment bien en peine de comprendre non seulement des phénomènes liés à la structure d'atomes plus complexes que l'hydrogène, mais aussi des phénomènes fort prosaïques. Par exemple, qu'est-ce qui empêche notre corps de passer au travers du sol ? Il faut bien avouer que cela constituerait une regrettable lacune dans nos belles théories ! C'est grâce à un concept dû au physicien autrichien Wolfgang Pauli que nous allons pouvoir relever victorieusement ces défis.

7

L'UNIVERS SUR UNE TÊTE D'ÉPINGLE ! (OU POURQUOI NE TRAVERSONS-NOUS PAS LE SOL...)

Nous n'y songeons certes pas quotidiennement, mais le fait que le sol soit capable de résister à notre poids a quelque chose de mystérieux ! En effet, comme Rutherford l'a découvert, l'atome est en presque totalité un espace vide. De plus, pour autant que nous le sachions, les particules fondamentales de la Nature sont réduites à des points sans dimension.

Étudier des particules « sans dimension » est une tâche difficile, voire impossible. Rien dans les chapitres précédents ne présuppose ni ne requiert que les particules possèdent une quelconque dimension physique. La notion d'objets strictement ponctuels n'a pas à être mise en doute, même si elle heurte le sens commun – en admettant qu'il en subsiste encore quelque trace chez notre lecteur, à ce stade de l'étude des théories quantiques ! Il est parfaitement possible que de futures expériences – pourquoi pas celles du LHC au CERN ? – révèlent que les électrons et les quarks ne sont pas des points infinitésimaux, mais pour le moment, rien ne l'indique, et les équations fondamentales de la physique des particules ne font pas intervenir de paramètre tel que la « taille ». Nous n'irons pas jusqu'à dire que la notion de particules ponctuelles ne pose aucun problème – concevoir une charge finie réduite à un volume nul n'a rien d'évident – mais jusqu'à présent les écueils théoriques ont été évités.

Le problème le plus flagrant de la physique fondamentale actuelle, le développement d'une théorie quantique de la gravitation, incite peut-être à accepter l'idée d'une dimension qui ne soit pas infiniment petite, mais il n'existe aucune preuve qui contraindrait les physiciens à abandonner l'hypothèse actuellement acceptée. Pour y insister encore : les particules élémentaires sont vraiment ponctuelles, et se demander si on peut couper un électron en deux n'a aucun sens ; un demi-électron, ça n'existe pas.

Une conséquence intéressante du travail avec des fragments élémentaires de matière de dimension nulle est de pouvoir se représenter l'Univers visible tout entier comprimé à la taille d'une orange, ou pourquoi pas, d'une tête d'épingle. Aussi perturbant que cela soit – on a bien de la peine à imaginer une montagne réduite au volume d'un petit pois, sans parler d'une étoile, d'une galaxie, ou des 350 milliards de galaxies de l'Univers observable – il n'y a absolument aucune raison de penser que cela soit impossible. D'ailleurs les théories actuelles des origines de l'Univers envisagent l'existence de tels états astronomiquement denses. Aussi extraordinaires soient-elles, ces théories disposent de bon nombre de bases fondées sur l'observation. Dans le chapitre qui conclura ce livre, nous rencontrerons des objets qui, sans aller jusqu'à présenter des densités voisines de « l'Univers sur une tête d'épingle », appartiennent de plein droit à la catégorie de « la montagne de la taille d'un pois » : les naines blanches qui ont la masse d'une étoile et le volume de la Terre, ou les étoiles à neutrons de masse du même ordre, comprimées dans des sphères parfaites ne dépassant pas la dimension d'une ville. Il ne s'agit pas là de science-fiction : les astronomes ont observé de tels objets, les ont soumis à des mesures précises. La théorie quantique permet de calculer leurs propriétés et de les comparer aux valeurs observées. Au titre de premiers pas en direction de ces impressionnantes conquêtes de l'astrophysique, reprenons la question, aussi prosaïque soit-elle, par laquelle nous avons ouvert ce chapitre : la matière dont est fait le sol étant essentiellement vide, pourquoi ne la traversons-nous pas en marchant dessus ?

Cette interrogation possède une longue et vénérable histoire, et n'a été résolue qu'en 1967, dans un article de Freeman Dyson et Andrew Lenard. Ces deux théoriciens se lancèrent dans cette quête, car un de leurs collègues avait promis du champagne millésimé à qui pourrait démontrer qu'il était impossible à la matière de s'effondrer sur elle-même.

Dyson qualifia cette démonstration de totalement inextricable, mais pour l'essentiel, elle repose sur le fait que la stabilité de la matière implique que les électrons respectent l'une des facettes les plus fascinantes de notre univers quantique, le principe d'exclusion de Pauli.

Cela pourra vous sembler curieux, mais nous allons débuter par un brin de numérologie. Le précédent chapitre nous a montré que la structure du plus simple des atomes, l'hydrogène, s'élucide, dans une certaine mesure, en cherchant les ondes stationnaires pouvant exister dans le puits de potentiel du proton. Au moins qualitativement, nous pouvons ainsi rendre compte du spectre caractéristique de la lumière émise par les atomes d'hydrogène. Nous aurions pu, en y consacrant du temps, aller jusqu'au calcul des niveaux d'énergie de cet atome. Tout étudiant en physique réalise cela durant son cursus et les résultats s'accordent à merveille aux données expérimentales. L'approximation utilisée dans le chapitre précédent, « la particule dans une boîte », était satisfaisante en ce sens qu'elle menait à tous les points clés auxquels nous voulions aboutir. Nous avons cependant maintenant besoin d'un élément du calcul complet, qui n'est mis en évidence que lorsqu'on étend la théorie aux trois dimensions. Jusqu'ici, nous avons traité le problème unidimensionnel, obtenant ainsi une série de niveaux d'énergie repérés par un seul nombre : $n = 1, 2, 3$ et ainsi de suite. En trois dimensions, il nous faudra trois nombres pour caractériser tous les niveaux d'énergie permis ; on les désigne habituellement par n, l et m, qui sont les nombres quantiques. Le nombre n est l'équivalent de celui utilisé dans le cas unidimensionnel. Il prend les valeurs entières 1, 2, 3 etc., et les énergies des niveaux augmentent lorsque n croît. Les valeurs possibles de l et de m se trouvent être liées à n ; l doit être inférieur à n et peut prendre la valeur 0 ; si par exemple $n = 3$, on peut avoir $l = 0$, 1 ou 2. m peut prendre les valeurs entières de $-l$ à $+l$. Si $l = 2$ alors $m = -2, -1, 0, 1$ ou 2. Expliciter l'origine de ces nombres n'ajouterait rien à notre propos, précisons seulement les exemples des ondes de la figure 6.9 :
$(n, l) = (1, 0), (2, 0), (2, 1)$ et $(3, 0)$, avec $m = 0$ dans tous les cas[1].

1. Petite précision technique : comme nous l'avons mentionné au chapitre précédent, le puits de potentiel autour du proton étant de symétrie sphérique, la solution de l'équation de Schrödinger est proportionnelle à un harmonique sphérique. La distribution angulaire associée détermine les nombres quantiques l et m, tandis que la dépendance radiale fixe le nombre principal, n.

Comme nous l'avons vu, le nombre quantique principal n détermine les valeurs des énergies permises de l'électron. Pour être exact, ces énergies dépendent aussi de la valeur de l, mais si faiblement que cela ne peut être mis en évidence que par des mesures de haute précision. Bohr n'en a pas tenu compte dans ses premiers calculs des raies de l'hydrogène ; initialement sa formule n'était exprimée qu'en fonction de n. Les énergies ne dépendent pas de m, sauf dans le cas où l'atome d'hydrogène est placé dans un champ magnétique (m est le nombre quantique magnétique), mais il ne faudrait pas minimiser son importance. Nous allons voir pourquoi en poursuivant nos considérations numérologiques.

Si $n = 1$, combien y a-t-il de niveaux d'énergie différents ? Selon les règles énoncées ci-dessus, l et m sont forcément nuls et par conséquent il n'existe qu'un seul niveau.

Si $n = 2$, l peut être égal à 0 ou 1. Si $l = 1$, m peut prendre l'une des trois valeurs – 1, 0 ou 1, ce qui donne 3 niveaux de plus, donc 4 en tout.

Pour $n = 3$, l peut valoir 0, 1 ou 2. Pour $l = 2$, m peut être égal à – 2, – 1, 0, + 1 ou + 2, donnant 5 niveaux. Donc au total, il y a $1 + 3 + 5 = 9$ niveaux pour $n = 3$. Et ainsi de suite.

Retenons les nombres de niveaux pour les trois premières valeurs de n : 1, 4 et 9. Regardons maintenant les quatre premières lignes du tableau périodique des éléments, figure 7.1, dénombrons les éléments présents dans chaque ligne, et divisons par 2. On obtient 1, 4, 4 et 9. La signification de tout cela vous apparaîtra bientôt.

Cette présentation des éléments chimiques est appelée tableau de Mendeleïev. Le chimiste russe Dmitri Mendeleïev l'a présenté à la Société de chimie russe le 6 mars 1869, bien avant que quiconque ait pu dénombrer les niveaux d'énergies permis dans l'atome d'hydrogène. Mendeleïev avait classé les éléments par masse atomique croissante : nous savons maintenant que cela correspondait à les ranger par nombre de protons et de neutrons, ce qui était naturellement ignoré à l'époque. L'ordre des éléments est en réalité fonction du nombre de protons à l'intérieur du noyau, mais pour les éléments les plus légers, cela ne perturbe pas le classement, ce qui explique que Mendeleïev avait un résultat correct. L'arrangement par colonnes tenait compte d'analogies entre les propriétés chimiques des éléments ; par exemple la colonne de gauche (hélium, néon, argon, krypton) regroupe les gaz rares, considérés à

Group	1	2	3	4	5	6	7	8	9	10	11	12	13	14	15	16	17	18
1	1 H																	2 He
2	3 Li	4 Be											5 B	6 C	7 N	8 O	9 F	10 Ne
3	11 Na	12 Mg											13 Al	14 Si	15 P	16 S	17 Cl	18 Ar
4	19 K	20 Ca	21 Sc	22 Ti	23 V	24 Cr	25 Mn	26 Fe	27 Co	28 Ni	29 Cu	30 Zn	31 Ga	32 Ge	33 As	34 Se	35 Br	36 Kr

Figure 7.1 Les quatre premières lignes du tableau périodique des éléments.

l'époque comme totalement inertes chimiquement. Le plus remarquable mérite de Mendeleïev est d'avoir prévu, sur la base de son arrangement, l'existence d'éléments jusqu'alors inconnus, complétant le tableau : les éléments 31 et 32 (gallium et germanium) furent découverts en 1875 et 1886 ! Cela confirmait que la présentation de Mendeleïev était basée sur des propriétés profondes, alors inconnues, de la structure atomique.

Nous avons donc fait remarquer qu'il existe deux éléments dans la première rangée, huit dans les deux lignes suivantes et dix-huit dans la quatrième, soit exactement le double des nombres de niveaux d'énergie dans l'atome d'hydrogène ; mais pourquoi en est-il ainsi ?

Vous savez que les éléments sont rangés dans le tableau périodique, de gauche à droite dans la même ligne par nombre de protons dans le noyau. Comme les atomes sont électriquement neutres, cela revient *ipso facto* à classer les éléments par nombre d'électrons croissant. Il existe donc un lien significatif entre les propriétés chimiques et les niveaux d'énergie permis aux électrons quand ils orbitent autour d'un noyau. On peut imaginer de constituer les atomes plus lourds que l'hydrogène en ajoutant un par un des protons, des neutrons et des électrons, à condition de respecter la neutralité électrique de l'atome : autant d'électrons que de protons. Nous verrons alors que la construction de la table périodique découle d'une règle fort simple : il ne peut y avoir au maximum que deux électrons dans chaque niveau d'énergie. Voyons cela en détail.

L'hydrogène n'a qu'un seul électron : il se place dans le niveau $n = 1$. L'hélium a deux électrons, tous deux dans le même niveau $n = 1$, qui se trouve dès lors complet. Pour passer au lithium, il faut un troisième électron, qui devra aller au niveau $n = 2$. Celui-ci dispose de places pour les sept éléments suivants (béryllium, bore, carbone, azote, oxygène, fluor et néon), grâce aux possibilités $l = 0$ et $l = 1$, $m = -1$, 0 et + 1. Jusqu'ici, nous avons tous les éléments jusqu'au néon inclus et le niveau $n = 2$ est complet. Au-delà, il faut entamer le niveau $n = 3$ avec le sodium. Sur ce niveau pourront se loger les huit électrons suivants, d'abord avec $l = 0$ puis $l = 1$, réalisant ainsi les atomes de la troisième ligne, jusqu'à l'argon. Pour constituer la quatrième ligne de la table, il faut utiliser la totalité des électrons $n = 3$ restants (c'est-à-dire les 10 avec $l = 2$) et ceux qui correspondent à $n = 4$ avec $l = 0$ et $l = 1$ (donc 8 électrons) parvenant au nombre magique de dix-huit électrons. La figure 7.2 représente le remplissage des niveaux d'énergie jusqu'au plus lourd des éléments de notre table, le krypton, qui compte trente-six électrons.

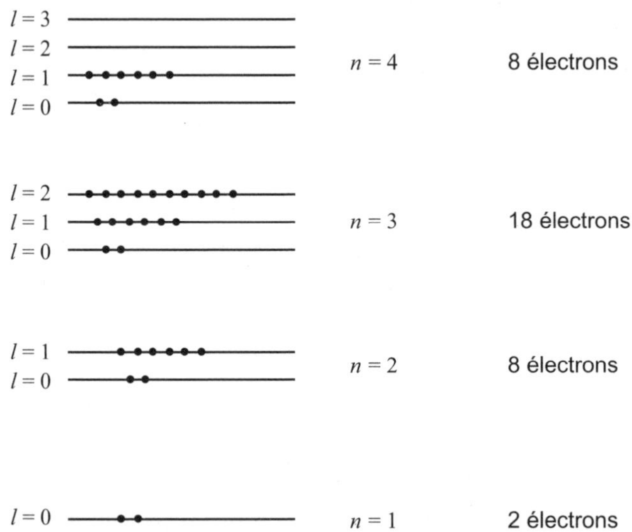

Figure 7.2 Remplissage des niveaux d'énergie du krypton.
Les électrons sont les points disposés sur les niveaux figurés par des lignes horizontales, numérotées selon les valeurs des nombres quantiques *n* et *l*. Les électrons qui ne diffèrent que par la valeur de *m* sont regroupés sur les mêmes lignes.

Nous vous avons présenté jusqu'à présent notre démarche sous l'enseigne peu valorisante de la numérologie. Pour l'élever au rang de théorie scientifique, il faut tout d'abord comprendre pourquoi les propriétés chimiques sont analogues pour des éléments figurant dans une même colonne de la table. Il apparaît clairement que le premier élément de chacune des trois premières lignes démarre le processus de remplissage des niveaux correspondant aux valeurs croissantes de n. C'est bien le cas pour l'hydrogène avec un seul électron dans le niveau $n = 1$, pour le lithium qui débute la deuxième rangée avec un électron dans le niveau $n = 2$, et pour le sodium qui commence la troisième rangée avec un électron sur le niveau $n = 3$. La troisième ligne est particulière : elle ne contient pas dix-huit éléments, alors que le niveau $n = 3$ peut contenir jusqu'à dix-huit électrons. Cela est dû au fait que les huit premiers électrons remplissent les niveaux $n = 3$, avec $l = 0$ et $l = 1$, et que les électrons suivants arrivent ensuite directement sur la quatrième ligne. Celle-ci contient maintenant les dix électrons restants des niveaux $n = 3$ avec $l = 2$, ainsi que les huit électrons $n = 4$ avec $l = 0$ et $l = 1$. Cette observation d'un décalage entre la progression des valeurs de n et les lignes de la table indique que le lien entre les propriétés chimiques et le décompte des niveaux d'énergie n'est pas aussi simple que nous l'avons présenté. Cependant, on sait maintenant que le potassium et le calcium, qui sont les deux premiers éléments de la quatrième ligne, ont bien des électrons dans le niveau ($n = 4$, $l = 0$), tandis que les dix éléments suivants (du scandium au zinc) ont leurs électrons sur les niveaux ($n = 3$, $l = 2$), retardés jusqu'ici.

Pour comprendre que le remplissage des niveaux ($n = 3$, $l = 2$) puisse être reporté au-delà du calcium, il faut justifier le fait que les niveaux ($n = 4$, $l = 0$), qui contiennent les électrons du potassium et du calcium, sont d'énergie inférieure. L'état fondamental d'un atome est celui dont la configuration électronique présente l'énergie la plus basse et tout état disposant d'une énergie supérieure a la possibilité de se désexciter en émettant un photon. Donc, lorsque nous disons « tel atome a ses électrons dans tel niveau d'énergie », nous parlons précisément du niveau fondamental. Naturellement, comme nous n'avons pas tenté d'effectuer de calcul, nous ne sommes pas en mesure de classer les niveaux par ordre d'énergie. Il ne serait d'ailleurs pas du tout commode de réaliser les calculs des énergies permises pour les atomes ayant plus de deux électrons – même pour l'hélium qui n'en a que deux, c'est déjà assez compliqué. L'idée que les niveaux s'ordonnent en fonction de n découle du cas simple de l'hydrogène, pour lequel on peut vérifier assez aisément que le niveau $n = 1$ est le fondamental, suivi par les niveaux $n = 2$, puis $n = 3$, et ainsi de suite.

Nous en déduisons que les éléments de la dernière colonne à droite du tableau périodique sont des atomes dont un ensemble de niveaux vient juste d'être complété. C'est le cas pour l'hélium ($n = 1$ est rempli), pour le néon ($n = 2$ est à son tour complet) et pour l'argon, c'est $n = 3$ qui est totalement peuplé, du moins pour $l = 0$ et $l = 1$. Cependant, nous ne développerons pas ces idées qui ont pourtant des conséquences importantes en chimie.

L'observation clé est que les atomes peuvent se lier ensemble en « mettant en commun » leurs électrons ; nous rencontrerons ce concept au prochain chapitre, en expliquant la constitution d'une molécule à partir de deux atomes d'hydrogène. La règle générale est que les éléments tendent à présenter des niveaux d'énergie parfaitement remplis. Cela est exactement accompli pour l'hélium, le néon, l'argon et le krypton, expliquant ainsi que ces atomes n'entrent que très peu en lien avec d'autres (ils étaient autrefois qualifiés de « gaz inertes » en raison de leur réactivité chimique extrêmement réduite). Par contre, les atomes présentant des couches auxquelles il manque des électrons se lient volontiers à d'autres, leur permettant ainsi de les compléter. Nous pouvons schématiser le principe de la formation de la molécule d'hydrogène (H_2), qui constitue la forme la plus commune de ce gaz : il manque à l'atome d'hydrogène un électron pour remplir son niveau $n = 1$, il peut donc s'associer avec un second atome, mettant ainsi « en commun » un électron. L'atome de carbone possède quatre électrons sur les huit dont il pourrait disposer sur ses niveaux $n = 2$, $l = 0$ et $l = 1$. Il peut compléter ces niveaux en se liant à quatre atomes d'hydrogène, formant ainsi la molécule de méthane CH_4 : il peut aussi y parvenir à l'aide de deux atomes d'oxygène, auxquels manquent deux électrons pour remplir leurs niveaux $n = 2$, constituant ainsi la molécule de dioxyde de carbone CO_2. Pour sa part, l'oxygène tend lui-même à se compléter en se liant à deux atomes d'hydrogène, donnant ainsi la molécule d'eau H_2O, et ainsi de suite. On reconnaît ici l'un des piliers de la chimie : il est énergétiquement favorable pour les atomes de remplir leurs niveaux avec le nombre maximum d'électrons pouvant y résider, fût-ce en s'associant à d'autres pour y parvenir. Leur tendance à réaliser cela s'enracine en définitive dans le principe que toute chose cherche à atteindre son état d'énergie minimum ; c'est ce qui oriente toutes les affinités chimiques et la constitution de tous les édifices moléculaires, des plus élémentaires, comme l'eau, aux plus complexes, tels que l'ADN. Dans un monde où les atomes d'hydrogène, d'azote, d'oxygène et de carbone sont abondants, on peut concevoir les possibilités d'apparition des molécules liées à la vie, telle que nous la connaissons sur Terre.

Nous voici parvenus à des perspectives encourageantes, mais il nous manque encore une pièce indispensable à notre puzzle : pourquoi deux électrons, et deux seulement, peuvent-ils occuper chacun des niveaux d'énergie disponibles ? Comme nous l'avions annoncé, il s'agit du principe d'exclusion de Pauli, et sans lui, rien de ce que nous avons avancé ne pourrait constituer une théorie valide : tous les électrons se retrouveraient ensemble au niveau d'énergie minimum autour de chaque noyau, il n'existerait pas de molécules, donc nulle vie dans tout l'Univers.

L'idée que tout au plus deux électrons peuvent coexister dans le même état d'énergie peut sembler totalement arbitraire, et de fait personne ne savait la justifier lorsqu'elle fut avancée pour la première fois par le théoricien anglais Edmund Stoner. Ancien étudiant de Rutherford, il dirigea par la suite le Département de Physique de l'université de Leeds. En octobre 1924, Stoner proposa que seuls deux électrons soient autorisés dans chaque niveau d'énergie (n, l, m). Pauli développa cette proposition et publia en 1925 la règle correspondante, à laquelle Dirac donna l'année suivante le nom en usage aujourd'hui. Le principe d'exclusion de Pauli, dans sa formulation initiale, énonce que dans un atome, deux électrons ne peuvent être caractérisés par les mêmes nombres quantiques. Le problème auquel Pauli avait à faire face était justement que deux électrons pouvaient présenter le même ensemble (n, l, m) : il contourna cette difficulté en introduisant à titre d'hypothèse un nouveau nombre quantique, de signification physique inconnue, auquel il attribuait deux valeurs possibles seulement. Comme Pauli l'exprima alors : « Nous ne disposons pas de justification plus précise pour cette règle. » Un nouvel éclairage fut apporté, toujours en 1925, par un article de George Uhlenbeck et Samuel Goudsmit. Guidés par des mesures précises de spectres atomiques, ils identifièrent le nombre quantique supplémentaire de Pauli avec une propriété physique de l'électron, le « spin » (en anglais, le verbe *to spin* signifie tourner sur soi-même, pivoter).

La base de cette idée – qui remonte à 1903, donc bien antérieure aux théories quantiques – est tout à fait simple. Peu de temps après la découverte de l'électron, le physicien allemand Max Abraham proposa de se représenter l'électron comme une petite boule chargée électriquement, tournant sur elle-même. Dans ce cas, un champ magnétique affecterait les électrons en fonction de son orientation par rapport à l'axe de rotation. Dans leur article de 1925, publié trois années après le décès d'Abraham, Uhlenbeck et Goudsmit objectèrent qu'il faudrait, pour expliquer les résultats expérimentaux, que la vitesse de rotation dépasse la vitesse de la lumière. La base de l'idée d'Abraham était cependant correcte, l'électron possède effectivement un spin qui affecte son comportement dans un champ magnétique. Cependant l'origine du spin ne peut être comprise que comme une conséquence directe et assez subtile de la théorie de la relativité restreinte d'Einstein ; il fallut attendre que Dirac formule en 1928 une équation décrivant le comportement quantique de l'électron pour que le spin soit correctement interprété. Pour notre propos, il suffit d'admettre qu'il existe deux types d'électrons, « spin up » et « spin down », ayant des moments angulaires opposés, comme s'ils tournaient dans des sens opposés. Il est triste qu'Abraham soit mort peu d'années avant que la vraie nature du spin de l'électron ait été découverte, car il n'avait jamais renoncé à sa conception de l'électron comme une petite boule en rotation. Dans sa notice nécrologique rédigée en 1923 par Max Born et Max Von Laue, on trouve cette appréciation singulière : « Il se montra un adversaire respectable, combattant loyalement, sans dissimuler ses défaites par des lamentations et des raisons subjectives [...] Il était attaché à son éther absolu, à ses équations du champ, à son électron rigide, tout comme on tient à son premier amour, que nulle expérience ultérieure ne pourra éteindre. » On ne peut que souhaiter que, dans les controverses scientifiques, tous les adversaires se comportent à l'égal d'un Max Abraham.

Notre objectif est d'expliquer pourquoi les électrons se comportent selon le principe d'exclusion. Une fois de plus, nous ferons usage des horloges quantiques.

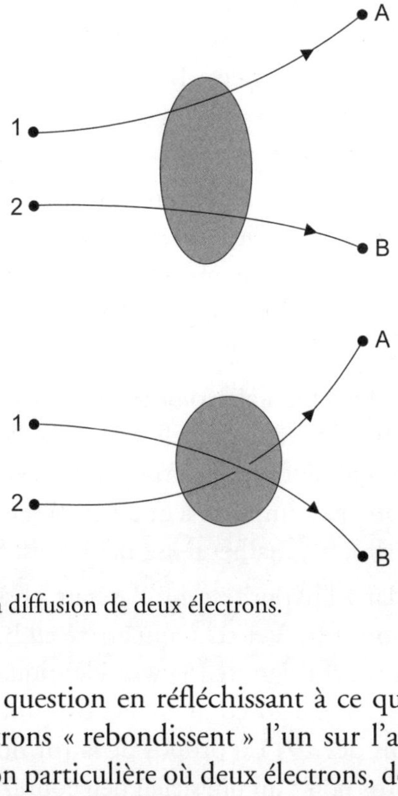

Figure 7.3 La diffusion de deux électrons.

Abordons cette question en réfléchissant à ce qui peut se produire lorsque deux électrons « rebondissent » l'un sur l'autre. La figure 7.3 illustre une situation particulière où deux électrons, désignés par 1 et 2 se déplacent depuis deux points de départ, avant de parvenir à leurs points d'arrivée notés par A et B. Les zones grisées illustrent le fait que nous ne savons pas – et que nous n'avons pas à nous soucier – de ce qui se passe au cours de l'interaction. Pour nous, l'électron 1 saute de son point de départ jusqu'en A, et de même, l'électron 2 finit au point B comme le suggère la partie supérieure de la figure. En fait, la discussion fonctionne tout aussi bien si on ne tient pas compte d'une interaction éventuelle entre les deux électrons. Dans ce cas, l'électron 1 saute au point A quels que soient les vagabondages de l'électron 2, et la probabilité de trouver l'électron 1 en A *et* l'électron 2 en B se trouve être simplement le produit de deux probabilités indépendantes.

Pour fixer les idées, admettons que la probabilité que l'électron 1 saute en A soit égale à 45 %, et à 20 % pour que l'électron 2 arrive en B. La probabilité de trouver à la fois l'électron 1 en A et l'électron 2 en B est égale au produit de 0,45 par 0,20, soit 0,09 = 9 %. Nous avons appliqué ici la loi de la combinaison de deux événements *indépendants* ; par exemple, la probabilité d'obtenir à la fois « pile » en jetant une pièce, et « six » en lançant un dé est égale à 1/2 × 1/6 = 1/12 (soit un peu plus que 8 %)[1].

Comme on le voit sur la figure, il existe une autre possibilité pour que les deux électrons finissent leur course en A et B : il est possible que l'électron 1 saute en B, tandis que l'électron 2 arrive en A. Supposons que la probabilité de ces deux événements soient respectivement de 5 % et de 20 %. La probabilité de trouver à la fois l'électron 1 en B *et* l'électron 2 en A est 0,05 × 0,2 = 0,01 = 1 %.

Nous avons ainsi deux manières d'obtenir nos deux électrons en A et B, l'une dont la probabilité est égale à 9 %, l'autre de probabilité égale à 1 %. La probabilité d'obtenir un électron (peu importe lequel) en A, et un électron (là encore, peu importe lequel) en B serait donc 9 % + 1 % = 10 %. C'est tout simple ; malheureusement, c'est faux !

L'erreur réside dans l'hypothèse qu'il serait possible de distinguer l'électron qui se retrouve en A et celui qui arrive en B. Que se passerait-il si les deux électrons étaient rigoureusement identiques ? Il n'y paraît pas, mais cette question touche au cœur même du problème. Elle se posa pour la première fois dès 1911 à propos de la formule de Planck sur le rayonnement du corps noir ; un physicien peu connu, Ladislas Natanson fit remarquer que cette formule ne marcherait pas dans l'hypothèse où les photons seraient des particules discernables : en effet, si on pouvait les distinguer les uns des autres et suivre leur parcours, on ne pourrait pas obtenir la loi de Planck.

Voici comment on doit décrire le processus de diffusion, lorsque les électrons 1 et 2 sont totalement indiscernables : initialement, il y a

1. Nous verrons au chapitre 10 que tenir compte de la possibilité d'interaction entre les électrons nécessite de connaître la probabilité de trouver tout à la fois l'électron 1 en A et l'électron 2 en B, car les deux probabilités ne sont plus indépendantes. Mais il s'agit d'un élément sans conséquence dans le présent chapitre.

deux électrons ; un peu plus tard, il y en a encore deux, mais situés ailleurs. Comme nous l'avons vu, les particules quantiques ne suivent pas de trajectoires bien définies, ce qui signifie qu'il est radicalement impossible de leur assigner un parcours spécifique. Cela n'a donc pas de sens d'affirmer que l'électron 1 arrive en A et l'électron 2 en B. Nul ne peut le dire, même en principe, et leur attribuer des numéros est dépourvu de sens. Voilà ce que signifie la notion de particules identiques, ou indiscernables, en théorie quantique. Mais où cela nous mène-t-il ?

Revenons à la figure 7.3. Dans ce processus, les deux probabilités associées aux deux diagrammes, respectivement 9 % et 1 % ne sont pas fausses, il convient seulement de prolonger le raisonnement. C'est ici que reviennent nos horloges ; la dimension de l'horloge associée à l'électron 1 arrivant en A est égale à la racine carrée de 45 %, et pour celle qui concerne l'électron 2 parvenant en B, sa taille est égale à la racine carrée de 20 %.

Il nous faut une nouvelle règle quantique, déterminant la taille de l'horloge résultante qui représente le processus dans son ensemble. Le carré de cette grandeur est égal à la probabilité de trouver l'électron 1 au point A et l'électron 2 au point B. Cette horloge unique, relative au diagramme de la partie supérieure de la figure, doit avoir une taille égale à la racine carrée de 9 %, puisque c'est la probabilité d'occurrence de ce processus particulier. Mais quelle est l'heure indiquée par cette horloge ? La réponse à cette question est du domaine du chapitre 10, et elle fait intervenir la notion de multiplication des horloges. À présent, nous n'avons nullement besoin de connaître cette heure, il nous faut seulement appliquer la nouvelle règle, très générale en théorie quantique, dont nous venons de dire qu'elle doit associer une horloge *unique* à chaque manière dont la *totalité d'un processus* peut se dérouler. L'exemple le plus simple d'application de cette règle concerne une seule particule, en un seul point, et c'est celui que nous avons utilisé tout au long de ce livre. Mais nous sommes maintenant en situation de traiter un cas plus général, mettant en jeu plusieurs particules.

Cela signifie qu'il y a une horloge de taille égale à 0,3 associée au processus représenté dans la partie supérieure de la figure. De la même façon, une autre horloge de taille 0,1 (car $0{,}1^2 = 0{,}01 = 1\ \%$) décrit le processus de la partie inférieure. Nous avons donc affaire à deux horloges, et nous recherchons le moyen de les utiliser pour calculer la probabilité de trouver un électron en A et l'autre en B. S'il était possible de distinguer les deux électrons, il suffirait d'additionner les probabilités (pas les horloges) de chaque processus, et nous obtiendrions 10 %.

Mais il n'existe absolument aucun moyen de savoir lequel des deux diagrammes s'est réalisé car les deux électrons sont indiscernables. Nous aurons donc à appliquer de nouveau la logique développée dans le cas d'une particule unique sautant d'un point à l'autre, en cherchant à combiner les horloges. Il nous faut dès lors une généralisation de la règle relative à une seule particule, selon laquelle pour obtenir la probabilité de trouver la particule en un point donné, il faut additionner les horloges associées à *toutes* les manières de parvenir en ce point. Pour un système comportant plusieurs particules identiques, la généralisation directe exige une formulation précise – sans doute difficile à suivre la première fois qu'on s'y applique : pour calculer la probabilité de trouver les particules en différents points, il faut combiner toutes les horloges correspondant aux diverses manières d'y arriver. Il vous faut absolument noter la différence de terminologie : pour une particule unique, nous parlions d'*additionner* les horloges, alors que maintenant, pour un système comportant plusieurs particules, nous disons qu'il faut les *combiner*.

La première possibilité qui vient à l'esprit est d'additionner les horloges. Mais y a-t-il une bonne raison pour cela ? En physique, il convient de remettre en question nos hypothèses, car cela favorise l'émergence de nouveaux concepts et il en sera ainsi dans le cas présent. Revenons un peu en arrière et demandons-nous quelle serait l'idée la plus générale que nous pourrions imaginer. On pourrait par exemple décaler l'une des horloges, la contracter ou l'agrandir, avant de les additionner. Explorons plus avant une voie de ce genre.

Nous en sommes à dire : « j'ai deux horloges et je cherche à les combiner en une seule, pour en tirer la probabilité de trouver les deux électrons en A et B. Comment y parvenir ? » Nous ne préjugeons en rien de la réponse, car nous voulons déterminer si l'addition des horloges est une règle appropriée. En l'occurrence, nous n'avons guère le choix, et bizarrement, l'addition des horloges est l'une des possibilités parmi *deux* seulement.

Pour faciliter la discussion, nous désignerons l'horloge 1 comme celle associée à la possibilité simultanée pour la particule 1 d'arriver en A *et* pour la particule 2 d'arriver en B. C'est l'horloge correspondant à la partie supérieure de la figure 7.3. L'horloge 2 sera associée à l'autre éventualité, celle où la particule 1 saute au point B. Voici maintenant une remarque importante : si nous décalons l'horloge 1 d'un tour avant de l'additionner à l'horloge 2, la probabilité finale calculée devrait être identique à celle que l'on obtiendrait si on donnait à l'horloge 2 le même décalage, avant de l'ajouter à l'horloge 1.

En effet, il est évident que l'échange des désignations A et B dans notre diagramme ne devrait rien changer. Il s'agit seulement d'une autre manière de décrire le même processus. Mais cet échange entraînerait du même coup l'échange des deux diagrammes de la figure 7.3. C'est pourquoi si nous décidions de décaler l'horloge 1 (celle qui correspond au schéma du haut) avant de l'ajouter à l'horloge 2, on obtiendrait précisément le même résultat en décalant l'horloge 2 avant de l'ajouter à l'horloge 1, après avoir permuté les désignations. Ces considérations logiques sont cruciales. C'est notre hypothèse même de deux particules indiscernables qui nous autorise à échanger les étiquettes. Cela implique qu'un décalage de l'horloge 1 *doit* donner le même résultat qu'un décalage identique de l'horloge 2, puisqu'il est impossible de distinguer les deux horloges.

Cette remarque n'a rien de mineur, au contraire elle a d'importantes conséquences, car il n'existe seulement que deux possibilités d'arranger les décalages et les contractions des horloges avant de les additionner pour obtenir l'horloge résultante *indépendamment de l'horloge modifiée.*

C'est ce qui est illustré par la figure 7.4. La partie supérieure montre que si on décale l'horloge 1 de 90° avant de l'additionner à l'horloge 2, l'horloge résultante n'a pas la même taille que lorsqu'on décale l'horloge 2 de 90° avant de l'ajouter à l'horloge 1. En effet, si nous commençons par décaler l'horloge 1, la nouvelle aiguille, représentée par une flèche en pointillés, pointe dans la direction opposée de celle de l'horloge 2, l'annulant donc en partie. Dans le cas inverse, l'addition des deux aboutit à former une aiguille plus grande.

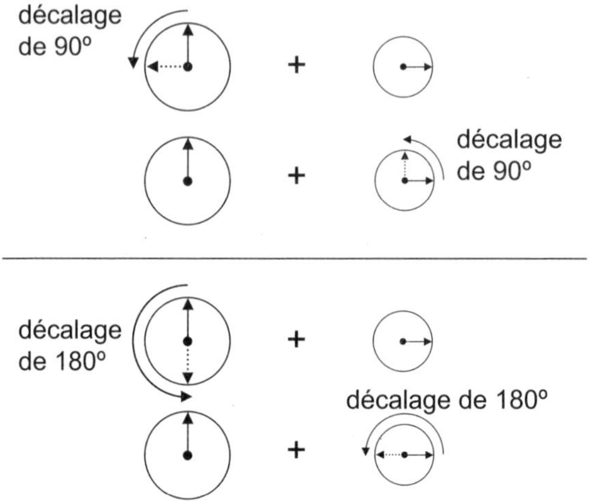

Figure 7.4 La partie supérieure de cette figure démontre le fait que l'addition des horloges 1 et 2 après le décalage de 90° de l'horloge 1 ne revient pas au même que leur addition après un décalage identique de l'horloge 2. La partie inférieure illustre l'intéressante possibilité du décalage de l'une des horloges de 180°, avant de les additionner.

Il devrait être clair qu'un décalage de 90° n'a rien de particulier, et que d'autres angles donneraient aussi une horloge résultante qui serait différente selon l'horloge (1 ou bien 2) ayant subi le décalage.

Un décalage nul serait une exception évidente : décaler l'horloge 1 de zéro degré avant de l'ajouter à l'horloge 2, reviendrait exactement au même que décaler l'horloge 2 de zéro degré avant de l'ajouter à l'horloge 1. Donc l'addition des horloges sans aucun décalage serait une possibilité envisageable. De même, décaler les deux horloges de la même quantité irait tout aussi bien, mais cela aboutirait au même résultat qu'un décalage nul, et correspondrait à redéfinir ce qui est une horloge indiquant 12 h exactement. Il est donc possible de décaler les horloges d'une quantité quelconque, à condition de le faire pour toutes les horloges, cela ne changeant rien à la probabilité recherchée.

La partie inférieure de la figure 7.4 montre une autre possibilité, inattendue dans une certaine mesure, de combiner les horloges : c'est le fait de décaler l'une d'elles de 180° avant de les additionner. Cela n'aboutit pas tout à fait à la même horloge dans les deux cas, mais la taille de l'horloge reste identique, donc aussi la probabilité de trouver un électron au point A et l'autre en B.

Si on appliquait la même logique à la possibilité de contracter ou de dilater une horloge avant l'addition, on se rendrait compte aisément que le résultat serait différent, selon l'horloge (1 ou 2) qui subirait le changement de taille, et il n'existe pas de cas particulier faisant exception. Cela élimine du même coup cette possibilité.

Nous sommes ainsi parvenus à une conclusion intéressante. Alors même que nous avions toute latitude pour choisir notre règle d'action, nous avons constaté que, si l'on veut satisfaire l'hypothèse d'indiscernabilité des particules, il ne subsiste que deux possibilités pour la combinaison des horloges : les additionner sans décalage, ou bien après avoir décalé de 180° l'une des deux.

Il est admirable que les deux voies existent dans la Nature. Dans le cas des électrons, il est nécessaire d'appliquer un décalage d'un demi-tour avant d'additionner les horloges. Par contre, pour les photons ou pour les bosons – par exemple celui de Higgs – il faut additionner les horloges sans aucun décalage. Il existe effectivement deux catégories de particules, celles qui nécessitent le décalage, ce sont les fermions, nommés d'après le physicien italien Enrico Fermi (1901-1954), et celles qui ne nécessitent aucun décalage, ce sont les bosons, nommés d'après le théoricien indien Satyendranath Bose (1894-1974) qui conçut la statistique quantique applicable aux photons[1]. Quelle est la propriété qui distingue ces deux types de particules ? Il s'agit de leur spin.

Le spin est une mesure du moment angulaire d'une particule : les fermions ont tous un spin demi-entier[2], tandis que les bosons ont tous un spin entier. L'électron a un spin égal à $\frac{1}{2}$, le photon est de spin 1, le boson de Higgs de spin nul. Nous éviterons dans ce livre la plupart des détails techniques concernant le spin, rappelons seulement que nous avons vu un peu plus haut qu'il existe deux types d'électrons, spin up et spin down. C'est un cas particulier d'une règle générale selon laquelle les particules de spin s se présentent sous forme de $2s + 1$ types différents ;

1. Ces deux types de particules ont des comportements statistiques différents : les fermions obéissent à la statistique de Fermi-Dirac, les bosons à celle de Bose-Einstein.

2. En unités de la constante de Planck divisée par 2 π.

c'est ainsi que les particules de spin $\frac{1}{2}$ sont de deux types, les particules de spin 1 trois types, alors qu'il n'existe qu'un seul type pour les particules de spin nul. La relation entre le moment angulaire des particules et la manière dont il convient de combiner les horloges quantiques entre elles s'appelle le théorème spin-statistique, qui apparaît lorsque la théorie quantique est formulée de manière à être cohérente avec la théorie de la relativité restreinte d'Einstein. Pour nous limiter au niveau défini pour le présent ouvrage, disons que ce théorème est lié à la nécessité de respecter la loi de cause à effet. Laissons ici Richard Feynman s'exprimer à ce sujet[1] :

> « Il faut nous excuser de ne pas pouvoir vous donner une explication élémentaire. Une démonstration a été formulée par Pauli à partir d'arguments compliqués de théorie quantique des champs et de relativité. Il a montré que les deux choses vont nécessairement ensemble, mais nous n'avons pas trouvé le moyen de reformuler ses arguments à un niveau élémentaire. Il semble que ce soit là de l'un des rares endroits en physique où il y a une règle qui peut être énoncée très simplement et pour laquelle personne n'a trouvé d'explication simple et aisée. »

Nous ne pouvons qu'être d'accord sur ce point avec Feynman ; cette règle est simple et elle est démontrable : pour les fermions, la combinaison des horloges nécessite un décalage, mais pas pour les bosons. C'est de ce décalage que provient le principe d'exclusion, qui gouverne la structure des atomes. Nous retrouvons dès lors un terrain où heureusement, les explications redeviennent simples.

Imaginons que dans la figure 7.3 les points A et B soient mobiles ; amenons-les de plus en plus près l'un de l'autre. Lorsqu'ils sont très proches, les horloges 1 et 2 doivent être de tailles très voisines et doivent indiquer presque la même heure. Si, à la limite, les points A et B sont confondus, les horloges doivent être identiques. Cela devrait être évident, car l'horloge 1 correspond à la particule 1 arrivant en A, et l'horloge 2 représente exactement la même situation, puisque nous sommes dans le cas particulier où les deux points sont confondus. Néanmoins, il y

1. *Le Cours de physique de Feynman, Mécanique quantique, p. 51,* Dunod 1999.

a toujours deux horloges, et nous devons les ajouter ensemble. Mais comme il s'agit de fermions, il faut donner à l'une des deux horloges un décalage de 180°. Les deux horloges indiqueront donc nécessairement des heures exactement « opposées », si elles sont à la même place : si l'une marque midi, l'autre indique six heures, et leur addition aboutit donc à un résultat égal à zéro. Cette conclusion est fascinante : elle signifie que la probabilité est nulle de trouver deux électrons en un même point ; les lois de la physique quantique leur imposent de s'éviter entre eux. Plus ils se rapprochent, plus l'horloge résultante est d'une taille qui avoisine zéro, la probabilité s'amenuise jusqu'à devenir nulle. C'est là une des façons d'exprimer le fameux principe de Pauli : les électrons tendent à s'éviter l'un l'autre.

Nous désirions initialement montrer que deux électrons ne peuvent occuper le même niveau d'énergie dans un atome d'hydrogène. Nous n'y sommes pas encore, mais la notion que les électrons s'évitent entre eux a des conséquences sur les atomes et aussi sur le fait que nous ne traversons pas le sol... Non seulement les électrons des atomes de nos chaussures sont repoussés par ceux du sol, puisque ce sont des charges électriques de même signe, mais encore ils tendent à s'éviter naturellement les uns les autres, conformément au principe d'exclusion de Pauli. Il se trouve en effet que, comme Dyson et Lenard l'ont démontré, c'est cette tendance à s'éviter qui nous empêche de traverser le sol, qui force aussi les électrons à occuper les différents niveaux d'énergie des atomes, expliquant ainsi leur structure et menant à la diversité des éléments chimiques observés dans la Nature. Voilà donc une théorie physique présentant des conséquences très significatives dans notre vie de tous les jours. Dans le chapitre clôturant ce livre, nous verrons même comment le principe d'exclusion joue aussi un rôle crucial pour empêcher l'effondrement de certains corps stellaires sur eux-mêmes sous l'influence de la gravitation.

Pour terminer, il nous reste à relier le fait que deux électrons ne peuvent se trouver au même point, à leur impossibilité de présenter les mêmes nombres quantiques dans un atome, les empêchant d'avoir la même énergie et le même spin. Considérons deux électrons de même spin, pourquoi ne pourraient-ils pas se retrouver dans le même niveau d'énergie ? Si c'était le cas, les deux particules seraient décrites exactement par le même ensemble d'horloges distribuées dans l'espace (conformément à l'onde stationnaire correspondante). Pour chaque paire de points X et Y dans l'espace, il y a deux horloges. L'horloge 1 est relative à « électron 1 en X » et « électron 2 en Y » ; l'horloge 2 est relative à « électron 1 en Y » et « électron 2 en X ». Nous savons qu'il faut les combiner pour déterminer la probabilité de présence des deux particules en X et Y, mais après avoir décalé l'une des deux horloges de 6 heures. Si les deux électrons sont de même énergie, les horloges 1 et 2 sont identiques avant le décalage ; après celui-ci, elles indiqueront des heures « opposées » et leur somme donnera une horloge de taille nulle. Il en est ainsi pour toutes les positions X et Y, de telle sorte que la probabilité de trouver une paire d'électrons dans la même configuration d'onde stationnaire, donc avec la même énergie, est absolument nulle. En définitive, c'est à cela qu'est due la stabilité des atomes de votre corps !

8

UN MONDE DE PARTICULES INTERCONNECTÉES

Jusqu'ici, notre centre d'intérêt se limitait aux particules et aux atomes isolés. Nous savons que dans les atomes, les électrons possèdent des niveaux définis d'énergie, les états stationnaires, l'atome lui-même pouvant être une superposition de plusieurs de ces états. De plus, les électrons peuvent passer d'un état à un autre en émettant un photon. Ces phénomènes se manifestent partout et sont identifiables grâce à l'émission de spectres lumineux aux couleurs caractéristiques. Or, très généralement, les phénomènes observés dans le monde physique sont le fait de vastes groupements atomiques : il est temps de les aborder.

L'étude des combinaisons d'atomes nous amènera à celle des liens chimiques, puis aux différences entre conducteurs et isolants, pour aboutir aux semi-conducteurs. Ces derniers ont en effet des propriétés qui ont permis de réaliser des dispositifs extrêmement réduits capables d'effectuer les opérations de base de la logique. Comme vous le savez, ce sont les transistors, regroupés par millions sur des « puces », dont la fantastique diversité d'usages est intimement liée à notre modernité. Or la théorie des transistors n'est pas concevable sans la physique quantique, ni leur invention, ni leur usage. Cela représente un incomparable exemple de sérendipité[1], où l'exploration de la Nature guidée par le seul désir de

1. Le concept de sérendipité a pour origine une expression d'Horace Walpole en 1754, à propos du conte *Les trois princes de Serendip*. Il désigne à présent les possibilités heuristiques offertes

savoir a pu aboutir à une révolution de notre vie quotidienne. Cela nous conduit immédiatement à rappeler les difficultés considérables liées à l'espoir, disons plutôt au fantasme, de classifier, planifier et diriger la recherche scientifique. Et comment mieux y parvenir qu'en empruntant les mots de William Shockley, l'un des inventeurs du transistor, qui dirigea le groupe de physique de l'état solide aux Laboratoires de la Bell Telephone Company. Voici un extrait de son allocution devant l'assemblée du prix Nobel en 1956 :

> « Je voudrais donner mon avis sur les termes souvent employés pour caractériser les types de recherche en physique : pure, appliquée, libre, fondamentale, basique, académique, industrielle, pratique, etc. Il m'apparaît que, trop souvent, on les utilise dans un sens péjoratif, tantôt pour minimiser la valeur des objectifs pratiques de certaines productions, d'autres fois pour rejeter des projets, ouvrant des perspectives de long terme sur des domaines nouveaux, mais où d'éventuelles applications ne sont pas en vue. On m'a fréquemment demandé si tel ou tel de mes projets expérimentaux se trouve appartenir au domaine de la recherche pure ou appliquée ; pour moi il est plus important de savoir s'il apportera des connaissances nouvelles et probablement durables sur la Nature. De mon point de vue, si cela semble possible, nous avons affaire à de la bonne recherche fondamentale ; et c'est bien plus important que de savoir si la motivation de l'expérimentateur est purement esthétique ou si elle vise au contraire à améliorer la stabilité d'un transistor de puissance. Les deux catégories sont nécessaires pour apporter le plus grand bénéfice à l'humanité. »

Cette opinion émanant de l'inventeur de l'appareil le plus utile conçu depuis la roue, les décideurs politiques et autres dirigeants de tous les pays feraient bien d'en tenir compte. La théorie quantique a changé le monde et quelles que soient les théories que produira la recherche de pointe actuelle, il est presque sûr qu'elles changeront encore une fois nos existences.

Nous déroulerons notre étude selon la méthodologie progressive respectée jusqu'ici : d'abord un univers réduit à une particule, puis un

---

par une démarche aléatoire, mais guidée par une hypothèse et encadrée par la méthodologie scientifique.

univers en contenant deux, etc. Imaginons pour commencer un monde simplifié, où n'existeraient que deux atomes d'hydrogène très éloignés l'un de l'autre, donc seulement deux électrons et deux protons ; d'ici peu, nous rapprocherons ces deux atomes, mais pour l'instant, gardons-les séparés par une grande distance.

Le principe d'exclusion de Pauli impose que les deux électrons ne se trouvent pas dans le même état quantique : en effet, ce sont des fermions indiscernables. Vous pourriez d'abord être tentés de dire que, vu la distance qui les sépare, ils se trouvent forcément dans des états quantiques différents, et que dès lors, il n'y a guère plus à en dire. En fait, la situation est infiniment plus intéressante que cela. Appelons électron 1 celui qui se trouve initialement dans l'atome 1 et électron 2 celui de l'atome 2. Au bout d'un moment, cela n'a plus de sens de dire « l'électron 1 se trouve dans l'atome 1 » : en effet, d'un saut quantique, il se pourrait qu'il soit dans l'atome 2. Souvenez-vous : tout ce qui peut arriver arrive... et les électrons sont libres d'aller partout en un instant. Dans le langage des horloges quantiques, même si au départ toutes les horloges se trouvent au voisinage de l'un des protons, l'instant d'après il faudra introduire des horloges au voisinage de l'autre proton. Et même si la fameuse orgie d'interférences quantiques réduit beaucoup la taille des horloges au voisinage de ce proton, cette dimension n'est pas réduite à zéro, et il subsiste donc une probabilité non nulle de présence de l'électron 1 au voisinage de l'atome 2. Il faut donc concevoir à partir de maintenant le principe d'exclusion de manière plus générale ; il ne faut plus raisonner en termes d'atomes isolés, mais d'un ensemble comportant deux protons et deux électrons. Pour analyser comment cela s'organise, commençons par une simplification : négligeons l'interaction électromagnétique entre les deux électrons. Cette approximation est parfaitement justifiée, étant donné la distance entre les deux protons, et donc cela ne saurait affecter notre discussion de manière importante.

Que savons-nous des énergies permises pour les électrons, dans les deux atomes ? Pour s'en faire une idée grossière, pas besoin de faire un calcul, il suffit d'utiliser les connaissances dont nous disposons. Pour des protons très éloignés l'un de l'autre — disons à des kilomètres de distance — les énergies les plus basses autorisées pour les électrons correspondent très probablement à la situation où ils sont liés aux protons pour constituer deux atomes d'hydrogène. Dans ce cas, nous pourrions être tentés de conclure que l'état d'énergie la plus basse du système global (deux électrons et deux protons) correspondrait simplement à deux atomes d'hydrogène dans leur état fondamental, totalement indépendants l'un de l'autre. Cela pourrait sembler correct, mais il ne peut pas en être ainsi. Nous devons penser ce système comme un tout et comme dans le cas d'un atome d'hydrogène, ce système à quatre particules doit avoir son propre spectre de niveaux d'énergie. De plus, du fait du principe de Pauli, les électrons ne peuvent se trouver exactement sur le même niveau d'énergie autour de chaque proton, tranquillement ignorants de leur existence respective[1].

Il semble que nous devrions conclure que ces deux d'électrons identiques dans les deux atomes d'hydrogène éloignés ne peuvent avoir la même énergie, mais nous avons également dit que nous nous attendions à ce que les électrons se trouvent dans le niveau d'énergie le plus bas correspondant à un atome idéalisé, parfaitement isolé. Les deux points de vue sont inconciliables, et un peu de réflexion montre que, pour résoudre cette contradiction, il faut admettre qu'il existe non pas un mais *deux* niveaux d'énergie dans l'atome d'hydrogène idéalisé, isolé. C'est ainsi que nous pouvons nous accommoder de deux électrons sans violer le principe d'exclusion. La différence entre les énergies doit être minime si les atomes sont très éloignés l'un de l'autre, de sorte que nous pourrions presque admettre que les deux atomes ne tiennent aucun compte l'un de l'autre. Mais en réalité ce n'est pas tout à fait le cas, car le principe de Pauli parvient à établir entre eux des liens à distance : si l'un des deux électrons se trouve dans l'un des états d'énergie, le second se trouve nécessairement dans l'autre, et cette sorte de lien intime entre les deux atomes subsiste, indépendamment de la distance qui les sépare.

Cette logique s'étend à plus de deux atomes : prenons trente-six atomes d'hydrogène dispersés à travers l'Univers, pour chacun des niveaux d'énergie existant dans le cas d'un atome unique, nous trouvons désormais trente-six états, dont les énergies peuvent être voisines, mais bien distinctes. Quand un électron dans l'un des atomes se place sur un

1. Pour cette discussion, nous laissons de côté le spin des électrons. Tout ce que nous avons dit s'applique si on suppose qu'il s'agit de deux électrons de spin identique.

niveau particulier, il le fait en toute « connaissance » des états de chacun des trente-cinq autres électrons, quelle que soit leur distance. Et ainsi, chacun des électrons de l'Univers « sait » quelque chose de l'état de chacun des autres électrons. Et nous pourrions aller plus loin, car les protons et les neutrons sont également des fermions : chaque proton connaît l'état de chacun des autres protons, chaque neutron connaît l'état de chacun des autres neutrons. Il y a une sorte d'intimité omniprésente entre les particules qui constituent notre Univers. Cependant, ce lien est ténu, car si les particules sont extrêmement distantes, les différences d'énergies sont si faibles que cela n'entraîne aucune conséquence perceptible dans nos existences.

De toutes les considérations étranges auxquelles nous a menés notre exploration, celle-ci n'est certes pas la moindre. Affirmer que chaque atome de l'Univers est connecté à chacun des autres présente même le risque de nous entraîner dans des extrapolations hasardeuses, mystiques ou folles... Mais nous avons déjà rencontré des résultats analogues, sans quitter le domaine du rationnel : reprenons le puits de potentiel carré du chapitre 6 ; sa largeur détermine le spectre des niveaux d'énergie, et si cette largeur varie, les énergies changeront aussi. Il en est de même ici, en ce sens que la forme du puits dans lequel se trouvent nos électrons — donc aussi les niveaux d'énergie possibles — dépendra de la position des protons. Dans le cas de deux protons, le spectre d'énergie est fonction des positions. Si 10^{80} protons constituent un univers, la position de chacun d'entre eux affecte la forme du puits dans lequel se trouvent 10^{80} électrons. Il n'existe jamais qu'un seul ensemble de niveaux d'énergie, et si quoi que ce soit change (si par exemple un électron passe d'un niveau à un autre), tout le reste s'ajuste immédiatement en conséquence, de sorte qu'il ne se trouve à aucun instant deux fermions dans un même niveau.

Cette idée que les électrons restent en lien instantanément, même à distance, pourrait représenter une violation de la théorie de la relativité ; il n'en est rien, il n'y a pas à remettre en question la relation de cause à effet. Pourrait-on construire sur cette base quelque dispositif de signalisation pouvant transmettre de l'information à des vitesses dépassant celle de la lumière ? Cette perspective inquiétante fut perçue en 1935 par Einstein, en collaboration avec Boris Podolsky et Nathan Rosen. Einstein ne l'appréciait guère, la qualifiant même d'« action surnaturelle à distance ».

Il fallut du temps avant que les physiciens se rendent compte qu'il était cependant impossible d'exploiter ces corrélations à distance pour transférer de l'information plus vite que la lumière ; la relation de cause à effet n'est donc en rien contredite.

Cette multiplication sans fin des niveaux d'énergie n'est en rien une astuce ésotérique, permettant d'échapper aux limitations du principe d'exclusion. Bien au contraire, elle représente de fait la nature physique des liaisons chimiques. Elle fournit également la clé de l'explication des propriétés des matériaux capables de conduire l'électricité et de ceux qui sont isolants ; sans elle, le fonctionnement du transistor serait incompréhensible.

Pour débuter notre progression vers le transistor, nous reprendrons le modèle simplifié d'atome, rencontré au chapitre 6, dans lequel l'électron est captif d'un puits de potentiel. Ce modèle est insuffisant pour calculer les niveaux d'énergie exacts de l'atome d'hydrogène, mais il s'est néanmoins révélé un bon guide vers la structure atomique, et il va nous aider encore ici. Nous allons utiliser deux puits de potentiel carrés réunis ensemble, afin de constituer une sorte de modèle réduit de deux atomes d'hydrogène adjacents. Prenons d'abord le cas d'un électron unique se déplaçant dans le potentiel créé par deux protons. La partie supérieure de la figure 8.1 illustrera cela. Le potentiel est plat, mais il se creuse pour former deux puits, représentant la possibilité que l'électron soit piégé par les deux protons. Le niveau intermédiaire, à condition d'être assez élevé, fait que l'électron se trouve piégé soit dans le puits de gauche, soit dans celui de droite. En utilisant le jargon du domaine, nous dirons que l'électron se déplace dans un puits de potentiel double.

Notre premier défi sera d'utiliser ce modèle réduit pour saisir ce qui se passe quand deux atomes d'hydrogène se rapprochent : nous verrons que lorsqu'ils sont à proximité, ils vont se lier, formant ainsi une molécule. Après cela, nous prendrons en compte plus de deux atomes, pour aborder ce qui se passe dans la matière solide.

Si les puits sont très profonds, nous pourrons utiliser les résultats du chapitre 6 pour déterminer à quoi correspondent les états d'énergie les plus bas. Dans le cas d'un électron unique dans un puits carré, l'énergie la plus basse est décrite par une onde sinusoïdale de longueur d'onde égale au double du côté de la boîte. Le niveau suivant est représenté par une onde du même type, mais de longueur d'onde égale au côté de la boîte, et ainsi de suite. Si nous plaçons un électron à l'intérieur d'un côté d'un double puits, et si le puits est assez profond, les valeurs d'énergie permises seront voisines de celles de l'électron prisonnier d'un puits unique, et sa fonction d'onde sera pratiquement sinusoïdale. Portons à présent notre attention sur les petites différences entre un atome d'hydrogène totalement isolé et un atome d'hydrogène situé à distance d'un autre atome.

Il est assez clair que les deux fonctions d'onde du haut de la figure 8.1 correspondent à celles d'un électron localisé dans le puits de gauche ou celui de droite (ici, « puits » ou « atome » sont des termes équivalents). Les ondes sont à peu près sinusoïdales, avec une longueur d'onde double de la largeur du puits. Comme ces fonctions d'onde sont de même forme, on pourrait penser que les énergies correspondantes sont identiques, mais ce serait ne pas tenir compte de ce que nous avons dit ci-dessus : il existe toujours une petite probabilité que l'électron passe de l'un des puits à l'autre, quelles que soient leur profondeur et la largeur qui les sépare. Nous l'avons indiqué sur le schéma, en montrant que l'onde sinusoïdale traverse partiellement la paroi, car la probabilité de présence de trouver la particule dans l'autre puits n'est pas exactement nulle.

Ce fait démontre que les deux fonctions d'onde du haut de la figure 8.1 ne peuvent correspondre à un électron d'énergie définie : car au chapitre 6, nous avons vu que, pour qu'il en soit ainsi, il faut que la particule soit représentée par une fonction d'onde constante au cours du temps, ou de manière équivalente, par un groupe d'horloge de tailles constantes. Si au fil du temps, de nouvelles horloges apparaissent dans le puits initialement vide, c'est très certainement que la fonction d'onde est variable. À quoi ressemblerait donc un état d'énergie défini, dans le cas d'un double puits ? Les états doivent être plus « démocratiques », en ce sens qu'ils n'ont pas de préférence entre les deux puits. C'est la seule façon d'obtenir une onde stationnaire et d'éviter que la fonction d'onde n'oscille perpétuellement entre les deux puits.

C'est justement le cas des deux fonctions d'onde du bas de la figure 8.1. On y voit l'allure des seuls états de plus basse énergie. Il s'agit des uniques états stationnaires possibles ressemblant, dans chacun des deux puits, aux fonctions d'onde d'un puits unique, tout en décrivant un électron dont la

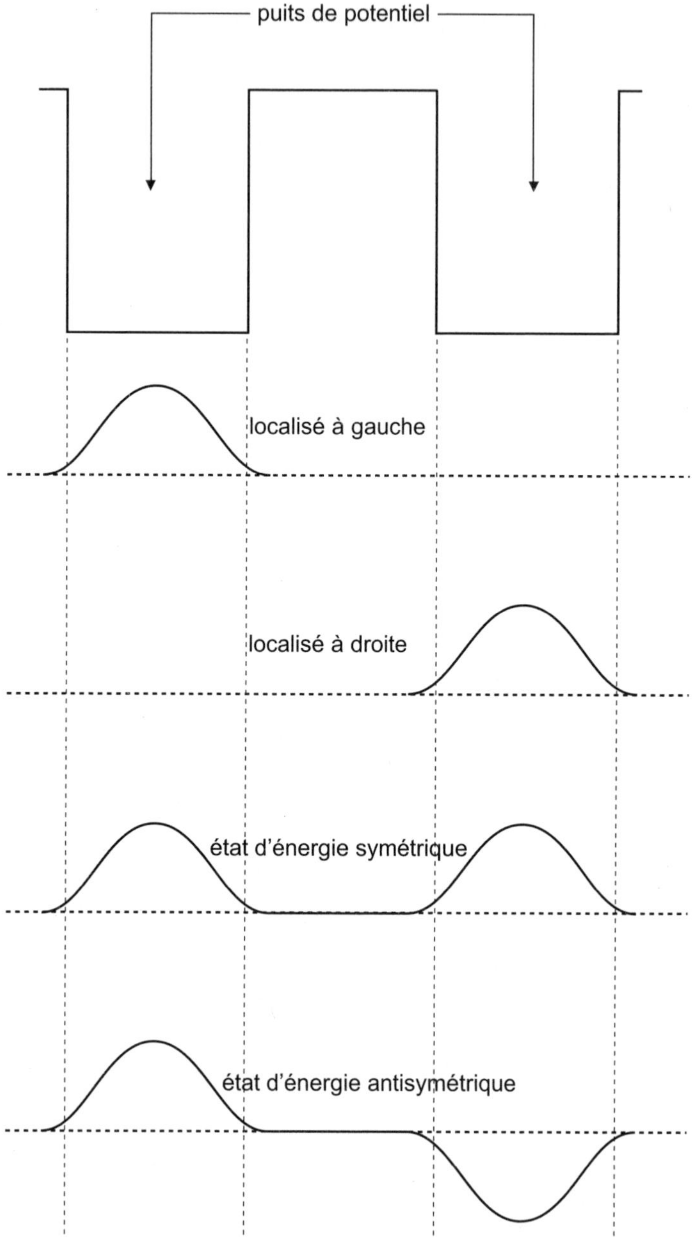

Figure 8.1 Dans la partie supérieure de la figure, est représenté un double puits de potentiel. Au-dessous sont schématisées quatre fonctions d'ondes particulières, décrivant un électron dans le puits de potentiel. Seules les deux possibilités inférieures correspondent à un électron dans un état d'énergie défini.

probabilité de présence se trouve être identique dans les deux. Voici donc les deux états qui existent lorsque deux électrons sont en orbite autour de deux protons distants pour constituer deux atomes d'hydrogène presque identiques tout en satisfaisant le principe de Pauli. Si un électron est décrit par l'une des fonctions d'onde, le second doit être décrit par l'autre, ce qui est conforme au principe d'exclusion[1]. Si les puits sont assez profonds, ou si les atomes sont assez éloignés, les deux énergies seront pratiquement égales, et très voisines de l'énergie minimum d'une particule piégée dans un puits unique. L'une des fonctions d'onde se présente partiellement renversée, mais seule la taille d'une horloge détermine la probabilité de présence en un point donné. Autrement dit, si on représentait à l'envers toutes les ondes dessinées dans ce livre, le contenu physique resterait identique. La fonction « partiellement renversée » est un état qualifié d'antisymétrique ; il décrit la superposition exacte d'un électron prisonnier dans le puits de gauche et d'un électron dans le puits de droite. Il est indispensable de remarquer que les fonctions d'onde symétrique et antisymétrique ne sont pas *exactement* les mêmes, sinon le principe de Pauli serait violé. Nous allons le voir en examinant le comportement de ces deux fonctions d'onde d'énergie minimum dans la région située *entre* les puits.

Une fonction est symétrique par rapport au milieu des deux puits : celle de gauche est l'image en miroir de celle de droite. L'autre est antisymétrique : celle de gauche n'est l'image en miroir de celle de droite que si on lui a d'abord fait subir un demi-tour, inversant le haut et le bas. Ne vous attachez pas à la terminologie, la caractéristique essentielle est que les deux ondes sont différentes dans la région intermédiaire. C'est en cela que les états qu'elles décrivent n'ont pas tout à fait la même énergie. Plus précisément, l'onde symétrique est d'énergie légèrement inférieure. Si on renverse l'une des ondes, il y a en fait un changement, minime si les puits sont profonds ou éloignés.

Considérer des particules d'énergie définie est réellement perturbant, car nous avons vu qu'elles sont décrites par des fonctions d'onde de même dimension dans les deux puits. Cela signifie réellement qu'il y a exactement la même probabilité de trouver l'électron dans n'importe

1. Nous avons supposé ici deux électrons identiques, donc de même spin.

lequel des deux puits, même si les deux puits sont séparés par l'Univers tout entier.

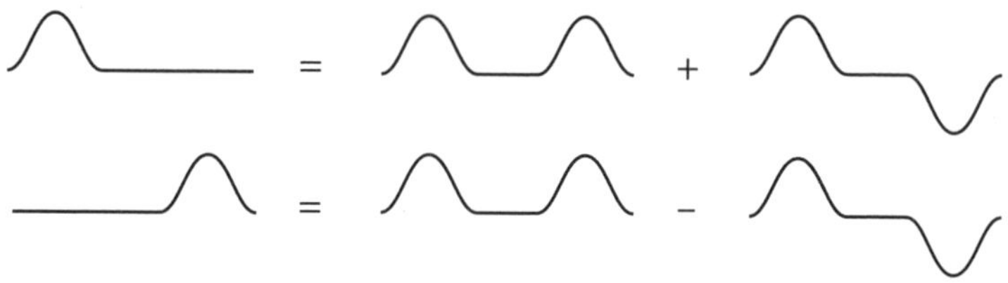

Figure 8.2 En haut : un électron se trouvant dans le puits de gauche peut être considéré comme la *somme* des deux états d'énergie minimum. En bas : de manière analogue, un électron situé à droite peut être interprété comme la *différence* entre ces deux états.

Comment devons-nous nous figurer ce qui se produirait si on mettait réellement un électron dans un puits et un second électron dans l'autre ? Nous avons dit auparavant que nous nous attendons à ce que le puits initialement vide s'emplisse d'horloges pour représenter le fait que la particule peut passer d'un côté à l'autre. Nous avons même avancé une indication, en disant que la fonction d'onde oscille entre les deux puits. Pour voir à quoi cela aboutit, il faut remarquer que nous pouvons exprimer un état localisé sur l'un des protons comme étant la somme des fonctions d'ondes de plus basse énergie. Nous avons représenté cela dans la figure 8.2, mais comment l'interpréter ? Si l'électron se trouve dans un puits à un moment donné, cela implique qu'il n'a pas une énergie unique. Plus précisément, une mesure de cette énergie aurait pour résultat une valeur égale à l'une des deux énergies possibles correspondant aux deux états qui constituent la fonction d'onde. L'électron se trouve donc dans deux états simultanément. Nous espérons qu'à ce stade de notre progression, cela n'est pas un concept nouveau pour notre lecteur.

Mais voici le point intéressant. Comme ces deux états n'ont pas rigoureusement la même énergie, leurs horloges tournent à des cadences légèrement différentes, comme cela a été discuté précédemment. Ceci a pour effet qu'une particule initialement décrite par une fonction d'onde localisée autour d'un proton va se trouver décrite, au bout d'un temps suffisant, par une fonction d'onde présentant un maximum au niveau de l'autre proton. Sans entrer dans les détails, nous nous contenterons de dire que nous avons affaire à un phénomène analogue aux « battements » qui se produisent lorsqu'on superpose deux ondes sonores de fréquences très voisines : par instants, les deux ondes sont en phase et leur résultante est un son fort, à d'autres moments, les deux ondes ayant des phases opposées n'engendreront plus qu'un son de faible intensité. Si les deux fréquences se rapprochent, l'intervalle de temps entre les moments d'intensité maximum et ceux d'intensité minimum augmente, jusqu'à ce que les deux ondes, ayant la même fréquence, produisent un son pur. Ceci semblera parfaitement familier à tout musicien qui utilise un diapason. Il en va de même si le deuxième électron se trouve dans le deuxième puits. Lui aussi tend à migrer vers l'autre puits, d'une façon qui est l'exact reflet du comportement du premier électron. Bien que nous ayons débuté avec un électron dans un puits et un second électron dans l'autre, on aboutit, au bout d'un temps suffisant, à ce que les électrons échangent leurs positions.

Nous sommes maintenant prêts à exploiter ce que nous venons d'apprendre. La situation devient physiquement intéressante quand nous commençons à rapprocher les deux atomes l'un de l'autre. Dans notre modèle, cela revient à réduire la largeur de la barrière séparant les deux puits. Au fur et à mesure, les fonctions d'onde en viennent à se combiner et l'électron a de plus en plus de chances de se trouver dans la région intermédiaire. La figure 8.3 montre ce que deviennent les quatre fonctions d'onde de plus basse énergie, lorsque la barrière est de faible largeur. Remarquons que la fonction d'onde d'énergie minimum prend l'allure de l'onde sinusoïdale pour un seul électron dans un puits unique de plus grande largeur ; en somme, les deux pics ont fusionné en un pic unique (présentant un creux à son sommet). Quant à la fonction d'onde d'énergie immédiatement au-dessus du minimum, elle a en gros l'allure de l'onde sinusoïdale correspondant à l'énergie juste supérieure au minimum pour un puits unique large. Nous nous y attendions, car plus la largeur de la barrière se réduit, plus son effet diminue et, si finalement l'épaisseur devient nulle, la barrière n'a plus du tout d'influence, et notre électron se comporte exactement comme à l'intérieur d'un puits unique.

Après avoir examiné ce qui se passe aux deux extrêmes — éloignement très grand ou proximité maximum des deux puits — nous allons étudier la variation des niveaux d'énergie des électrons en fonction de la distance entre les puits. Les résultats concernant les quatre premiers niveaux

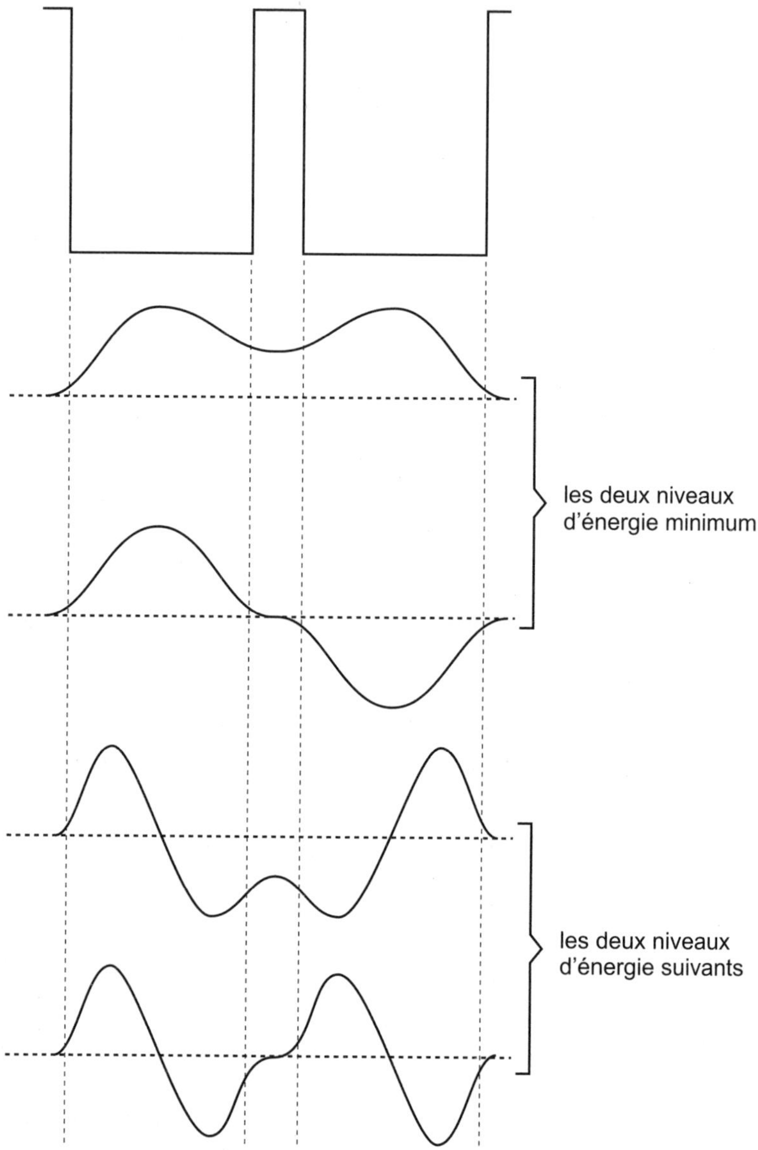

Figure 8.3 Comme dans la figure 8.1, mais dans le cas de puits plus rapprochés. Le passage à travers la région séparant les deux puits s'accroît. À la différence de la figure 8.1, est également représentée la paire de niveaux dont l'énergie est immédiatement supérieure à l'énergie la plus basse.

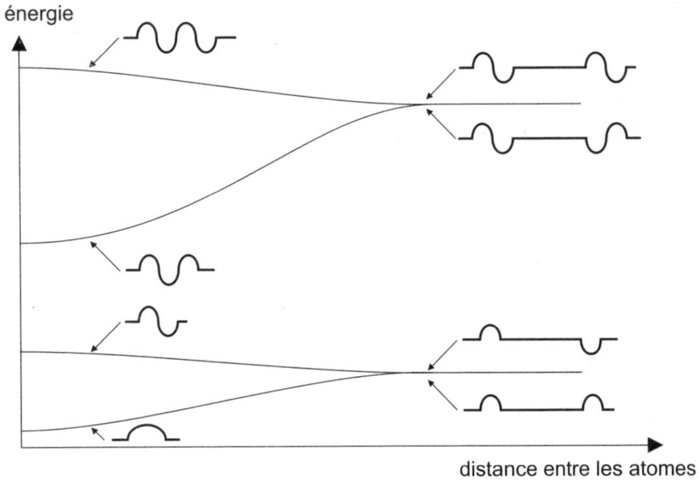

Figure 8.4 Variation des énergies permises des électrons en fonction de la distance séparant les puits.

d'énergie permis pour les électrons sont schématisés figure 8.4. Les fonctions d'onde correspondantes sont représentées à côté des niveaux. Du côté droit de la figure, on a le cas où les puits sont très distants (voir aussi figure 8.1) : comme nous pouvions le prévoir, la différence entre les niveaux dans les deux puits tend à devenir extrêmement faible. Par contre, de la même manière que dans le cas où les puits se rapprochent, on observe vers la gauche la séparation progressive des niveaux (comparer les fonctions d'onde à celles de la figure 8.3). Le fait remarquable est que le niveau relatif à la fonction antisymétrique augmente, tandis que celui de la fonction symétrique diminue.

Les conséquences sur un système réel constitué de deux protons et de deux électrons, c'est-à-dire sur deux atomes d'hydrogène, sont importantes. Souvenons-nous que les deux électrons peuvent trouver place dans un même niveau d'énergie, puisqu'ils peuvent avoir des spins opposés. Ils peuvent ainsi occuper le niveau le plus bas (symétrique), et surtout, l'énergie de ce niveau tend à décroître si les deux atomes se rapprochent : il est donc énergétiquement favorable que les deux atomes se rapprochent l'un de l'autre. C'est bien ce qui se produit dans la Nature[1] : la fonction d'onde symétrique décrit un système dans lequel les deux électrons sont partagés plus équitablement entre les deux protons qu'on ne pouvait le prévoir à partir de la situation où les deux atomes sont bien séparés, et comme ce « partage » s'accompagne d'une diminution d'énergie, les deux atomes tendent à se rapprocher. Cette forme d'attraction finit par trouver une limite, car les deux protons étant tous deux porteurs d'une charge électrique de même signe (de même que pour les électrons), il existe une force répulsive ; cependant, celle-ci ne domine l'attraction interatomique qu'en dessous de distances de l'ordre de 0,1 nanomètre, à la température ordinaire. On aboutit ainsi à deux atomes d'hydrogène réunis : voici donc l'origine de la molécule d'hydrogène.

Cette tendance des atomes à se rassembler en mettant en commun leurs électrons est connue en chimie sous le nom de « liaison covalente ». La fonction d'onde de la partie supérieure de la figure 8.3 est une représentation approximative de la liaison covalente dans la molécule d'hydrogène. Rappelons que l'amplitude de l'onde en un point donné détermine la probabilité de présence de l'électron en ce point[2]. Il existe un pic au-dessus de chaque puits, donc autour de chaque proton : chaque électron a donc plus de chances de se trouver au voisinage de l'un ou l'autre des protons. Mais il existe aussi une probabilité significative que les électrons se trouvent durant une partie du temps entre les protons. En chimie, on dit que les atomes « partagent » leurs électrons dans un lien covalent ; or c'est exactement cela que nous avons pu mettre en évidence, à l'aide de notre modèle réduit comportant deux puits carrés. Au-delà de la molécule d'hydrogène, cette tendance des atomes à partager des électrons est un caractère que nous avions déjà avancé, au cours de notre discussion sur les réactions chimiques.

Cette conclusion est parfaitement satisfaisante. Nous savons que lorsque deux atomes d'hydrogène sont séparés par une grande distance, la minuscule différence d'énergie entre les deux états de plus basse énergie

1. À condition cependant que les deux protons ne soient pas animés d'une vitesse trop élevée l'un par rapport à l'autre.

2. Cela est vrai pour les ondes stationnaires, où la taille de l'horloge et la taille projetée sur la direction de 12 h sont proportionnelles.

ne mériterait guère mieux qu'un intérêt académique, si cela ne nous avait conduit à admettre que chaque électron « sait » quelque chose de chacun de ceux qui se trouvent à l'autre bout de l'univers, ce qui est une perspective indéniablement fascinante. Et, qui plus est, ces deux états d'énergie se séparent progressivement si les protons sont plus proches, jusqu'à ce que l'état le plus bas décrive la molécule d'hydrogène ; cette remarque va bien au-delà d'un intérêt purement académique : sans cette liaison covalente, nous ne serions qu'un tas informe d'atomes, ballottant de-ci de-là.

Nous pouvons maintenant prolonger notre réflexion dans la même direction, en nous demandant ce qu'il advient lorsque plus de deux atomes sont rassemblés. Il nous faut ainsi considérer un puits de potentiel triple, tel que celui de la figure 8.5. Comme précédemment, il faut imaginer chacun des puits comme le site d'un atome. Il devrait y avoir trois états d'énergie inférieurs, mais au vu de la figure, on pourrait être tenté de penser qu'il existe maintenant quatre niveaux d'énergie pour chaque état du puits unique. Les quatre états que nous imaginons sont représentés sur la figure 8.5 ; ils correspondent à des fonctions d'onde symétriques ou antisymétriques de différentes façons, autour du centre des deux barrières de potentiel[1]. Ce décompte est nécessairement inexact, car si c'était exact, on pourrait mettre quatre fermions identiques dans ces quatre états, ce qui est interdit par le principe de Pauli. Par conséquent, il faut se limiter à trois états d'énergie, et il en est effectivement ainsi. Pour le voir, il suffit de remarquer qu'il est toujours possible de concevoir chacune des quatre fonctions d'onde de la figure comme une combinaison des trois autres. Dans la partie inférieure de la figure, nous avons illustré comment cela fonctionne dans un cas particulier : nous avons montré comment la dernière fonction d'onde peut être obtenue par une combinaison additive et soustractive des trois autres.

Ayant identifié les trois états d'énergie minimum pour une particule dans un puits de potentiel triple, nous pouvons nous demander quelle serait l'allure de la figure 8.4 dans ce cas : ce ne sera pas une surprise de

1. On pourrait penser qu'il y a quatre fonctions d'onde supplémentaires, qui seraient les images inversées de celles qui sont figurées, mais comme nous l'avons dit plus haut, elles sont équivalentes.

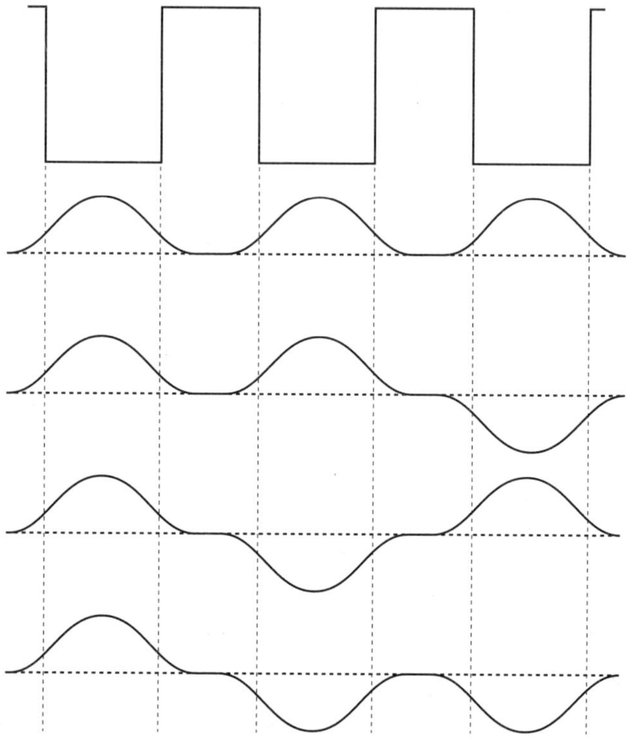

Figure 8.5 Un triple puits, modélisant trois atomes alignés.
Les fonctions d'onde d'énergie minimum sont également représentées. Dans la partie inférieure, on voit comment la plus basse des quatre ondes put être obtenue à partir des trois autres.

constater qu'elle reste semblable, si ce n'est qu'une paire d'états permis devient un triplet.

Nous en avons terminé avec le cas de trois atomes ; passons immédiatement au cas de plusieurs atomes alignés. Cela devient particulièrement intéressant, car les résultats sont directement applicables à un grand nombre de propriétés de l'état solide. S'il y a N puits (pour modéliser une chaîne de N atomes), il y a désormais N énergies pour chaque niveau du

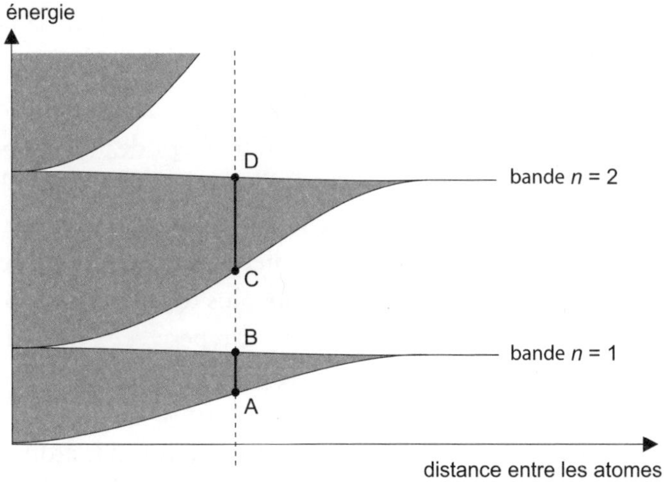

Figure 8.6 Les bandes d'énergie dans un morceau de matière solide, et leur variation en fonction de la distance entre les atomes.

puits résultant. Si N est de l'ordre de 10^{23}, ce qui est une valeur typique du nombre d'atomes dans un petit morceau de matière solide, on obtient un degré énorme de fractionnement de niveaux. En conséquence, la figure 8.4 ressemble dès lors à ce qui est représenté figure 8.6. La ligne verticale en pointillés illustre que, pour des atomes séparés par la distance correspondante, les électrons ne disposent que de certaines énergies permises. Cela ne devrait guère vous surprendre (et si c'était le cas, nous ne pourrions que vous suggérer de relire le livre depuis le début), mais le fait important est que les énergies permises se présentent sous forme de « bandes ». Par exemple, les énergies de A à B sont permises, puis il n'y a plus de niveau permis jusqu'en C, à partir de quoi toutes les énergies sont permises jusqu'en D, et ainsi de suite. Le grand nombre d'atomes dans la chaîne a pour effet que de très nombreux niveaux d'énergie permis se retrouvent serrés les uns contre les autres dans chaque bande. Au point que, normalement, dans un solide, nous pouvons admettre que les énergies permises forment un continuum dans chaque bande. Cette caractéristique de notre modèle réduit se retrouve dans la matière solide ordinaire : les énergies des électrons sont réellement regroupées dans de telles bandes, et cela a des conséquences décisives selon les types de solides considérés. Tout particulièrement, ce sont ces bandes qui expliquent pourquoi certains matériaux, tels les métaux, sont doués de la propriété de conduire l'électricité, tandis que d'autres sont des isolants.

Voyons donc cela en détail. Commençons par imaginer une chaîne d'atomes, modélisée comme d'habitude par une série de puits de potentiel, telle que chacun des atomes a plusieurs électrons liés. C'est là bien sûr le cas général – il n'y a que l'hydrogène qui ait un seul électron lié à un unique proton – nous allons donc étudier successivement une chaîne d'atomes d'hydrogène, puis des éléments plus lourds. Souvenons-nous que les électrons peuvent appartenir à deux types : ceux qui sont « spin up » et ceux qui sont « spin down », et le principe de Pauli limite à deux le nombre d'électrons par niveau d'énergie permis. Il s'ensuit que, pour une chaîne d'atomes ayant chacun un seul électron par atome (cas de l'hydrogène) la bande d'énergie $n = 1$ est à moitié remplie. Ceci est illustré à la figure 8.7, où nous avons représenté les niveaux d'énergie pour une chaîne de cinq atomes. Cela signifie que chaque bande contient cinq énergies permises distinctes. Ces cinq états d'énergie peuvent contenir un maximum de dix électrons, mais nous n'avons à en considérer que la moitié. Ainsi, dans la configuration de plus basse énergie, la chaîne d'atomes contient les cinq électrons occupant la moitié inférieure de la bande d'énergie $n = 1$. Si nous avions cent atomes dans la chaîne, alors la bande $n = 1$ pourrait contenir deux cents électrons, mais pour l'hydrogène, nous n'avons à prendre en compte que cent électrons et donc encore une fois la bande $n = 1$ est à moitié remplie lorsque la chaîne d'atomes est dans sa configuration d'énergie la plus basse. La figure 8.7 montre également ce qui se passe dans le cas où il y a deux électrons pour chaque atome (hélium) ou trois électrons par atome (lithium). Dans le cas de l'hélium, la configuration de plus basse énergie correspond à une bande $n = 1$ remplie, pour le lithium la bande $n = 1$ est pleine, tandis que la bande $n = 2$ ne l'est qu'à demi. Il devrait vous apparaître clairement que cet arrangement de bandes pleines ou à moitié pleines se poursuit, de telle sorte que les atomes avec un nombre pair d'électrons aboutissent toujours à des bandes remplies tandis que les atomes avec un nombre impair d'électrons mènent systématiquement à des bandes à moitié pleines. Le fait qu'une bande soit complète ou non est, comme nous allons enfin le découvrir, la raison pour laquelle certains matériaux sont conducteurs, tandis que d'autres sont isolants.

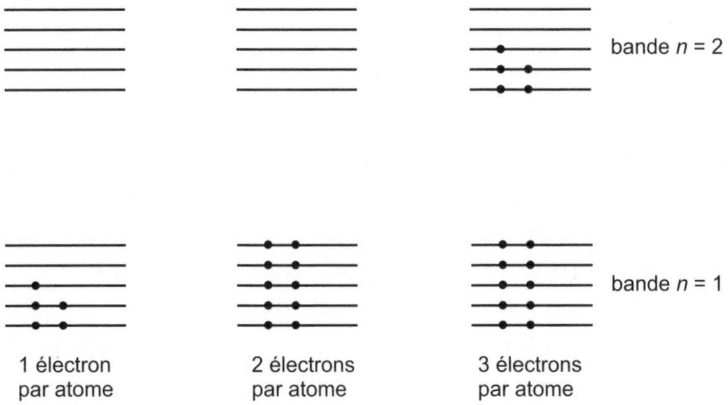

Figure 8.7 Schéma de l'occupation par les électrons des états d'énergie les plus bas disponibles dans une chaîne de cinq atomes, lorsque chaque atome contient un, deux ou trois électrons. Les points noirs représentent les électrons.

Que se passerait-il si on reliait les deux extrémités de la chaîne d'atomes aux bornes d'une pile électrique ? Nous savons bien que si nous avons affaire à un métal, un courant électrique pourra circuler. Mais qu'est-ce que cela signifie réellement, et comment cela découle-t-il de notre discussion ?

Heureusement, nous n'avons pas vraiment besoin de comprendre de manière détaillée l'influence de la pile sur les atomes dans le fil. Il suffit de savoir qu'elle représente une source d'énergie capable de déplacer un peu un électron, et que ce déplacement se produit dans un sens déterminé par sa polarité. Mais comment s'y prend-elle, cette pile ? Se contenter de répondre : « elle provoque un champ électrique dans le fil électrique, et le champ déplace les électrons » n'est pas vraiment satisfaisant... Il faudra pourtant nous en satisfaire afin de tenir dans les limites de ce livre. Pour être complet, il faudrait évoquer les lois de l'électrodynamique quantique, et tenter de traiter l'ensemble de la question en termes d'interaction entre électrons et photons. Mais cela n'ajouterait vraiment rien à la discussion actuelle, et donc par souci de brièveté, nous ne nous engagerons pas dans cette voie.

Admettons qu'un électron se trouve dans l'un de ces états d'énergie bien définie. Nous allons commencer par supposer que l'énergie de la pile ne se communique à l'électron que par toutes petites quantités. Si l'électron est dans un état de basse énergie, avec de nombreux autres électrons au-dessus de lui sur l'échelle d'énergie (cette métaphore se réfère à la figure 8.7), il lui sera impossible de faire usage de l'énergie de la pile. Il sera bloqué, car les niveaux au-dessus de lui sont déjà remplis. La pile pourrait par exemple être capable de propulser l'électron quelques échelons plus haut mais, s'ils sont déjà occupés, notre électron ne sera pas en mesure d'absorber cette énergie, car il ne peut tout simplement aller nulle part : le principe d'exclusion de Pauli l'en empêche, faute de places libres. Par conséquent, brancher la pile n'aura aucun effet sur l'électron. La situation est différente pour les électrons d'états d'énergie plus élevée. Ils se trouvent près du sommet de l'empilement d'électrons et – à condition de ne pas être situés exactement au sommet d'une bande déjà remplie, ils pourront parfaitement absorber une petite quantité d'énergie et parvenir à un état d'énergie supérieure. Revenant à la figure 8.7, nous voyons que les électrons de haute énergie seront capables d'absorber l'énergie de la pile si les atomes de la chaîne contiennent un nombre impair d'électrons. S'ils en contiennent un nombre pair, alors les électrons les plus hauts ne peuvent toujours pas aller n'importe où, car il existe un grand saut dans l'échelle d'énergie qu'ils ne pourront franchir que si on leur fournit une quantité d'énergie suffisante.

En conséquence, si les atomes d'un corps solide donné ont un nombre pair d'électrons, ceux-ci se comportent de la même manière que si la pile n'était pas branchée. Un courant ne peut tout simplement pas circuler car il n'y a aucun moyen pour que ses électrons absorbent l'énergie. Comme vous le constatez, nous sommes là en train de décrire un isolant. L'unique possibilité pour sortir de cette situation est d'avoir un écart suffisamment petit entre le haut de la bande remplie la plus élevée et le bas de la bande vide suivante – nous allons y revenir très bientôt. À l'inverse, si les atomes ont un nombre impair d'électrons, alors les électrons les plus hauts sont toujours capables d'absorber la quantité d'énergie fournie par la pile. Ils sautent ainsi vers un niveau d'énergie supérieur et, parce que l'impulsion donnée est toujours orientée dans la même direction, l'effet net est d'induire un écoulement de ces électrons mobiles : il s'agit là très exactement de ce que nous appelons un « courant électrique ». De manière exagérément simpliste, on pourrait donc conclure que, si un solide est constitué d'atomes contenant un nombre impair d'électrons, ils seront conducteurs d'électricité.

Cependant, le monde réel n'est pas aussi simple que cela. Le diamant, un solide cristallin constitué entièrement d'atomes de carbone ayant six électrons, est un isolant. Le graphite, d'autre part, qui est également du carbone pur, est un conducteur. En fait, si la règle du nombre pair/impair d'électrons est loin d'être vérifiée en pratique, c'est parce que notre modélisation de l'état solide par un alignement de puits de potentiel est bien trop rudimentaire. Ce qui est absolument vrai, cependant, est que les bons conducteurs d'électricité sont caractérisés par le fait que les électrons de haute énergie ont la possibilité de sauter vers des états d'énergie plus élevés, tandis que chez les isolants, ils n'y parviennent pas, du fait de l'intervalle existant dans leur échelle des énergies permises.

Il existe d'ailleurs une complication supplémentaire dans cette histoire, d'autant plus importante lorsque nous en viendrons, au chapitre suivant, à expliquer la circulation du courant électrique dans un semi-conducteur. Imaginons un électron, libre de se déplacer dans une bande d'énergie incomplète, dans un cristal parfait. Nous parlons d'un cristal, car nous voulons dire que les liaisons chimiques (éventuellement covalentes) sont parvenues à disposer les atomes selon un arrangement régulier. Notre modèle unidimensionnel d'un solide correspond à un cristal, si tous les puits sont équidistants et de même taille. Si on branche une pile, un électron va tranquillement passer d'un niveau à l'autre, grâce au champ électrique appliqué, qui le pousse doucement. En conséquence, le courant électrique continuera à augmenter, les électrons absorbant de plus en plus d'énergie et se déplaçant de plus en plus vite. Même avec un minimum de connaissances en électricité, il est impossible d'accepter une telle description, car elle n'aurait aucun rapport avec la loi d'Ohm, selon laquelle l'intensité du courant (I) dépend de la tension appliquée (V) selon $V = R \times I$, où R représente la résistance du fil. La loi d'Ohm découle du fait que si les électrons peuvent gravir l'échelle d'énergie, ils peuvent aussi dégringoler à nouveau en perdant de l'énergie : cela se produira si le réseau cristallin n'est pas parfait, soit du fait d'impuretés dans le réseau (en quelque sorte, des atomes « voyous », différents de la majorité des autres), ou si les atomes s'agitent de manière significative, ce qui se produit nécessairement pour toute température supérieure au zéro absolu.

Vous pouvez donc vous représenter les électrons passant le plus clair de leur temps à jouer au jeu des petits chevaux : ils grimpent les échelons d'énergie, et retournent à la case départ en raison de leurs interactions avec un réseau cristallin défectueux. L'effet résultant est un courant fixe. La vitesse du flux d'électrons le long du fil correspond exactement à ce que nous entendons par « courant électrique ». La résistance du fil doit ainsi être considérée comme la mesure des imperfections du réseau atomique à travers lequel les électrons se déplacent.

Mais il ne s'agit pas là de la complication supplémentaire annoncée. Indépendamment de la loi d'Ohm, le courant cesse d'augmenter. Lorsque les électrons atteignent le haut d'une bande, ils se comportent très bizarrement : le courant diminue et finit même par changer de sens. Alors même que le champ électrique a impulsé les électrons dans une certaine direction, ils vont achever leur déplacement en sens opposé au voisinage du sommet d'une bande. L'explication de cet étrange effet est au-delà de la portée de ce livre ; contentons-nous de dire que le rôle des noyaux atomiques positivement chargés est la clé de ce phénomène, et que c'est leur action qui provoque le changement de direction.

Maintenant, comme promis, nous allons explorer ce qui se produit quand un corps, qui pourrait être isolant, joue le rôle d'un conducteur, parce que l'écart entre la dernière bande remplie et la bande suivante, vide, se trouve être « assez petit ». À ce stade, il peut être utile d'introduire un peu de jargon. La dernière bande d'énergie (celle d'énergie maximum) complètement remplie par des électrons s'appelle « bande de valence », et la bande suivante (vide ou à moitié remplie dans notre analyse) est la « bande de conduction ». Si, comme cela peut effectivement se produire, il se trouve que ces deux bandes se chevauchent, alors il n'y a pas d'espace du tout et le corps, au lieu d'être isolant, se comporte plutôt comme un conducteur. Que se passe-t-il donc s'il existe un écart, mais « suffisamment petit » ? Nous avons indiqué que les électrons ne peuvent recevoir de l'énergie d'une pile, donc on pourrait supposer que, si la pile est suffisamment puissante, son impulsion pourrait projeter un électron placé près de la partie supérieure de la bande de valence vers le haut de la bande de conduction. C'est possible, mais ce n'est pas très intéressant, car les piles classiques ne peuvent pas fournir une impulsion assez grande. Pour donner un ordre de grandeur, le champ électrique à l'intérieur d'un solide est typiquement égal à quelques volts par mètre, alors que nous aurions besoin de champs de quelques volts par nanomètre (soit un milliard de fois plus intenses), capables de donner une impulsion autorisant un saut de 1 eV (eV signifie « électronvolt »[1]), qui est à peu près l'énergie nécessaire pour sauter de la bande de valence à la bande de conduction dans un isolant classique. Bien plus significatif est l'élan que l'électron peut recevoir des atomes qui composent le solide. En effet, ils ne demeurent pas immobiles, mais ils bougent quelque peu – plus la température du solide est élevée, plus ils le font – et le mouvement d'un atome peut fournir beaucoup plus d'énergie à un électron qu'une pile ordinaire, assez pour qu'il puisse effectuer un saut de quelques eV. À température ambiante, il est en fait rare de donner à un électron une telle impulsion, car à 20 °C les énergies thermiques typiques sont voisines de 1/40 eV. Mais ce n'est là qu'une moyenne, or il y a un très grand nombre d'atomes dans un solide, de sorte que cela peut se produire de temps à autre. Lorsque c'est le cas, les électrons peuvent s'évader de la bande de valence à la bande de conduction, où ils peuvent alors faire usage de la faible énergie d'une pile, donnant ainsi naissance à un courant électrique.

Les matériaux pour lesquels, à température ambiante, un nombre suffisant d'électrons peut passer de la bande de valence à la bande de conduction, reçoivent le nom de semi-conducteurs. À température ordinaire, ils peuvent conduire le courant électrique, mais s'ils sont refroidis, leurs atomes bougent moins, de sorte que leur capacité à conduire l'électricité diminue, et ils redeviennent isolants. Le silicium et le germanium sont deux exemples classiques de matériaux semi-conducteurs et, en raison de leur double nature, ils ont des applications extrêmement importantes. Il n'est nullement exagéré de dire que les usages technologiques des matériaux semi-conducteurs ont révolutionné le monde.

1. L'électron-volt est l'unité pratique d'énergie pour les électrons dans les atomes ; cette unité est d'usage courant en physique nucléaire et en physique des particules. C'est l'énergie qu'un électron acquiert quand il est accéléré sous une différence de potentiel de 1 volt. Cette définition n'est pas importante en elle-même, ce qui compte, c'est de disposer d'une unité de mesure de l'énergie. Pour avoir une idée de sa grandeur, il faut savoir que l'énergie nécessaire pour libérer complètement un électron de l'état fondamental de l'atome d'hydrogène est de 13,6 électron-volts.

9

LE MONDE MODERNE

C'est en 1947 que fut réalisé le premier transistor. Au début du XXIe siècle, il s'en fabrique dans le monde plus de 10 000 000 000 000 000 000 chaque année, soit cent fois plus que le nombre total de grains de riz consommés annuellement par sept milliards d'humains. Le premier ordinateur à transistors fut construit à Manchester en 1953 : il en utilisait 92. Actuellement, 100 000 transistors coûtent moins cher qu'un seul grain de riz ; votre téléphone mobile en contient environ un milliard. Ce chapitre est consacré à la description du fonctionnement du transistor, car il s'agit assurément de la plus importante application de la théorie quantique.

Comme nous l'avons vu au chapitre 8, c'est grâce aux électrons dans la bande de conduction que le courant électrique peut voyager dans la matière solide. Ils sont en effet très mobiles, ils peuvent « s'écouler » le long d'un fil, établissant ainsi le « courant » lorsqu'on branche une pile électrique. L'analogie avec l'écoulement d'un fluide est très juste. La notion de potentiel cadre également bien dans ce contexte : la pile crée un potentiel le long duquel les électrons de la bande de conduction « dévalent » la différence de potentiel, augmentant ainsi leur énergie. Au chapitre précédent, nous utilisions une autre image : le champ électrique donne de petites impulsions, qui accélèrent l'électron le long du fil. À présent, nous invoquerons de préférence l'analogie classique avec l'eau s'écoulant le long d'une pente, et nous conserverons ce point de vue dans la suite du chapitre.

Dans un semi-conducteur, le silicium par exemple, se produit un autre phénomène très singulier : le courant n'est pas uniquement transporté par les électrons de la bande de conduction, ceux de la bande de valence y contribuent eux aussi. Pour le comprendre, reportons-nous à la figure 9.1. La flèche représente un électron initialement inerte au sein de la bande de valence, puis recevant de l'énergie lui permettant d'atteindre la bande de conduction. L'électron ainsi déplacé en acquiert une plus grande mobilité, mais il apparaît du même coup un autre élément mobile : le trou subsistant dans la bande de valence, qui va offrir un nouveau degré de liberté aux électrons de cette bande qui, sans cela, demeureraient immobiles. Nous savons que brancher une pile aux bornes d'un semi-conducteur donnera de l'énergie à ces électrons, induisant ainsi un courant. Mais qu'advient-il du trou nouvellement apparu ? Le champ électrique créé par la pile peut amener un électron à sauter d'un état d'énergie inférieure de la bande de valence jusqu'au trou resté vacant. Ce premier trou est ainsi comblé, mais un autre se crée plus bas dans la bande de valence, et lorsque celui-ci est rempli, le trou migre encore.

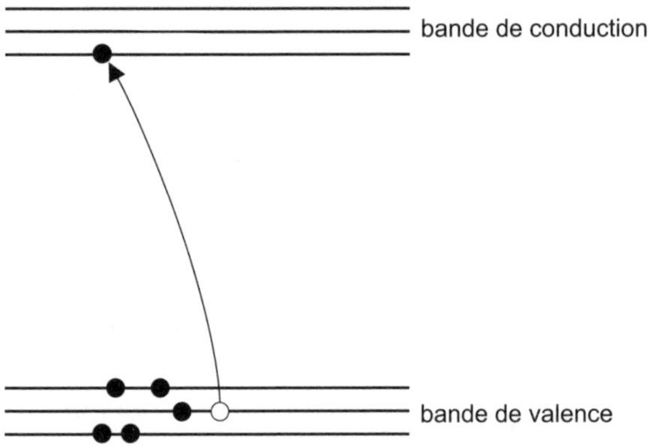

Figure 9.1 Remplissage des niveaux d'énergie du krypton.
Les électrons sont les points disposés sur les niveaux figurés par des lignes horizontales, numérotées selon les valeurs des nombres quantiques *n* et *l*. Les électrons qui ne diffèrent que par la valeur de *m* sont regroupés sur les mêmes lignes.

Comme on le voit, il n'est guère utile de se préoccuper du mouvement des électrons dans la bande de valence quasi-pleine, on peut se contenter de suivre les déplacements du trou. Ce changement de point de vue est conforme à la pratique des physiciens qui se consacrent au fonctionnement des semi-conducteurs ; cela simplifiera également la suite de notre étude.

Un champ électrique appliqué provoque le déplacement des électrons de la bande de conduction, créant ainsi un courant ; quelle conséquence cela a-t-il sur les trous de la bande de valence ? Nous savons que les électrons de cette bande ne sont pas libres de se déplacer, car ils sont presque totalement prisonniers du principe de Pauli ; cependant, ils peuvent échanger leurs places sous l'action du champ électrique, le trou se déplaçant donc avec eux. Si les électrons de la bande de valence font mouvement vers la gauche, il en sera de même pour le trou ; si cette hypothèse vous semble difficile à comprendre, songez à l'analogie suivante : soit une file d'attente de gens alignés à un mètre de distance les uns des autres, excepté vers le milieu, où il manque une personne. Les personnes correspondent aux électrons, l'absent figurant le trou. Supposez alors que tout le monde se décale d'un mètre en avant, jusqu'à ce que chacun occupe la place de la personne qui était devant lui. Il est clair que l'intervalle vide avance également d'un mètre ; il en est ainsi pour les trous. On pourrait aussi imaginer de l'eau s'écoulant le long d'un tuyau : une bulle dans l'eau se déplacerait dans la même direction ; cette « eau manquante » est également l'analogue d'un trou dans la bande de valence.

Il y a une complication supplémentaire déjà évoquée à la fin du chapitre 8 : les électrons évoluant vers le sommet d'une bande complète sont accélérés par un champ électrique dans la direction *opposée* à ceux qui se déplacent vers le bas d'une bande. Cela a pour conséquence que les trous, se trouvant en haut de la bande de valence, se déplacent en sens contraire des électrons, qui sont situés vers le bas de la bande de conduction.

En définitive, nous pouvons nous représenter un flux d'électrons dans un sens et un flux de trous dans le sens opposé. On peut ainsi concevoir un trou comme porteur d'une charge opposée à celle de l'électron. Il suffit de se souvenir que le matériau à travers lequel les électrons et les trous circulent est neutre dans son ensemble ; sa charge électrique est en moyenne nulle. Dans tout milieu ordinaire, la charge des électrons annule celle des noyaux. Mais si on crée une paire électron-trou en excitant un électron en dehors de la bande de valence, jusqu'à la bande de conduction, l'électron est libre de se déplacer ; il représente dans cette région un excès de charge négative. De la même façon, le trou est un endroit dépourvu d'électron : il correspond à une zone dans laquelle existe un excès de charge positive. Le courant électrique est défini par un déplacement de charges positives[1]. Par conséquent les électrons contribuent négativement à la valeur du courant, tandis que les trous y contribuent positivement, si les électrons et les trous vont dans le même sens. Dans les semi-conducteurs par contre, les électrons et les trous se déplacent dans des sens opposés, et leurs flux électriques s'additionnent pour donner une intensité de courant plus élevée.

Bien que tout ceci soit un peu compliqué, le résultat est bien simple : le courant électrique traversant un semi-conducteur est un flux de charges, composé d'électrons de la bande de conduction se déplaçant dans un sens, et de trous de la bande de valence allant dans le sens opposé. Par contre, dans un conducteur, l'essentiel du courant est dû aux nombreux électrons de la bande de conduction, la contribution des paires électron-trou y étant négligeable.

L'importance du rôle des matériaux semi-conducteurs provient du fait que le courant qui les traverse est loin d'être incontrôlable, comme le flux d'électrons qui passe dans un fil métallique. Bien au contraire, il provient d'une combinaison délicate de courants d'électrons et de trous ; des techniques astucieuses peuvent mettre à profit cette combinaison, pour réaliser de microscopiques dispositifs capables d'aiguiller avec une finesse extrême le courant électrique dans un circuit complexe.

Ce que nous allons exposer est un exemple suggestif de physique appliquée et d'ingénierie. L'idée est d'introduire une impureté dans du silicium ou du germanium pur, pour offrir aux électrons de nouveaux niveaux d'énergie disponibles. Grâce à ces niveaux, il deviendra possible de contrôler le flux d'électrons et de trous traversant le semi-conducteur, comme on contrôle de l'eau parcourant un réseau de tuyaux à l'aide de vannes. Bien sûr, on peut toujours commander le courant passant dans un fil à l'aide d'un vulgaire interrupteur. Mais il s'agit ici de composants

1. Cette convention est totalement arbitraire, elle n'est qu'une curiosité historique. On aurait pu tout aussi bien définir le sens du courant comme celui des électrons de la bande de conduction.

microscopiques capables de contrôler de façon dynamique le flux du courant dans un circuit complexe. Ces minuscules interrupteurs sont les composants de base des portes logiques, qui permettent de réaliser des microprocesseurs. Comment tout cela fonctionne-t-il ?

La partie gauche de la figure 9.2 illustre ce qui se produit quand un morceau de silicium pur est « dopé » par du phosphore. Le degré de contamination peut être contrôlé avec précision et ceci est primordial. Supposons que, par endroits, dans un cristal de silicium pur, un atome soit enlevé et remplacé par un atome de phosphore. Ce contaminant occupe juste la place laissée vacante par l'atome de silicium alors qu'il possède *un électron de plus*. Cet électron n'est que faiblement lié à son atome, mais il n'est pas entièrement libre. Il occupe donc un niveau d'énergie situé juste au-dessous de la bande de conduction. À basse température, cette bande est vide et les électrons supplémentaires donnés par les atomes de phosphore occupent le niveau donneur représenté sur la figure. À température ambiante, la création d'une paire électron-trou dans le silicium est extrêmement rare : un électron sur un milliard de milliards reçoit assez d'énergie par le biais des vibrations thermiques du réseau cristallin pour quitter la bande de valence et atteindre la bande de conduction. En revanche, comme un électron donneur du phosphore n'est que faiblement lié à son atome, il est très probable qu'il pourra effectuer le petit saut du niveau donneur à la bande de conduction. C'est ainsi qu'à la température ambiante, pour des degrés de dopage supérieurs à un atome de phosphore par milliard de milliards d'atomes de silicium, la bande de conduction contiendra majoritairement des électrons en provenance d'atomes de phosphore. C'est grâce à cela qu'il devient possible de contrôler avec un haut degré de précision le nombre d'électrons mobiles utilisables pour conduire l'électricité, simplement en faisant varier la contamination par le phosphore. Comme ce sont des électrons se déplaçant dans la bande de conduction qui sont disponibles pour la conduction électrique, ce silicium dopé est qualifié de « type n » (« n » symbolisant la charge négative).

La partie droite de la figure 9.2 montre ce qui se produit dans le cas où le contaminant est de l'aluminium. Tout se passe comme précédemment, à ceci près que l'aluminium possède *un électron de moins* que le silicium. Cela introduit des trous dans le cristal de silicium pur,

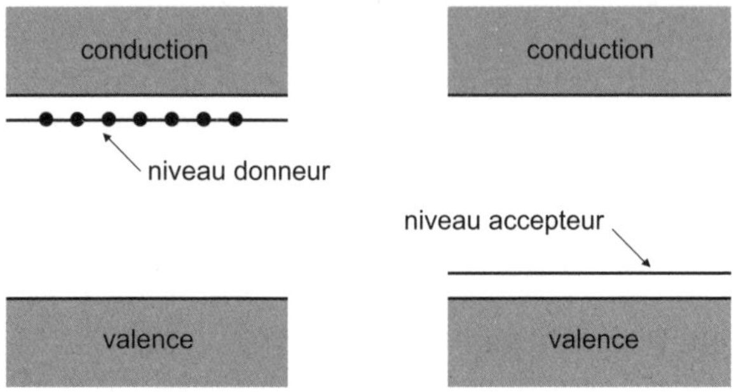

Figure 9.2 Niveaux d'énergie induits dans un semi-conducteur de type n (à gauche) et de type p (à droite).

et non plus des électrons comme dans le cas du phosphore. Ces trous sont situés au voisinage des atomes d'aluminium et ils peuvent être comblés par des électrons quittant la bande de valence des atomes de silicium voisins. Le niveau accepteur « plein de trous » est représenté sur la figure juste au-dessus de la bande de valence, et il est très facile pour un électron du silicium de sauter à partir de cette bande vers un trou créé par un atome d'aluminium. Dans ce cas, ce sont des trous qui contribuent essentiellement à la conduction du courant électrique, d'où la dénomination de silicium de « type p » (« p » est l'abréviation de « positivement chargé »). Comme auparavant, à température ambiante, le niveau de contamination par l'aluminium ne doit guère excéder la proportion de un pour un milliard de milliards, cela étant suffisant pour que le flux de trous dus à l'aluminium devienne prépondérant.

Pour l'instant, nous avons seulement établi qu'il est possible de réaliser du silicium susceptible de conduire du courant, par le biais d'électrons provenant d'atomes de phosphore et se déplaçant dans la bande de conduction, ou bien de trous voyageant dans la bande de valence, provoqués par la présence d'aluminium. En quoi réside donc le progrès espéré ?

La figure 9.3 illustre une étape cruciale : nous réalisons la jonction de deux morceaux de silicium, l'un de type n, l'autre de type p. Initialement, la région n abonde en électrons venant du phosphore, tandis que la zone p est riche de trous, provenant de l'aluminium. À partir de là, les électrons de la région n dérivent vers la région p, tandis que les trous de la zone p vont coloniser la zone n. Ce processus n'a rien de surprenant : les électrons, ainsi que les trous, circulent à travers la jonction entre les deux matériaux et diffusent, tout comme une goutte d'encre tombant dans un verre d'eau. Se déplaçant dans des directions opposées, ils laissent derrière eux des régions de charge nette positive (dans la zone n) ou négative (pour la zone p). Cette accumulation de charges s'oppose à la poursuite de ces migrations, car les charges de même signe se repoussent, et cela finit par aboutir à un équilibre où plus aucun mouvement ne se produit.

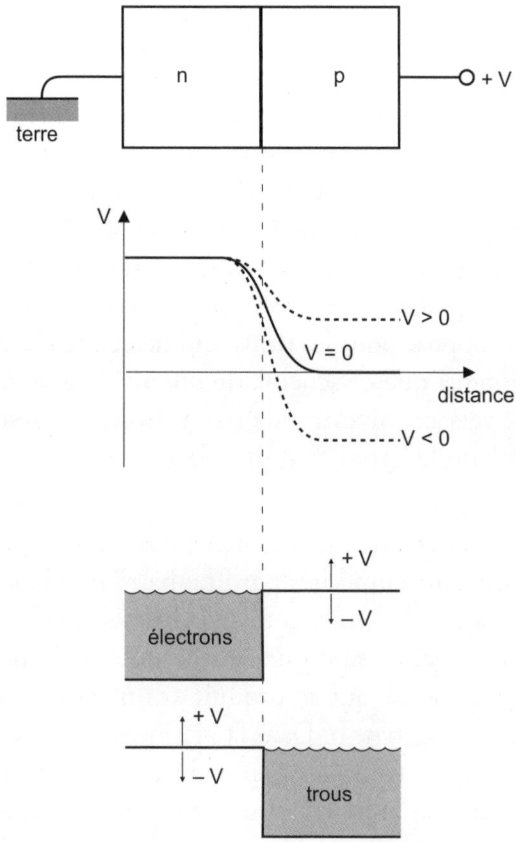

Figure 9.3 Jonction formée par la réunion de silicium de type n et de type p

Le second des trois schémas de la figure 9.3 illustre ces phénomènes en employant la notion de potentiel : on y a représenté la variation de potentiel de part et d'autre de la jonction. Au cœur de la région n, l'influence de la jonction ne compte guère, et si on suppose que l'équilibre est atteint, aucun courant ne circule. Le potentiel est constant dans cette région. Cependant, avant de poursuivre, vérifions que le rôle du potentiel est bien clair pour nous : il détermine les forces agissant sur les électrons et les trous. Par conséquent, si le potentiel est plat, un électron ne bougera pas, tout comme une balle posée sur une surface horizontale demeure immobile.

Si le potentiel présente un creux, nous pouvons supposer qu'un électron placé dans le voisinage « descendra la pente ». Toutefois, ce serait oublier la convention du signe négatif attribué à l'électron : un potentiel en creux représente pour lui une bosse. Autrement dit, un potentiel descendant constitue une barrière pour les électrons, conformément à ce que l'on observe sur la figure. Il existe une force tendant à repousser l'électron de la région p, du fait de l'accumulation progressive de charges négatives ayant migré jusque-là. C'est cette force qui fait obstacle à tout nouveau déplacement global des électrons du silicium n vers le silicium p. Cette représentation des potentiels en creux comme barrières pour les électrons va jouer en sens opposé pour les trous, qui descendent naturellement la pente. On voit ainsi que ce schéma de potentiel (partant d'un niveau élevé à gauche vers un niveau plus bas à droite) représente bien une barrière, empêchant les trous de quitter la zone p.

Le troisième schéma de la figure illustre l'analogie avec l'écoulement d'un liquide. Les électrons sur la gauche, qui seraient prêts à s'élancer le long du fil, en sont empêchés par une barrière. De la même façon, les trous sont bloqués de l'autre côté de la barrière ; l'obstacle liquide et la barrière de potentiel ne sont que deux manières d'exprimer la même situation. Voici donc ce qui se produit si on réunit simplement du silicium de type n et de type p. Dans la pratique, cette réunion demande plus de soin que nous l'avons laissé entendre : on ne peut se contenter de les coller ensemble, car la jonction ainsi réalisée ne permettrait pas aux électrons et aux trous de circuler librement d'une zone à l'autre.

Des phénomènes intéressants vont se produire si on branche cette « jonction p-n » aux bornes d'une pile permettant d'élever ou d'abaisser la barrière de potentiel entre les régions n et p. Si on baisse le potentiel de la région p (ou si on élève celui de la zone n), cela revient à abaisser le niveau du barrage qui retenait l'eau. De ce fait, les électrons se déverseront de la région n vers la région p, tandis que les trous circuleront dans l'autre direction. C'est ainsi qu'une jonction p-n constitue une *diode*, qui ne laisse passer le courant que dans un sens. Naturellement, une diode ne représente pas le but ultime de notre voyage...

La figure 9.4 schématise enfin le dispositif qui a changé le monde, le *transistor*. On y voit ce qui se passe si on constitue un sandwich, fait d'une tranche de silicium p entre deux tranches de silicium n. Notre étude du fonctionnement de la diode sera de nouveau bien utile, car les principes demeurent fondamentalement inchangés. Les électrons dérivent des régions n vers les régions p, les trous vont à l'opposé, jusqu'à ce que ces flux soient arrêtés par les barrières de potentiel accumulées au niveau des jonctions entre les différentes couches. Si ce dispositif restait isolé, tout se passerait comme si on avait deux réservoirs d'électrons séparés par une barrière, avec entre les deux, un unique réservoir entièrement « plein de trous ».

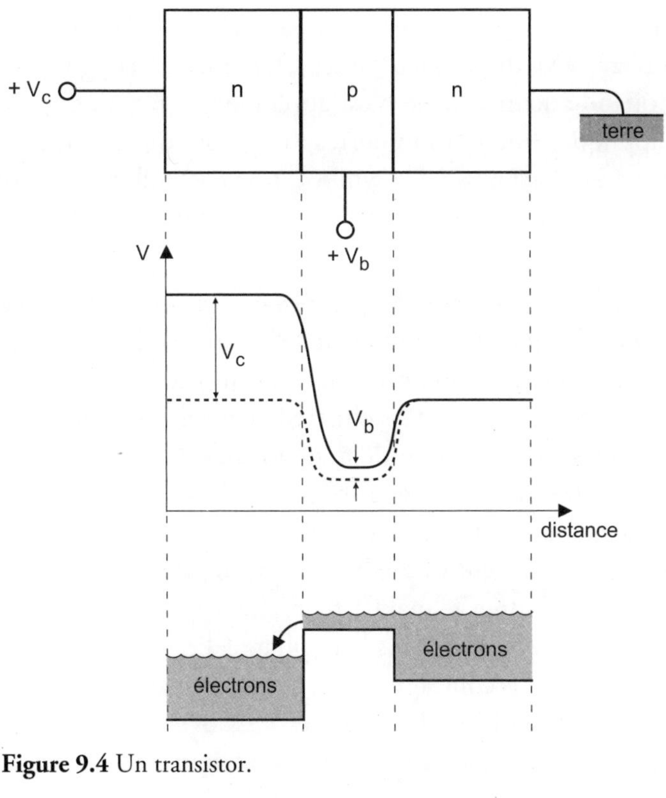

Figure 9.4 Un transistor.

Tout ceci ne prend sens que si on applique des potentiels à la région n d'un côté et à la région p intermédiaire. Des potentiels positifs (par rapport à la terre prise comme origine des potentiels) élèvent le plateau de gauche d'une quantité V_C, ainsi que le plateau de la région p d'une quantité V_B. Ceci est indiqué par la ligne continue du schéma du milieu de la figure. Cette disposition des potentiels a un effet spectaculaire, car cela crée une cascade d'électrons qui débordent par-dessus la barrière centrale abaissée et se déversent dans la région de type n sur la gauche (souvenons-nous que les électrons « remontent la pente »). À condition que V_C soit supérieur à V_B, le flux d'électrons est à sens unique et les électrons de gauche ne peuvent traverser la région de type p. Mine de rien, nous venons de décrire l'équivalent d'une vanne électronique : en appliquant un potentiel à la région p, nous voici en mesure de couper ou de laisser passer le courant d'électrons.

Nous allons maintenant, en guise de couronnement, dévoiler tout le potentiel de l'humble transistor. La figure 9.5 illustre l'action d'un transistor, en faisant à nouveau un parallèle avec l'écoulement d'un liquide. L'état « vanne fermée » est parfaitement analogue à ce qui se produit quand aucun voltage n'est appliqué à la région de type p. Par contre, appliquer une tension correspond à ouvrir la vanne. Entre les deux tuyaux est aussi dessiné le symbole souvent utilisé pour représenter un transistor, et au prix d'un petit effort d'imagination, on peut y voir une sorte de vanne.

Qu'allons-nous faire avec des vannes et des tuyaux ? Eh bien, tout simplement fabriquer un ordinateur. S'il est possible de miniaturiser suffisamment tout ça, cela pourrait même constituer un ordinateur tout à fait respectable. La figure 9.6 illustre le concept de « porte logique », constituée d'un tuyau pourvu de deux vannes. Le premier schéma sur la gauche montre les deux vannes ouvertes : l'eau s'écoule jusqu'en bas. Le second schéma, ainsi que le troisième, ont une vanne fermée, ce qui empêche tout écoulement vers le bas. Vous vous doutez bien qu'il n'était guère utile de se donner le mal de représenter la quatrième possibilité : deux vannes closes. Symbolisons le résultat : « l'eau s'écoule en bas » par le chiffre « 1 » et le cas contraire : « pas d'écoulement » par le chiffre « 0 ». Assignons aussi le chiffre « 1 » à une vanne ouverte et le chiffre « 0 » à une vanne fermée. Il est dès lors possible de résumer les quatre situations

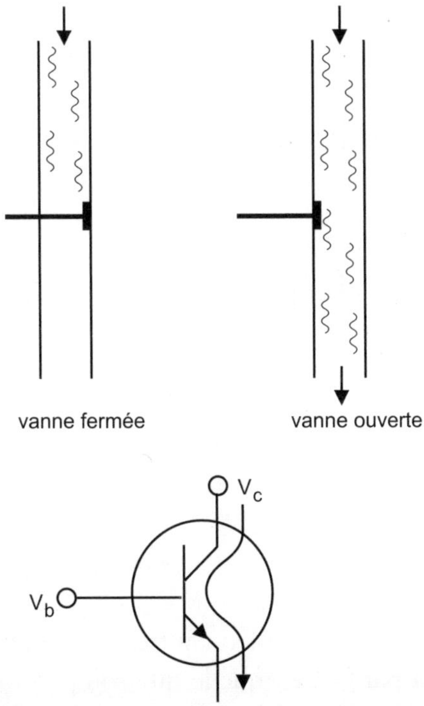

Figure 9.5 Analogie entre le transistor et l'écoulement d'un liquide dans un tuyau.

(dont trois seulement sont représentées), par les quatre équations « 1 ET 1 = 1 », « 1 ET 0 = 0 », « 0 ET 1 = 0 », « 0 ET 0 = 0 ». Le mot « ET » représente ici une opération logique ; il est utilisé dans son acception technique : le système représenté est justement une « porte ET ». Cette porte reçoit deux entrées (l'état des deux vannes) et donne un résultat unique (l'eau s'écoule ou non). La seule possibilité d'obtenir un « 1 » en sortie est d'avoir deux « 1 » en entrée. Pour constituer une porte ET, on monte donc deux transistors en série ; le diagramme du circuit électronique est à droite de la figure 9.6. On voit que ce n'est que dans le cas où les deux transistors « conduisent » (ils laissent passer le courant, grâce aux voltages positifs V_{B1} et V_{B2} appliqués aux régions de type p) que le courant circule, ce qui est exactement le fonctionnement attendu pour une porte ET.

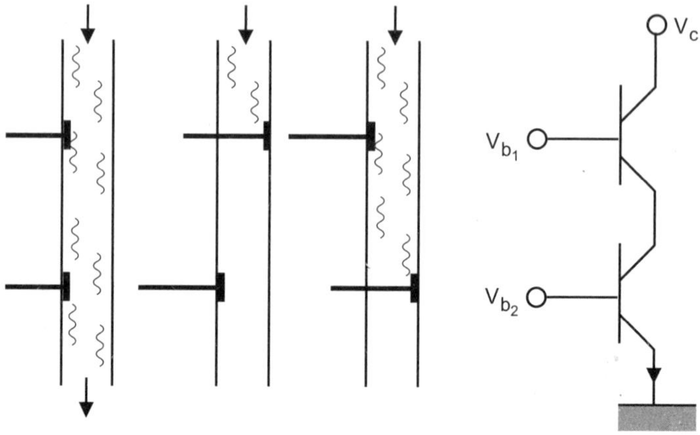

Figure 9.6 Porte ET, constituée soit d'un tuyau muni de deux vannes (schémas de gauche), ou de deux transistors (schéma de droite). Notez que cette dernière possibilité convient mieux à la réalisation d'un ordinateur...

Sur la figure 9.7 est représenté un autre type de porte logique. L'eau s'écoule aussi bien par le bas, quelle que soit la vanne ouverte, et ce n'est que dans le cas où les deux vannes sont fermées qu'il n'y a pas d'écoulement. Il s'agit d'une porte OU, et en utilisant les notations précédentes, « 1 OU 1 = 1 », « 1 OU 0 = 1 », « 0 OU 1 = 1 », « 0 OU 0 = 0 ». Le circuit constitué avec deux transistors est également illustré. Dans cette configuration, le courant passe dans tous les cas, sauf lorsque les deux transistors sont dans leur état « coupé » (ils ne conduisent pas le courant).

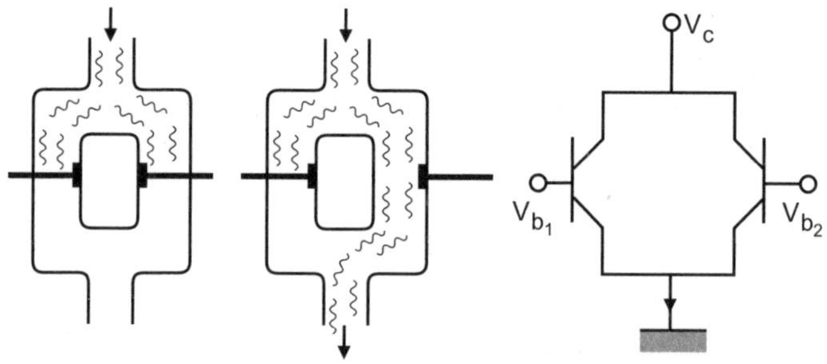

Figure 9.7 Porte OU, constituée soit de tuyaux et de vannes (schémas de gauche), ou de deux transistors (schéma de droite).

Aussi simples que paraissent ces portes logiques, elles recèlent pourtant le secret de l'énorme puissance des appareils électroniques numériques. Sur la base de ces simples éléments, on peut assembler des combinaisons de portes logiques capables d'implémenter des algorithmes aussi sophistiqués que cela est nécessaire. Il suffit de spécifier les valeurs d'entrée (une chaîne de 0 et de 1) à fournir à des circuits logiques, de définir leur traitement par une configuration complexe de transistors pour récupérer en sortie des résultats (de nouveau une chaîne de 0 et de 1). C'est ainsi que l'on procède pour concevoir des circuits capables d'effectuer des calculs mathématiques numériques ou formels, de prendre des décisions en fonction des touches pressées sur un clavier, de transmettre des résultats à une unité capable d'afficher les caractères ou les images correspondants sur un écran, de déclencher une alarme dans une situation d'urgence, de transmettre à l'autre bout du monde des informations – toujours codées par des bits (0 ou 1) – par un câble optique ou par voie hertzienne, ou bien... tout ce à quoi vous pourrez penser, car tous les appareils dont vous disposez sont littéralement bourrés de transistors !

Tout ceci représente des possibilités illimitées. Il suffit d'observer comment le transistor et les technologies des semi-conducteurs ont bouleversé et façonné notre monde pour reconnaître qu'il s'agit, sans exagération, de l'invention la plus importante des cent dernières années. En se limitant aux applications pratiques, dans les hôpitaux, les laboratoires scientifiques, dans les industries ou à travers internet, ces technologies ont sauvé (ou peuvent contribuer à détruire ?) des millions de vies.

William B. Shockley, John Bardeen et Walter H. Brattain ont reçu le prix Nobel de physique en 1956 « pour leurs recherches sur les semi-conducteurs et leur découverte de l'effet transistor. » Aucune autre découverte ainsi couronnée n'aura eu plus d'impact sur nos vies.

10

INTERACTION

Le cadre étudié dans les chapitres d'ouverture est à même d'expliquer le mouvement des particules : elles sont capables de sauter d'un point à un autre, explorant le vaste espace en toute liberté, et selon notre description, emportant avec elles leurs horloges. En effectuant la somme de la multitude d'horloges correspondant aux différents chemins possibles pour arriver en un point donné, on obtient une horloge résultante, dont la taille permet de déterminer la probabilité de présence de la particule en ce point. De cette multitude désordonnée de sauts quantiques, émergent ainsi les propriétés familières des objets de notre quotidien. En un certain sens, chaque électron, chaque proton, chaque neutron de notre corps explore tout l'univers, et ce n'est que lorsque la somme totale de toutes ces explorations est calculée, que nous retrouvons un monde dans lequel nos atomes demeurent bien heureusement dans une organisation stable, pour une centaine d'années environ... Jusqu'à présent, nous avons beaucoup progressé, mais pas à propos de la nature des *interactions* entre particules. Grâce à la notion de potentiel, nous pouvions dire (avec un certain flou !) : « une particule se déplace dans le potentiel créé par les autres particules ». Nous aimerions désormais pouvoir dire : « voici comment cette particule interagit avec telle autre au cours de son déplacement. »

L'approche moderne de la physique fondamentale, *la théorie quantique des champs*, réalise cet objectif en adjoignant aux règles de déplacement un nouveau corpus de lois exprimant les interactions entre particules. De manière surprenante, il se trouve que ces lois ne sont guère plus compliquées que celles rencontrées jusqu'à présent. C'est une des caractéristiques merveilleuse de la science : malgré l'effroyable complexité du monde physique, le nombre des lois qui le gouvernent demeure restreint. En 1936, dans un article intitulé « Physique et Réalité »[1], Einstein, après Kant, exprimait ce même émerveillement : « L'éternel mystère du monde est son intelligibilité. [...] Le fait qu'il soit compréhensible tient du miracle. »

Commençons par énoncer les résultats de la première théorie quantique des champs, l'*électrodynamique quantique*. Ses origines remontent aux années 1920 lorsque Dirac enregistra les premiers succès dans la quantification du champ électromagnétique de Maxwell. Le quantum du champ électromagnétique vous est familier, puisqu'il s'agit du photon. La nouvelle théorie se heurta à des difficultés qui restèrent insolubles durant les années 1920 et 1930. Que fait précisément un électron quand il émet un photon en passant d'un niveau d'énergie atomique à un autre ? Et, tout d'abord, qu'advient-il d'un photon qui a cédé son énergie à un électron en l'amenant à un état d'énergie supérieure ? Bien qu'il soit évident que des photons sont créés et détruits au cours de processus atomiques, la théorie quantique élémentaire étudiée jusqu'ici dans ce livre ne nous dit pas comment cela se passe.

L'histoire des sciences a gardé la mémoire de quelques congrès légendaires ayant jalonné les tournants majeurs de la connaissance. En règle générale, ces changements avaient très longuement mûri dans l'esprit des participants, bien avant leur rencontre. Une exception notable est le congrès qui s'est tenu à Shelter Island (New York) en juin 1947 car il a sans nul doute catalysé une évolution importante. La courte liste des participants mérite d'être citée car elle rassemble les plus grands noms de la physique du XXe siècle aux États-Unis. Les voici, dans l'ordre alphabétique : Hans Bethe, David Bohm, Gregory Breit, Karl Darrow, Herman Feshbach, Richard Feynman, Hendrik Kramers, Willis Lamb, Duncan MacInnes, Robert Marshak, John von Neumann, Arnold Nordsieck, Robert Oppenheimer, Abraham Pais, Linus Pauling, Isidor Rabi, Bruno Rossi, Julian Schwinger, Robert Serber, Edward Teller, George Uhlenbeck, John Hasbrouck van Vleck, Victor Weisskopf et

1. *The Journal of the Franklin Institute*, vol 221, n° 3, mars 1936.

John Archibald Wheeler. Nos lecteurs ont déjà rencontré certains de ces noms, et tout étudiant en physique les connaît pour la plupart. Avec une ironie féroce, l'auteur américain Dave Barry a pu affirmer que « Si l'humanité n'est jamais parvenue, et ne parviendra sans doute jamais, à atteindre son plein potentiel, ce sera à cause des congrès. » Peut-être bien, mais assurément pas dans le cas de celui de Shelter Island. Cette rencontre débuta par la présentation de ce que l'on désigne comme le décalage de Lamb. Willis Lamb avait en effet mis en évidence un minuscule décalage entre ses mesures expérimentales et les niveaux d'énergie de l'atome d'hydrogène que la théorie avait alors permis de calculer. Pour observer ce léger déplacement, Lamb avait utilisé des techniques micro-ondes de haute précision mises au point durant la Seconde Guerre mondiale. Cependant, aussi minuscule que fût cet effet, il représentait un défi de première importance pour les théoriciens rassemblés à Shelter Island.

Laissons cependant là le congrès pour nous tourner vers la théorie qui en découla au cours des mois et des années qui suivirent. Nous découvrirons ainsi l'origine du décalage de Lamb, mais pour vous maintenir en appétit, donnons un indice, sous forme volontairement cryptée : le proton et l'électron ne sont pas seuls dans l'atome d'hydrogène.

L'électrodynamique quantique est la théorie expliquant comment les particules chargées électriquement, les électrons par exemple, interagissent entre elles et avec les photons. Elle est à elle seule capable d'expliquer tous les phénomènes naturels, à l'exception de la gravitation et des forces nucléaires. Il nous faudra ultérieurement expliquer quelles sont les interactions sub-nucléaires qui empêchent les noyaux atomiques de voler en éclats à cause de la répulsion entre protons, alors que les neutrons sont dépourvus de charge. Laissons cela de côté pour l'instant, et réaffirmons que tout le reste, c'est-à-dire tout ce qui nous entoure – matière, lumière, électricité, magnétisme – est pleinement expliqué dans le cadre de l'électrodynamique quantique.

Commençons par explorer un système rencontré à plusieurs reprises au cours de ce livre : un univers ne contenant en tout et pour tout qu'un unique électron. Les petits cercles de la figure 4.2 (les sauts des horloges) illustrent les positions possibles de l'électron. Pour obtenir la probabilité de présence en un point X à un moment ultérieur, nos règles quantiques impliquent de prendre en considération toutes les possibilités de parvenir en X, depuis n'importe quel point. Chaque saut engendre une horloge en X et le résultat est obtenu en faisant la somme de toutes les horloges.

À ce stade, nous sommes contraints d'introduire une petite complication supplémentaire, faisant appel, pour un petit moment seulement, à des notations algébriques (les voici de nouveau, ces salles de cours où vous respiriez de la poussière de craie...).

Si une particule part à l'instant zéro d'un point A vers un point B, atteint au bout du temps T, on peut déterminer l'horloge en B en reculant l'horloge de A d'une quantité qui dépend de la distance entre A et B, et de la durée T. Symboliquement, l'horloge en B est donnée par C(A,0)P(A,B,T) où C(A,0) représente l'horloge en A à l'instant initial et où P(A,B,T) prend en compte le décalage de l'horloge et le facteur de contraction dû au déplacement de A à B. Nous appelons P(A,B,T) le « propagateur » de A à B.[1] Une fois connue la loi de propagation de A à B, nous sommes en mesure de trouver la probabilité recherchée de la présence de la particule en X. Pour l'exemple de la figure 4.2, il faut envisager la propagation à partir de tous les points de départ possibles jusqu'en X et effectuer la somme de toutes les horloges considérées. Dans notre notation, qui prend le risque de vous paraître lourde, l'horloge résultante sera $C(X,T) = C(X_1,0)P(X_1,X,T) + C(X_2,0)P(X_2,X,T) + C(X_3,0)P(X_3,X,T) + \ldots$, où X_1, X_2, X_3 désignent les différentes positions initiales (les petits cercles de la figure 4.2). Explicitons à titre d'exemple le terme $C(X_3,0)P(X_3,X,T)$: « soit une horloge au point X_3 à l'instant zéro, amenons-la au point X à l'instant T ». Vous voyez bien qu'il n'y a rien là de mystérieux, mais nous utilisons seulement une notation symbolique exprimant les décalages des horloges et les facteurs de contraction, en vue d'effectuer la somme de toutes les horloges conformément à leur règle d'addition. Ces explicitations partielles passant par le langage ordinaire vous auront probablement convaincu que la notation algébrique présente quelques avantages...

Nous avons défini le propagateur de sorte qu'il intègre les règles de décalage et de contraction des horloges. Cela aboutit à le considérer

1. Le facteur de contraction introduit par le propagateur permet de « normer » la probabilité de présence de la particule, c'est-à-dire de s'assurer que la probabilité totale portant sur l'ensemble de l'Univers soit bien égale à 1.

lui-même comme une horloge. Justifions cette affirmation un peu abrupte : supposons que l'électron se trouve au point A à l'instant T = 0, et qu'il soit décrit par une horloge de taille 1 indiquant 12:00. Nous pouvons parfaitement décrire sa propagation par une nouvelle horloge, dont la dimension tiendra compte du facteur de contraction approprié, et qui indiquera l'heure obtenue en effectuant le décalage adéquat. Admettons que le saut de A à B exige une contraction d'un facteur 5 et un décalage en arrière de 2 heures, le propagateur P(A,B,T) se trouvera représenté par une horloge de taille 1/5 = 0,2 et indiquant 10:00 (soit 2 heures en arrière par rapport à 12:00). L'horloge du point B résulte simplement de la « multiplication » de l'horloge initiale du point A par l'horloge-propagateur.

Ajoutons un mot pour ceux de nos lecteurs connaissant les nombres complexes : de même que chacun des C(X1,0), C(X2,0), etc., représente un nombre complexe, les P(X1,X,T), P(X2,X,T) le sont également, et les combiner revient exactement à multiplier deux nombres complexes. À l'intention de ceux qui ne disposent pas de cet outil mathématique, rappelons que la description utilisant le paradigme des horloges aboutit précisément au même résultat. Nous avons seulement introduit une nouvelle considération : au lieu de la règle de décalage des horloges, on va se contenter d'introduire une nouvelle horloge permettant le décalage et la contraction.

Reformulons la règle de multiplication des horloges : il faut multiplier les tailles des deux horloges (1 × 0,2 = 0,2) et arranger les heures affichées en retardant la première de 12 – 10 = 2 heures. Vous devez penser que nous avons introduit ici des complications parfaitement inutiles, alors qu'il s'agit d'une seule particule ; mais faites confiance à la paresse des physiciens : nous n'aurions pas pris ce détour si, à la longue, cela ne devait pas nous épargner du travail. Ces quelques notations sont un outil bien commode pour tenir compte de tous les décalages et contractions, dans une situation bien plus intéressante où interviennent plusieurs particules – par exemple dans le cas de l'atome d'hydrogène.

En nous restreignant à l'essentiel, notre méthode pour trouver la probabilité de présence d'une particule en un point donné de l'Univers se réduit à deux éléments clés. Il faut tout d'abord définir l'ensemble des horloges codant l'information dont on dispose sur la position initiale de la particule. Il faut ensuite définir le propagateur P (A,B,T), qui est lui-même une horloge implémentant les règles de contraction et de décalage, lorsqu'une particule saute de A à B. Il nous suffit ensuite de connaître ce propagateur pour tout déplacement entre deux points quelconques pour jouir enfin d'une vue d'ensemble sur... un Univers réduit à une seule particule ! Mais ne dédaignons pas cet humble résultat : les interactions d'autres particules ne rendent pas la chose beaucoup plus compliquée. Voyons cela.

La figure 10.1 illustre toutes les idées de base dont nous devons traiter. Il s'agit de notre premier exemple d'une technique de calcul graphique imaginée par Richard Feynman ; ce type de diagrammes fait partie des outils professionnels de tout physicien des particules. Cherchons la probabilité de trouver une paire d'électrons aux points X et Y à un instant T. Comme point de départ, nous connaissons la position des électrons à l'instant zéro et donc l'état initial de leurs ensembles d'horloges. Ceci est en effet indispensable pour aborder la question d'un univers contenant deux électrons. Cela pourrait sembler un progrès bien modeste, mais il s'agit au contraire de notre pierre philosophale, car nous allons pouvoir déterminer les interactions entre les particules fondamentales de la Nature.

Pour simplifier la représentation, nous n'avons dessiné qu'une seule dimension de l'espace, et la flèche du temps qui va de gauche à droite. Cela est sans conséquence pour les conclusions que nous en tirerons. Décrivons pour commencer la première série de diagrammes de la figure 10.1. Les points à T = 0 correspondent aux positions possibles des deux électrons à l'instant initial. Pour réaliser cette figure, nous avons supposé que l'électron du haut se trouve en un point parmi trois, tandis que celui du bas ne dispose que de deux possibilités. Naturellement, dans la réalité, chacun d'entre eux peut occuper une infinité de positions, mais nous manquons de temps et d'encre pour restituer fidèlement cette situation... Plus tard, l'électron du haut saute en A, puis à partir de là se produit un phénomène intéressant : il émet un photon, qui est symbolisé par une ligne ondulée. Ce photon arrive en B, où il est absorbé par l'autre électron. Finalement, l'électron du haut parviendra de A en X, et celui du bas de B en Y. Redisons-le, cela ne constituent qu'une des voies possibles, parmi une infinité d'autres, par lesquelles les deux électrons

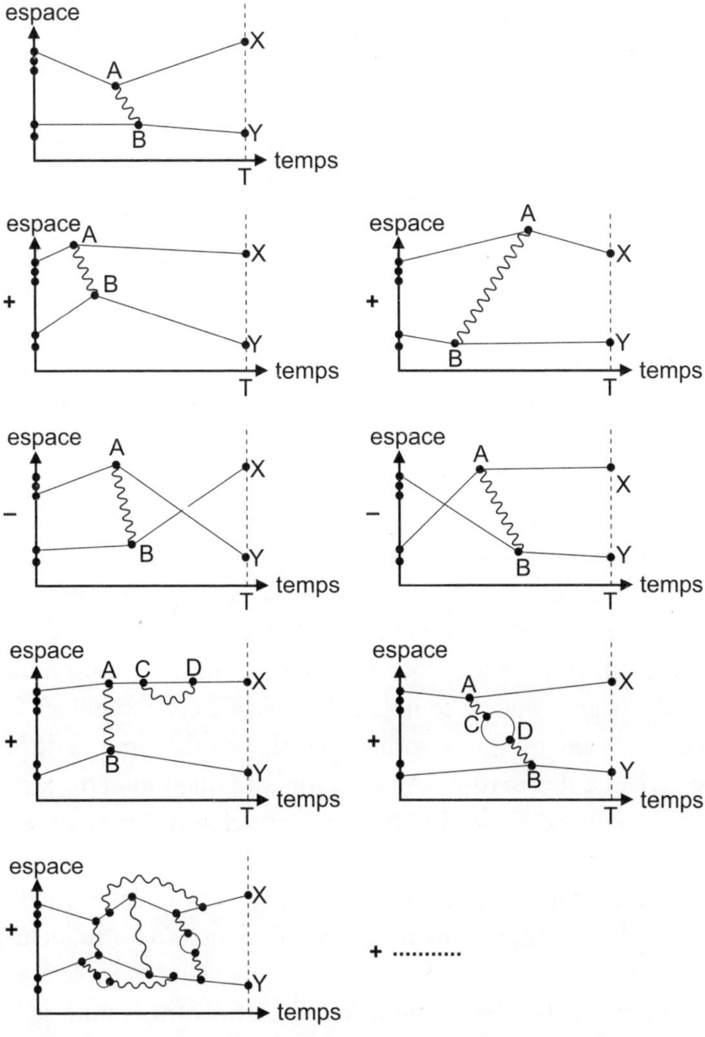

Figure 10.1 Quelques manières dont deux électrons peuvent subir une diffusion. Les électrons partent de la gauche et aboutissent toujours aux deux points X et Y à l'instant T. Ces diagrammes correspondent à quelques-unes des voies que les deux particules peuvent emprunter.

peuvent arriver en X et en Y. Associons une horloge C_1 à la totalité de ce processus. Ne reste plus qu'à l'électrodynamique quantique de nous donner les règles du jeu permettant de calculer cette horloge.

Esquissons tout d'abord la manière générale dont tout cela doit se dérouler. Le diagramme supérieur représente l'une des voies, parmi des myriades d'autres, par laquelle la paire initiale d'électrons aboutira aux points X et Y. Quelques autres situations sont schématisées plus bas. L'idée principale est qu'à chacune de ces possibilités doit correspondre une horloge, C_1 n'étant que la première d'une longue liste[1]. Quand on disposera de toutes les horloges, il conviendra de les combiner pour obtenir la résultante. C'est le carré de la taille de celle-ci qui donnera la probabilité de trouver les deux électrons en X et Y. Une fois de plus, il faut imaginer que les électrons ne passent pas par une trajectoire particulière, mais qu'ils subissent des diffusions mutuelles sur tous les chemins possibles. Les derniers diagrammes de la figure montrent des cas de diffusion très élaborés : les électrons ne se limitent pas à des échanges de photons entre eux, ils peuvent également émettre et réabsorber eux-mêmes un photon ; les deux derniers cas sont particulièrement étranges. On a par exemple un scénario au cours duquel un photon semble émettre un électron qui va effectuer une boucle se terminant au point de départ – nous y reviendrons bientôt. Pour l'instant, contentons-nous d'imaginer une série de diagrammes de complexité croissante correspondant à des cas où les électrons émettent et absorbent de très grands nombres de photons avant d'arriver à destination. Aussi étonnante que soit cette variété, on observera toujours deux limites parfaitement claires : *les électrons sautent d'un endroit à l'autre, et ils émettent ou absorbent un unique photon.* Il n'existe aucune autre possibilité, en dehors de ces « déplacements » (ou « sauts ») ou de ces « branchements » (nous désignons par « branchement » toute situation où un diagramme se ramifie, par exemple lorsqu'un électron émet ou absorbe un photon, ou bien, comme nous le verrons plus loin, quand l'énergie d'un photon se matérialise sous forme de deux particules). Aucun diagramme ne contrevient à cette règle : on ne trouvera pas de jonction plus compliquée que celle impliquant deux électrons et un photon. Nous allons expliquer maintenant comment calculer les horloges correspondantes, pour n'importe quel diagramme de la figure 10.1.

1. Nous retrouvons la même idée déjà rencontrée au chapitre 7, à propos du principe d'exclusion de Pauli.

Concentrons-nous sur le schéma supérieur, pour déterminer l'horloge C_1 correspondante. Au tout début, nous avons les deux électrons, chacun pourvu d'une horloge. Commençons par les multiplier entre elles, conformément à la technique de multiplication des horloges, pour obtenir une horloge unique notée C. Cette opération est logique, car les horloges représentent des probabilités, et les probabilités d'événements indépendants se multiplient entre elles. Par exemple, si on lance deux pièces de monnaie, la probabilité d'obtenir face pour chacune des deux est égale à $1/2 \times 1/2 = 1/4$. De la même manière, l'horloge combinée C représente la probabilité de trouver les deux électrons à leur point de départ.

Il ne reste plus qu'à itérer ce processus de multiplication. L'électron du haut saute de sa position initiale jusqu'au point A ; soit P(1,A) l'horloge associée. Pour l'électron du bas, l'horloge sera P(2,B). Pour les sauts jusqu'aux destinations finales, nous aurons deux horloges de plus, P(A,X) et P(B,Y). Il faut également une horloge associée au photon qui va de A en B ; comme sa règle de propagation peut être distincte de celle des électrons, nous la noterons en utilisant un symbole différent : L(A,B).[1] L'horloge résultante R est obtenue en effectuant la multiplication suivante : $R = C \times P(1,A) \times P(2,B) \times P(A,X) \times P(B,Y) \times L(A,B)$. Il nous reste à introduire un facteur de contraction g imposé par l'électrodynamique quantique à chaque fois qu'un électron émet ou absorbe un photon, ce qui aboutit à multiplier le tout par g^2. L'horloge finale pour le premier diagramme est donc $C_1 = g^2 \times R$.

Ce facteur g peut paraître arbitraire, mais son interprétation physique est importante. Il est associé à la probabilité d'émission d'un photon par un électron, ce qui fait intervenir l'intensité de la force électromagnétique. Nos calculs sont nécessairement reliés au monde réel, et de même que la constante G de Newton contient l'information liée à l'intensité des forces de gravitation, g joue un rôle analogue pour les forces électromagnétiques[2].

1. En effet, pour les photons, il est nécessaire de tenir compte de la théorie de la relativité restreinte, ce qui modifie les règles de décalage et de contraction des horloges.
2. La constante g est reliée à la constante de structure fine : $\alpha = g^2/4\pi$.

Pour continuer, il faut passer au diagramme suivant, qui représente une autre manière de parvenir de l'état initial à l'état final. Les points de départs sont identiques, le photon est émis par l'électron du haut à partir d'un point différent de l'espace et à un autre moment, et il est absorbé par l'électron du bas en un autre endroit et à un autre instant. À part cela, il n'y a aucun changement, et on obtient une autre horloge que nous noterons C_2.

Nous répèterons ensuite la totalité de ce processus pour chaque endroit d'où le photon peut être émis et pour chaque point où il peut être absorbé. Puis nous tiendrons compte de la variété des points de départ possibles, l'essentiel étant de déterminer l'horloge associée à chacune des manières d'arriver en X et en Y. Enfin, lorsque nous disposerons de toutes les horloges, il ne restera plus qu'à les additionner, tout simplement... Notre résultat final sera une probabilité, car toute la physique quantique démontre qu'on ne peut aller au-delà.

Cette étude des interactions est au cœur de l'électrodynamique quantique. Les autres forces naturelles donnent lieu à des descriptions analogues, et nous allons y arriver bientôt, mais pas avant d'avoir acquis quelques notions complémentaires.

Consacrons tout d'abord un paragraphe à deux « petits » détails, dont nous constaterons l'importance. Premièrement, nous avons simplifié nos affaires en ne tenant pas compte du fait que les électrons sont de *deux types*, du fait de leur spin. Quant aux photons, ce sont des bosons se présentant sous *trois types*. Tout cela ne pourra que complexifier les calculs de chacune des étapes de saut et de branchement. Deuxièmement, vous avez peut-être noté des signes moins, au niveau de deux des diagrammes de la figure 10.1 ; ces deux cas correspondent à des situations où c'est l'électron du haut qui parvient en Y, alors que celui du bas arrive en X. Comme nous l'avons conclu au chapitre 7, ce croisement se traduit par un décalage supplémentaire de six heures des horloges, ce que nous symbolisons par le signe moins.

Vous n'avez pu manquer de noter que prendre en compte un nombre infini de diagrammes risque à tout le moins d'être coûteux en temps. Heureusement, chaque apparition d'un branchement photon-électron fait intervenir un facteur g de plus dans le calcul, ce qui aboutit à une réduction de la taille de l'horloge résultante. Plus le diagramme est compliqué, plus sa contribution au résultat final sera réduite : l'électrodynamique quantique aboutit à des valeurs de *g* voisines de 0,3 et ce facteur de réduction de l'ordre d'un tiers appliqué plusieurs fois conduit à des contributions négligeables pour les diagrammes présentant un nombre important de branchements. Dans la plupart des cas, on peut se contenter de ne considérer que des diagrammes analogues aux cinq premiers de la figure, ne faisant intervenir que deux branchements au plus, réduisant ainsi le travail nécessaire.

Ce processus consistant à calculer la taille de l'horloge – le terme technique est l'amplitude de la fonction d'onde – pour chaque diagramme de Feynman, puis à faire le total pour l'ensemble des processus, avant d'élever au carré le résultat final pour obtenir une probabilité, représente une grande partie du travail effectué en physique des particules. Mais une difficulté est tapie dans tout cela, un problème qui embête énormément certains physiciens, et les autres pas du tout.

Questions autour de la mesure

Quand nous additionnons ensemble les horloges correspondant aux différents diagrammes de Feynman, nous assistons, comme cela est arrivé à plusieurs reprises depuis le chapitre 4, à une « orgie d'interférences » ; on se retrouve dans le cas de l'expérience des fentes d'Young, où nous devions considérer toutes les manières dont deux particules peuvent aller des positions initiales aux positions finales. On obtient le résultat correct justement grâce aux interférences entre les différents diagrammes. Ce n'est qu'à la dernière étape que nous calculons le carré de l'amplitude de la fonction d'onde pour obtenir la probabilité d'un processus donné. Simple ? Regardez donc la figure 10.2.

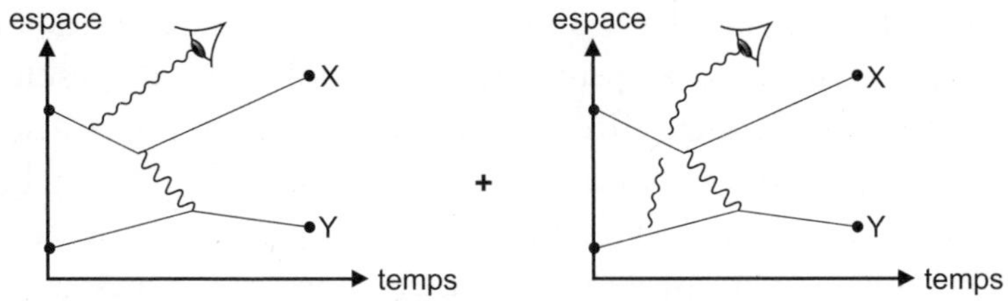

Figure 10.2 Un œil humain observant le processus de diffusion.

Comment déterminer ce qui se passe quand les électrons vont en X et Y ? Il est impossible de le savoir sans *interagir* avec eux. Cela implique une interaction électron-photon, conforme aux lois de l'électrodynamique quantique. L'œil de l'observateur, ou tout instrument d'observation intermédiaire, doit donc recevoir un photon émis par l'un ou l'autre des électrons : la théorie doit maintenant nous permettre de calculer la probabilité d'avoir à la fois un électron en X, un autre en Y, *et un photon dans l'œil de l'observateur.* Comme précédemment, cela passe par l'addition des horloges associées aux différents diagrammes de Feynman du nouveau processus envisagé. Mais dès qu'il faut faire intervenir l'observateur, un écueil surgit. Par exemple, si je vois un photon émis par l'un des électrons, comment se passe l'interaction entre le photon et mon œil ? Le photon déloge un électron d'un atome de ma rétine, déclenchant une chaîne d'effets aboutissant à la perception consciente d'une impression lumineuse. Faudra-t-il alors faire intervenir la position de chaque électron de mon cerveau pour décrire de manière complète cette perception ? Voilà l'écueil annoncé : le problème que pose la mesure en physique quantique.

Jusqu'ici, nous avons décrit avec quelque détail la technique de calcul des probabilités. La théorie peut donner la probabilité d'obtenir un certain résultat dans une expérience. Cela ne présente aucune ambiguïté, si le calcul respecte les règles du jeu quantique. Un malaise existe cependant. Imaginons un physicien effectuant une expérience pour laquelle n'existent que deux résultats possibles, par exemple « oui » ou « non ». Représentons-nous réellement dans cette situation. L'expérimentateur obtiendra une seule des deux réponses. Jusqu'ici, tout va bien.

Imaginons maintenant une mesure ultérieure de quelque chose d'autre, peu importe quoi, par un second expérimentateur. Supposons qu'il s'agisse à nouveau d'un cas simple, dans lequel l'appareillage utilisé peut cette fois émettre « un clic », ou bien « pas de clic ». Selon les lois de la physique quantique, on peut calculer la probabilité du résultat de la seconde expérience en effectuant la somme des horloges associées à toutes les possibilités aboutissant à ce résultat. Cela peut inclure la circonstance où le premier expérimentateur a obtenu « oui », ainsi que le cas complémentaire où le résultat a été « non ». Ce n'est qu'après avoir effectué la somme tenant compte des deux éventualités que nous obtiendrons la probabilité correcte d'obtenir « un clic » dans la seconde expérience. Mais est-ce bien vrai ? Devons-nous admettre que, même après le résultat d'une mesure quelconque, la cohérence du monde soit maintenue ? Ou bien sommes-nous dans le cas où après avoir obtenu « oui » ou « non » dans la première expérience, alors la suite ne dépend que de ce résultat ? Par exemple, dans la seconde expérience, cela voudrait dire que si le premier expérimentateur a obtenu « oui », alors la probabilité que la seconde expérience donne « un clic » doit être calculée, non pas à partir d'une somme cohérente sur les possibilités « oui » et « non », mais en ne considérant que les voies allant de « le premier expérimentateur obtient oui » à « la seconde expérience donne un clic ». Les deux principes de calcul donnant des résultats différents, reste à déterminer le bon.

La mesure modifie-t-elle le monde, limitant la somme des amplitudes quantiques, ou bien fait-elle partie d'un vaste tissu de possibilités demeurant toujours dans une superposition cohérente ? Nous pourrions être tentés de penser qu'une mesure (par exemple « oui » ou « non ») change irrévocablement l'avenir, et si cela est vrai, aucune mesure future ne pourra se produire à la fois par les deux voies « oui » et « non ». Il est difficile de savoir si c'est bien le cas, car il semble qu'il existe toujours une chance de trouver l'Univers dans un état futur auquel nous aboutirons soit par la route « oui », soit par la route « non ». Pour ces états, les lois de la physique quantique, prises à la lettre, ne laissent pas d'autre option que de calculer la probabilité en effectuant la somme sur les deux voies. Cela paraît étrange, mais pas plus que d'autres cas rencontrés tout au long de ce livre. Nous sommes en train de prendre un principe très au sérieux, au point de l'appliquer même aux humains et à leurs actions. Si on adopte ce point de vue, la mesure quantique ne pose pas de problème. Ce n'est que si l'on soutient que la mesure change réellement la nature des choses que nous tombons sur une difficulté, car il nous incombe alors d'expliquer pourquoi il y a changement et rupture de la cohérence quantique.

L'approche que nous venons de proposer, rejetant l'hypothèse que la Nature choisit une version particulière de la réalité chaque fois que quelqu'un (ou quelque chose) « réalise une mesure », est souvent appelée « théorie des mondes multiples ». Elle est très attirante, car elle prend assez au sérieux les lois des particules élémentaires pour les appliquer à tous les phénomènes. Mais ses implications sont troublantes, car l'Univers est alors conçu comme une superposition cohérente de toutes les possibilités, et le monde tel que nous le percevons (sous son apparente réalité concrète) provient de l'illusion que la cohérence est perdue chaque fois que nous « mesurons » quelque chose. En d'autres termes, ma perception consciente du monde provient du fait que des histoires alternatives (et leurs interférences éventuelles) ne pourraient aboutir à la situation présente que de manière extrêmement improbable, ceci signifiant que l'interférence quantique est négligeable.

Si la mesure ne détruit pas réellement la cohérence quantique, alors dans un certain sens nos existences se déroulent dans un diagramme de Feynman géant, et notre tendance à penser que des événements définis ont lieu n'est qu'une conséquence de notre perception grossière du monde. Il est concevable que, quelque part dans notre futur, quelque chose puisse se produire exigeant que, dans le passé, nous ayons fait deux choses mutuellement exclusives. Cela est difficile à admettre, car dans nos vies, il existe par exemple une différence considérable entre « obtenir un emploi » et « ne pas obtenir un emploi », et on voit mal un scénario où ces deux occurrences pourraient aboutir à des Univers identiques (souvenons-nous que nous ne pouvons ajouter que des amplitudes menant au même résultat). Dans ce cas, « obtenir » et « ne pas obtenir » un travail n'interfèrent presque pas, et nous ne percevons qu'un monde dans lequel une seule des deux éventualités a eu lieu. Cependant, les choses deviennent plus ambiguës lorsque les deux scénarios alternatifs sont moins tranchés, et comme nous l'avons vu, pour des interactions impliquant de petits nombres de particules, il est absolument nécessaire de prendre en compte toutes les possibilités. Le grand nombre de particules impliquées dans la vie quotidienne font que deux configurations substantiellement différentes d'atomes à un moment donné (par exemple « obtenir un emploi » et « ne pas obtenir un emploi »...) ne peuvent pratiquement pas mener à des contributions interférant de façon significative dans un futur scénario. En échange, cela signifie que nous pouvons poursuivre, et prétendre que le monde a irrévocablement été modifié du fait d'une mesure, même si rien de ce genre ne s'est réellement produit.

Mais ces réflexions n'ont guère d'importance pour calculer la probabilité qu'une expérience réelle aboutisse à un résultat donné. Dans ce cas, nous connaissons les règles, et nous pouvons les appliquer sans grande difficulté. Cela pourrait bien changer un jour – pour l'instant, la manière dont notre passé pourrait influencer l'avenir du fait de l'interférence quantique ne peut être soumis à l'expérience. Le risque de se laisser détourner du progrès scientifique par de telles spéculations sur la « vraie nature » du monde (ou des mondes) de la théorie quantique, est abruptement résumé par la position « tais-toi et calcule », généralement adoptée dans l'enseignement de la physique, évacuant prestement toute tentation de discussion « métaphysique ».

L'antimatière

Revenons sur terre : la figure 10.3 propose une autre manière dont deux électrons peuvent subir mutuellement une diffusion. L'un des électrons saute de A à X, puis émet un photon. Jusqu'ici tout est normal dans ce diagramme, mais voici que l'électron revient *en arrière dans le temps*, où il absorbe un autre photon, reprend son chemin vers le futur, et sera détecté au point C. Ce diagramme ne contredit aucune règle de saut ni de branchement, car l'électron émet et absorbe des photons conformément à la théorie. Comme le sous-titre de ce livre l'annonce, cela peut arriver, et cela arrive ; par contre, cette idée de voyage dans le temps en marche arrière viole les règles du bon sens. Cette hypothèse est bonne pour la science-fiction... Ne pas respecter la loi de cause à effet ne pourrait aboutir à un univers viable, et mettrait la mécanique quantique en conflit avec la théorie de la relativité restreinte d'Einstein.

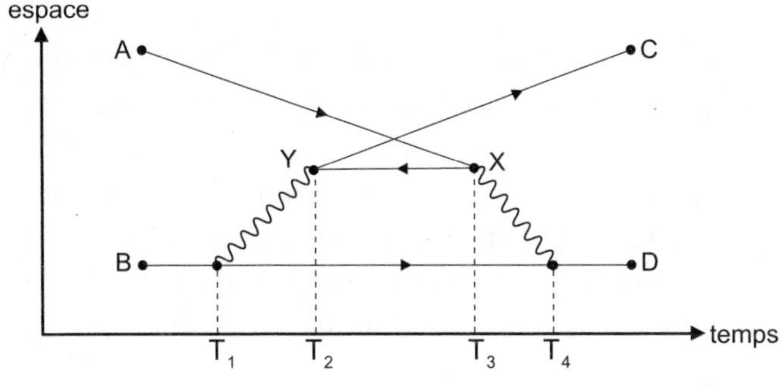

Figure 10.3 Antimatière... ou bien électron voyageant en arrière dans le temps.

Et pourtant, ce voyage dans le temps n'a rien d'interdit pour une particule, comme Dirac l'a réalisé en 1928 ! Pour admettre ce qui semble de prime abord une anomalie, il suffit de réinterpréter un peu différemment la figure 10.3, en la regardant à nouveau dans le sens normal de déroulement du temps. À l'instant T = 0, nous avons deux électrons en A et en B. À l'instant T_1, *l'électron du bas émet un photon* ; entre les instants T_1 et T_2, nous avons deux électrons et un photon. À l'instant T_2, le photon meurt et est remplacé par un électron (qui parviendra en C), et une seconde particule, qui finira en X. Comment qualifier cette seconde particule ? C'est un « électron qui voyage en arrière dans le temps ». Mais justement, du point de vue d'un observateur voyageant dans le sens habituel du temps, à quoi ressemblerait une telle particule ?

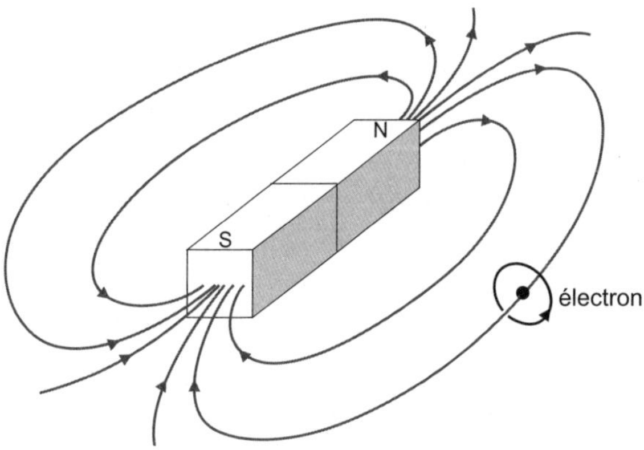

Figure 10.4 Électron décrivant une trajectoire circulaire autour d'un barreau aimanté.

Pour répondre à cette question, réalisons (en imagination) une petite vidéo d'un électron passant au voisinage d'un barreau aimanté, comme on le voit sur la figure 10.4. À condition que la vitesse de l'électron ne soit pas trop grande[1], il voyagera le long d'un cercle. Cette déflexion d'une particule chargée par un aimant constitue (comme nous l'avons dit auparavant) le principe des tubes cathodiques des anciennes télévisions, ou pour prendre un exemple plus moderne, un élément essentiel des

1. Cette petite précision technique est destinée à s'assurer que la force magnétique qui s'exerce sur l'électron conserve à peu près la même intensité durant toute sa trajectoire.

accélérateurs de particules tels que le LHC du CERN. Si nous jouons en sens inverse notre vidéo, nous aurons exactement sous les yeux un « électron qui voyage en arrière dans le temps », et nous pourrons observer qu'il tourne dans un sens opposé à celui d'un électron normal, comme s'il était porteur d'une charge électrique positive. Nous comprenons donc qu'un électron remontant le temps nous apparaîtrait comme un électron chargé positivement.

De telles particules existent réellement, ce sont les positrons. Cette hypothèse avait été introduite par Dirac en 1931, pour résoudre un problème posé par son équation de l'électron en mécanique quantique : en effet, cette équation semblait prévoir des particules d'énergie négative. Quelque temps après, Dirac a fourni un admirable exemple du fonctionnement de son intuition physique, fondée sur sa confiance absolue dans les résultats mathématiques : « Je me suis réconcilié avec le fait que des états d'énergie négative n'étaient pas exclus par la théorie mathématique, et alors j'ai pensé, cherchons-leur une explication physique. »

Une année après seulement, apparemment sans connaître la prévision de Dirac, Carl Anderson observa des traces étranges dans le détecteur qu'il utilisait pour observer les rayons cosmiques. Sa conclusion fut la suivante : « Il semble nécessaire de faire appel à une particule chargée positivement, de masse comparable à celle de l'électron. » Cette découverte expérimentale, confirmant une prévision théorique antérieure, représente une superbe illustration de la puissance du raisonnement mathématique appliqué à la physique. Le positron représente aussi notre première rencontre avec cette « notion de science-fiction » qu'est l'antimatière.

Avec cette interprétation des électrons remontant le temps comme des positrons, nous pouvons enfin venir à bout de la réinterprétation du diagramme de la figure 10.3. Nous sommes maintenant à même de dire que lorsque le photon atteint Y au temps T_2, il se partage en un électron et un positron. Ces deux particules voyagent dans le sens normal du temps jusqu'à l'instant T_3, auquel le positron venant de Y arrive en X, où il s'annihile avec l'électron initial (celui du haut) en produisant un second photon. Ce photon se propage jusqu'à l'instant T_4, où il est absorbé par l'électron du bas.

Tout ceci pourrait sembler bien artificiel : nous avons commencé par imaginer des particules voyageant à rebours dans le temps, puis nous avons dû introduire l'antimatière. A priori nous aurions supposé que la théorie interdisait les sauts en arrière dans le temps, mais nous avons été contraints de les admettre. Le plus amusant est que nous avons d'abord supposé que le voyage remontant le temps violerait la relation de cause à effet, alors que, bien au contraire, ce n'est qu'en admettant la possibilité de remonter le temps que l'on sauvegarde ce lien !

Que tout ceci fonctionne bien n'a sans doute rien d'accidentel et permet d'imaginer l'existence d'une structure mathématique sous-jacente. Il est possible que vous ayez perçu les règles de saut et de branchement comme plutôt arbitraires. Pourrions-nous en inventer de nouvelles et en explorer les conséquences ? Il se trouve qu'une tentative de ce genre aboutirait presque certainement à une théorie inexacte, qui, par exemple, violerait la relation de cause à effet. La théorie sous-jacente à laquelle nous avons fait allusion est *la théorie quantique des champs* ; non seulement elle fournit les règles de saut et de branchement, mais elle est *la seule* théorie quantique des particules en accord avec la relativité restreinte. Dans ce cadre, il n'y a pas de liberté de choix, les règles de transition entre particules découlent de considérations sur la « symétrie » (que nous rencontrerons brièvement au prochain chapitre), ce qui offre à la recherche sur les lois fondamentales un cadre théorique expliquant pourquoi l'Univers doit être ainsi. Même les théories d'Einstein peuvent être considérées comme le fait d'imposer certains types de « symétries » à la structure de l'espace et du temps.

Il nous reste dans le présent chapitre consacré à l'électrodynamique quantique, à éclaircir le mystère mis en évidence dès la première intervention au congrès de Shelter Island en 1947, ce petit décalage observé par Lamb dans le spectre de l'hydrogène, montrant que la théorie quantique de Heisenberg et Schrödinger était incomplète. Une semaine après le congrès, Hans Bethe produisit un premier calcul approximatif apportant l'explication. La figure 10.5 illustre cet apport de l'électrodynamique quantique à la représentation complète de l'atome d'hydrogène. L'interaction électromagnétique liant l'électron et le proton peut être représentée par une série de diagrammes de Feynman de complexité croissante, comme dans le cas étudié avec deux électrons dans

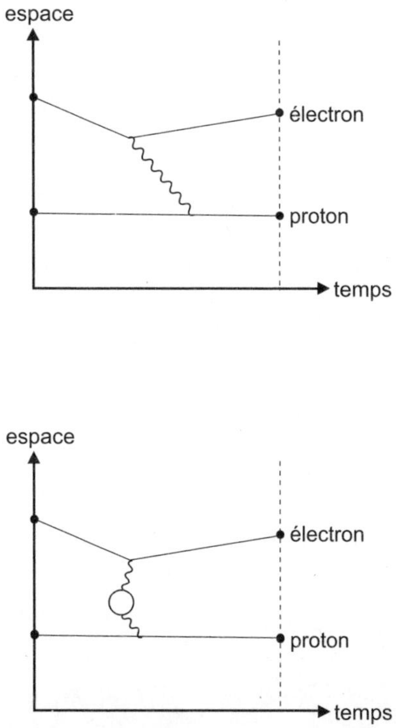

Figure 10.5 L'atome d'hydrogène.

la figure 10.1. La figure 10.5 ne montre que les deux diagrammes les plus simples relatifs à l'atome d'hydrogène. Le premier est « classique », c'est la vision d'une simple interaction, celle de l'électron captif du puits de potentiel du proton. Mais comme nous l'avons vu, bien des choses peuvent se produire ; le deuxième diagramme ajoute la possibilité de brèves fluctuations du photon : une paire électron-positron peut transitoirement se matérialiser puis s'annihiler. Le diagramme tient compte de cette fluctuation, représentée par la petite « boucle » au niveau du photon, et cela engendre une petite correction au résultat principal[1]. Il existe plusieurs autres diagrammes complémentaires, mais Bethe, se limitant aux importants effets d'une « boucle » unique, a pu démontrer qu'on tenait là l'origine du léger décalage découvert par Lamb dans le spectre de l'hydrogène. En d'autres termes, l'électrodynamique quantique

1. Il s'agit du résultat obtenu par Bohr dès 1913.

nous contraint à voir même le plus simple des atomes comme un monde bouillonnant dans lequel des particules subatomiques apparaissent de façon transitoire. Le décalage de Lamb représenta la première rencontre directe de l'humanité avec ces fantomatiques fluctuations quantiques.

Il ne fallut pas longtemps à deux autres participants de Shelter Island, Richard Feynman et Julian Schwinger, pour prendre le relais de Bethe, et en deux années, l'électrodynamique quantique s'était développée, devenant le prototype de la théorie quantique des champs actuelle, et ouvrant la voie à la description des interactions faibles et fortes. Les travaux de Feynman, de Schwinger et du physicien japonais Sin-Itiro Tomonaga reçurent en 1965 le Prix Nobel « pour leur recherche fondamentale en électrodynamique quantique, avec ses conséquences profondes pour la physique des particules élémentaires. » C'est justement vers ces conséquences profondes que nous nous tournons maintenant.

11

L'ESPACE VIDE N'EST PAS VIDE

Tout dans l'Univers ne provient pas d'interactions entre particules chargées électriquement. L'électrodynamique quantique n'explique pas les processus des « interactions nucléaires fortes » qui lient les quarks à l'intérieur des protons et des neutrons, ni les processus des « interactions nucléaires faibles » qui assurent la combustion de notre Soleil. Comment pourrait-on écrire un livre sur la théorie quantique de la Nature qui ignorerait la moitié des forces fondamentales ? Ce chapitre est destiné à combler cette lacune, avant de plonger dans le vide lui-même ; en effet, comme nous allons le découvrir, le vide est un endroit passionnant, offrant aux particules qui le parcourent un fourmillement d'obstacles et d'opportunités.

La première chose à souligner est que les forces nucléaires faibles et fortes empruntent la même approche que la théorie quantique des champs adoptée en électrodynamique quantique. C'est en cela que les travaux de Feynman, Schwinger et Tomonaga ont des conséquences aussi profondes. Dans son ensemble, la théorie de ces trois forces est désignée – sans que cette dénomination révèle une quelconque prétention – comme le modèle standard de la physique des particules. Ce modèle est soumis aujourd'hui à un test radical, à l'aide de la machine la plus grande et la plus sophistiquée jamais réalisée : le LHC du CERN (*Large Hadron Collider* : grand collisionneur de hadrons). Il s'agit d'un test crucial, parce qu'il manque à ce modèle un élément nouveau, faute duquel ses prévisions cesseraient d'être valides aux énergies mises en jeu dans les collisions de protons, à des vitesses proches de la vitesse de la lumière, telles que celles réalisées au LHC. Pour l'exprimer dans un langage qui commence à nous être familier, les règles quantiques génèreraient des cadrans d'horloge dont les aiguilles seraient de longueur supérieure à 1, donc certains processus impliquant la force nucléaire faible se produiraient avec une probabilité supérieure à 100 % : ce qui est évidemment absurde ! Le LHC va donc nécessairement nous faire découvrir du nouveau. Le défi consistera à identifier ces nouveautés, parmi les centaines de millions de collisions de protons se produisant à chaque seconde, dans les entrailles de l'accélérateur de particules creusé une centaine de mètres sous les contreforts du Jura.

Le modèle standard propose un remède à ces probabilités aberrantes, c'est ce que l'on désigne sous le nom de « mécanisme de Higgs ». Cette théorie prévoit l'existence d'une particule naturelle de plus, le boson de Higgs, qui transformerait profondément notre notion d'espace vide. Nous reviendrons sur le mécanisme de Higgs au cours de ce chapitre, mais il nous faut tout d'abord brièvement introduire le modèle standard, certes triomphant, mais encore problématique.

Le modèle standard de la physique des particules

Dans la figure 11.1, nous avons dressé la liste de toutes les particules connues à l'heure actuelle. Ce sont les éléments de base de notre Univers, autant que nous pouvons le savoir en écrivant ce livre, mais nous nous attendons à ce qu'il en existe d'autres – peut-être verrons-nous une nouvelle particule associée à la matière noire, abondante mais énigmatique, qui semble nécessaire pour expliquer l'Univers à grande échelle. Ou bien peut-être encore les particules supersymétriques prévues par la théorie des cordes, ou peut-être les excitations de Kaluza-Klein caractéristiques des dimensions supplémentaires de l'espace, ou bien des techniquarks, ou bien des leptoquarks, ou bien... Les spéculations théoriques sont légion à l'heure actuelle et il appartiendra aux chercheurs du LHC de restreindre ce champ, d'écarter les théories inadéquates et d'indiquer la voie à suivre.

Tout ce que vous pouvez voir et toucher, chaque chose inanimée ou vivante, chaque roche, chaque être vivant sur la planète Terre, chaque

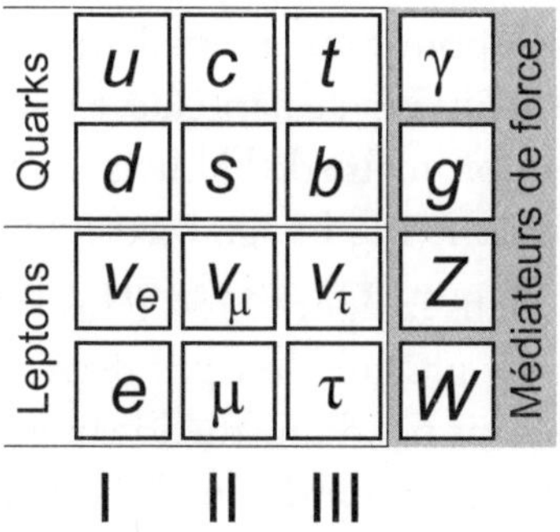

Figure 11.1 Les particules naturelles.

planète et chaque étoile dans chacune des 350 milliards de galaxies de l'Univers observable, est constitué des particules figurant dans la première des quatre colonnes de la figure 11.1. Vous-même n'êtes faits que de seulement trois d'entre elles : les quarks up et down, et l'électron. Les quarks sont les constituants des noyaux atomiques et, comme nous l'avons vu, les électrons sont responsables des propriétés chimiques. Le neutrino électronique, qui est la quatrième particule de la première colonne, est sans doute moins familier pour vous : cependant, à chaque seconde, environ 60 milliards d'entre eux traversent chaque centimètre carré de votre corps, en provenance du Soleil. La plupart traversent, sans rencontrer d'obstacle, aussi bien notre corps que la Terre entière, ce qui explique pourquoi vous n'en avez jamais vu ou senti un seul. Et pourtant, comme nous le verrons bientôt, ils jouent un rôle crucial dans les processus qui alimentent le Soleil, c'est donc grâce à eux que la vie est possible. Les éléments de la première colonne forment un ensemble connu sous le nom de « première génération de particules de la matière » ; avec les quatre forces fondamentales de la nature, ces particules sont à notre connaissance tout le nécessaire pour construire un univers. Pour des raisons que nous ne comprenons pas encore, la Nature propose deux autres générations – des clones de la première, avec des particules plus massives. Elles figurent en deuxième et troisième colonnes. Le quark top en particulier, est beaucoup plus lourd que les autres particules fondamentales. Il a été découvert en 1995 au Tevatron, un accélérateur du Fermilab près de Chicago, et sa masse est supérieure à 180 fois celle du proton. Tout en étant aussi massif, le quark top est pourtant ponctuel, tout comme l'électron ; pourquoi en est-il ainsi, on l'ignore. Bien que ces générations supplémentaires de particules ne jouent pas de rôle direct dans le fonctionnement ordinaire de l'Univers, elles semblent avoir joué un rôle crucial juste après le Big Bang... mais ceci est une autre histoire.

Également présents dans la figure 11.1, dans la colonne de droite, les médiateurs de forces. La gravité n'est pas représentée dans le tableau : c'est que nous ne disposons pas d'une théorie quantique de la gravitation cohérente avec le modèle standard actuel. La théorie des cordes tente d'introduire la gravitation dans le tableau, mais, à ce jour, elle n'a rencontré qu'un succès limité. La gravité est si faible qu'elle ne joue aucun rôle significatif dans les expériences de physique des particules, et nous n'en dirons pas plus à ce sujet. Nous avons appris dans le chapitre précédent comment le photon est responsable de la médiation de la force électromagnétique entre particules chargées électriquement, et comment son comportement est déterminé par une nouvelle règle de branchement. Les particules W et Z sont les médiateurs de la force faible, tandis que les gluons sont ceux de l'interaction forte. Les principales différences entre les descriptions quantiques des forces découlent des règles de branchement. C'est (presque...) aussi simple que cela, et nous avons représenté quelques-unes des nouvelles règles dans la figure 11.2. Grâce à la similitude avec l'électrodynamique quantique, on saisit assez bien l'essentiel des interactions faibles et fortes, il suffit seulement de connaître les règles de branchement applicables, et l'on pourra tracer les diagrammes de Feynman comme dans le chapitre précédent. Heureusement, le changement de règles suffit à lui seul pour rendre compte des différents types de processus du monde physique.

Dans un manuel de physique des particules, il conviendrait maintenant de définir les règles de branchement pour chacun des processus de la figure 11.2, et pour bien d'autres encore. Ces règles, connues sous le nom de règles de Feynman, permettraient alors de calculer la probabilité de l'un quelconque de ces processus, comme nous l'avons souligné dans le chapitre précédent en électrodynamique quantique. Ces règles saisissent quelque chose d'essentiel du fonctionnement des particules, et il est bien commode de synthétiser tout un ensemble de phénomènes en quelques images simples. Mais le présent livre n'étant pas un manuel de physique des particules, nous allons nous concentrer plutôt sur le schéma présenté en haut à droite, car il symbolise une règle de branchement particulièrement importante pour la vie sur Terre. Il montre un quark up donnant un quark down, en émettant une particule W ; ce comportement est absolument fondamental dans le noyau du Soleil.

Le Soleil est un océan gazeux de protons, de neutrons, d'électrons et de photons, de volume égal à un million de fois celui de la Terre, qui s'effondre sous son propre poids. Cette compression intense amène la température du noyau solaire à 15 millions de degrés, et à ces températures, les protons commencent à fusionner, formant ainsi des noyaux d'hélium. Ce processus de fusion libère de l'énergie, ce qui augmente la pression exercée sur les couches extérieures de l'étoile, s'opposant à la force centripète gravitationnelle. Dans l'épilogue, nous détaillerons cet affrontement de forces, mais pour le moment, contentons-nous de comprendre ce que signifie la phrase : « les protons commencent à fusionner ». Cela semble assez simple, mais le mécanisme précis de la fusion dans le noyau du Soleil a été une source importante de débats scientifiques au cours des années 1920 et 1930. Le savant britannique Arthur Eddington a été le premier à proposer la fusion nucléaire comme source d'énergie du Soleil, mais on lui fit rapidement remarquer que la température était bien trop faible pour que ce processus ait lieu, compte tenu des connaissances de la physique de l'époque. Eddington campa cependant sur ses positions, adressant à ses détracteurs cette célèbre réplique : « Il faut bien que l'hélium que nous observons se soit formé quelque part à un moment donné. À ceux qui soutiennent que les étoiles ne sont pas assez chaudes pour ce processus, nous demanderons simplement d'aller trouver un endroit plus chaud. »

Le problème est que lorsque deux protons se déplacent l'un vers l'autre, ils se repoussent du fait de la force électromagnétique (ou, en termes d'électrodynamique quantique, en échangeant des photons). Pour fusionner, il leur faudrait se rapprocher si près qu'ils en viendraient à se chevaucher or, comme Eddington et ses collègues le savaient fort bien, les protons, même au cœur du Soleil, ne sont pas assez rapides (c'est-à-dire que le Soleil n'est pas assez chaud) pour surmonter la répulsion électromagnétique. La réponse à cette énigme est apportée par l'entrée en jeu des particules W. Au cours de la collision, l'un des protons se transforme tout à coup en neutron, en convertissant un

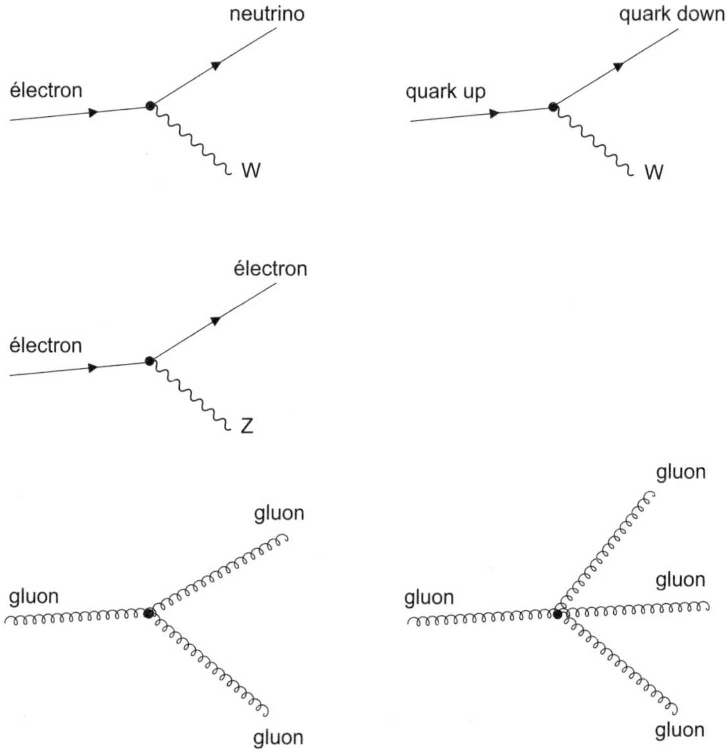

Figure 11.2 Quelques règles de branchement pour les interactions faibles et fortes.

de ses quarks up en quark down, comme on le voit sur la règle de branchement de la figure 11.2. À partir de là, le neutron nouvellement formé et l'autre proton peuvent se rapprocher, puisque le neutron ne porte pas de charge électrique. Dans le langage de la théorie quantique des champs, cela signifie qu'il n'y a pas d'échange de photons capable de provoquer une répulsion entre le neutron et le proton. En l'absence de répulsion électromagnétique, le proton et le neutron peuvent donc fusionner (mettant en jeu l'interaction forte) formant ainsi un deutéron, ce qui conduit rapidement à la formation d'hélium, libérant l'énergie de l'étoile, cette énergie qui permettra l'apparition de la vie sur une planète. Le processus est illustré dans la figure 11.3, qui indique également que la particule W a une durée de vie faible, se convertissant en un positron et un neutrino – c'est la source même des neutrinos qui traversent votre corps en si grand nombre. La réplique vigoureuse d'Eddington défendant la fusion comme source d'énergie du Soleil était correcte, mais il n'avait aucune idée du mécanisme ; en effet, l'indispensable particule W, ainsi que sa partenaire, la Z, n'ont été découvertes au CERN que dans les années 1980.

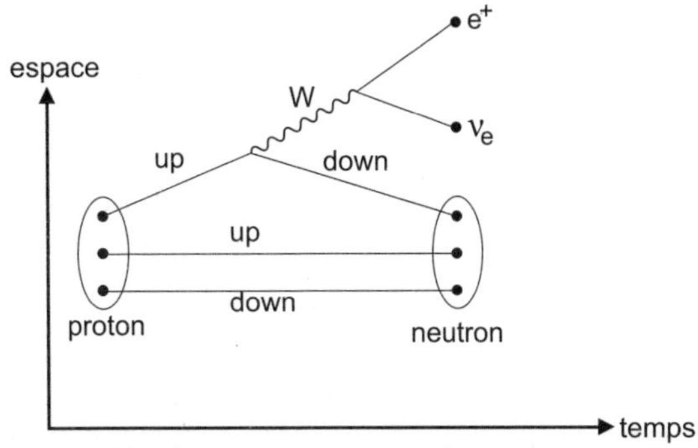

Figure 11.3 Conversion d'un proton en neutron (processus d'interaction faible), avec émission d'un positron et d'un neutrino. Ce phénomène est essentiel à la « combustion » du Soleil.

Pour conclure notre bref survol du modèle standard, intéressons-nous à l'interaction forte. Les règles de branchement sont telles que seuls les quarks donnent des gluons. En fait, ce processus est leur mode de transformation le plus probable. Cette prédisposition à émettre des gluons est la raison pour laquelle l'interaction forte est ainsi dénommée, et c'est pourquoi la conversion en gluon est capable de vaincre la force électromagnétique répulsive qui, autrement, ferait exploser les protons. Heureusement, la force forte est à très courte portée. Les gluons ne voyagent guère au-delà d'environ 1 femtomètre (10^{-15} m) avant de se transformer. La raison pour laquelle les gluons n'ont aucune influence au-delà d'une si petite distance, tandis que les photons peuvent traverser l'Univers, est que les gluons peuvent aussi se transformer en d'autres gluons, comme le montrent les deux derniers schémas de la figure 11.2. C'est cette particularité des gluons qui différencie essentiellement l'interaction forte de la force électromagnétique, et confine efficacement son action à l'intérieur du noyau atomique. Les photons n'ont pas de telles possibilités de conversion : cela est très heureux, car si c'était le cas, les flux de photons interagiraient, se diffusant, se dispersant, et le monde serait invisible. Il est remarquable qu'il en soit autrement, et la simple existence de la vision est un rappel frappant que les photons n'agissent que très rarement les uns sur les autres.

Nous n'avons pas expliqué d'où provient l'ensemble des règles de branchement, ni pourquoi l'Univers contient les particules de la figure 11.1. Il y a une bonne raison à cela : nous ne connaissons pas vraiment les réponses à ces deux questions. Les particules qui composent notre univers – les électrons, les neutrinos et les quarks – sont les principaux acteurs du drame cosmique, mais à ce jour nous n'avons aucune idée de la logique qui a présidé à ce casting... Il est vrai, cependant, qu'une fois connue la liste des particules, nous pouvons prévoir en partie la manière dont elles interagissent. Ces règles en elles-mêmes ne sont pas sorties de nulle part : elles proviennent dans tous les cas de la théorie quantique des champs, complétée par ce que l'on appelle la symétrie de jauge. Discuter de cette origine nous écarterait trop de la visée de cet ouvrage, disons seulement que la logique d'ensemble est très simple : l'univers est constitué de particules qui se déplacent et interagissent en respectant un petit nombre de règles de saut et de branchement. Nous pouvons utiliser ces règles pour calculer la probabilité que « quelque chose » se produise, en effectuant la somme d'une série d'horloges, une pour chacune des façons selon laquelle ce « quelque chose » peut se produire.

L'origine de la masse

En introduisant la simple idée que les particules peuvent sauter et se transformer, nous sommes entrés dans le domaine de la théorie quantique des champs ; en dehors de ces processus, il n'y aurait que peu de chose à ajouter, sauf sur un point laissé en suspens : il s'agit de la discussion de la masse ; nous avons en quelque sorte réservé le meilleur pour la fin...

La physique moderne des particules vise à répondre à la question « Quelle est l'origine de la masse ? » Elle y parvient à l'aide d'une théorie belle et subtile, fondée sur une nouvelle particule – nouvelle en ce sens que nous ne l'avons pas encore vraiment rencontrée dans ce livre, nouvelle aussi en ce sens que les habitants de la planète Terre ne l'ont rencontrée pour la première fois « face à face » qu'en 2012. Cette particule est le boson de Higgs. La mettre en évidence était l'un des objectifs principaux des équipes du LHC. Lors de la rédaction de la première édition de ce livre, en septembre 2011, nous disposions seulement d'indices très suggestifs de l'existence d'événements ressemblant au boson de Higgs dans les données collectées au LHC, mais il n'y avait tout simplement pas assez d'événements[1] pour trancher définitivement dans un sens ou dans l'autre. Nous écrivions alors : « Il se pourrait bien qu'au moment où vous lirez ce livre, la situation ait changé, et que l'existence du boson de Higgs soit parfaitement démontrée. Mais il se pourrait aussi que les signaux intéressants aient disparu après examen plus approfondi. » Effectivement, la situation a changé : les preuves de la découverte au CERN d'une nouvelle particule se sont accumulées et elle présente bien les caractères distinctifs du boson de Higgs.

Le plus intéressant, à propos de la question de l'origine de la masse, est que la réponse va bien au-delà du désir évident de savoir ce qu'est la masse... Nous avons choisi une formulation à la fois mystérieuse et provocante, mais nous allons l'expliquer plus en détail. Lorsque nous avons discuté des photons et des électrons en électrodynamique quantique, nous avons introduit des règles de saut distinctes pour chacune des deux particules. Le symbole P(A,B) désigne la règle associée à un électron qui saute de A à B, et le symbole L(A,B) est relatif à un photon. Mais pourquoi des règles différentes dans les deux cas ? On pourrait d'abord supposer que les électrons se présentent sous deux types différents (en fonction de leur spin), tandis qu'il existe trois types de photons, mais cette différence particulière ne nous concerne pas ici. Celle que nous voulons explorer maintenant, c'est que l'électron possède une masse, pas le photon.

La figure 11.4 illustre une façon de concevoir la propagation d'une particule massive. On y voit une particule qui saute de A à B par étapes : de A au point 1, de 1 au point 2 et ainsi de suite, jusqu'au saut final du point 6 au point B. La règle pour chaque saut pourrait être la même pour

1. Un « événement » est une simple collision proton-proton. La physique expérimentale des particules repose sur le comptage d'événements dont le degré de signification est évalué dans le cadre du calcul des probabilités. Il est donc nécessaire d'accumuler un grand nombre de collisions pour espérer obtenir un nombre suffisant de ces événements très rares dans lesquels une particule de Higgs est produite. Ce qui constitue un « nombre suffisant » dépend essentiellement de la méthode expérimentale destinée à éliminer les signaux parasites.

une particule de masse nulle, à une différence importante près : à chaque changement de direction la règle de contraction évolue, car le degré de contraction est inversement proportionnel à la masse de la particule en jeu. À chaque tournant, la taille des horloges relatives aux particules plus lourdes diminue moins que celles des particules plus légères. Il est important de souligner qu'il ne s'agit pas là d'un accommodement *ad hoc* : le zigzag et la contraction sont tous deux directement issus des règles de Feynman pour le déplacement d'une particule massive, sans autre hypothèse[1]. La figure 11.4 ne montre qu'une des manières d'aller de A à B pour notre particule lourde, c'est-à-dire via six changements de direction et six facteurs de contraction. Pour obtenir l'horloge résultante associée à une particule massive allant de A à B, il convient, comme toujours, de faire la somme du nombre infini d'horloges associées à tous les chemins possibles que la particule peut emprunter pour aller de A à B. Il faut donc prendre en compte aussi bien la route directe, la plus simple, que toutes celles qui présentent un très grand nombre de zigzags.

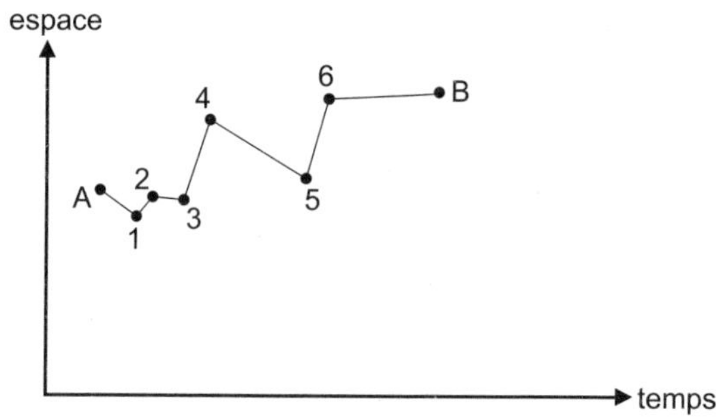

Figure 11.4 Déplacement d'une particule massive du point A au point B.

Par contre, pour des particules de masse nulle, le facteur de contraction associé à un changement de direction éventuel est tout simplement infini. En d'autres termes, l'horloge se réduit à zéro au premier changement de direction, c'est-à-dire que la seule voie envisageable est la route directe –

1. La possibilité d'identifier une particule massive avec une particule de masse nulle, à condition de lui adjoindre une règle de « changement de direction », vient du fait que $P(A,B) = L(A,B) + L(A,1)L(1,B)S + L(A,1)L(1,2)L(2,B)S^2 + L(A,1)L(1,2)L(2,3)L(3,B)S^3 + ...$, où S est le facteur de contraction associé à un changement de direction, étant entendu que nous devrons effectuer la somme sur tous les points intermédiaires possibles 1, 2, 3, etc.

il n'y a tout simplement pas d'horloge associée à une autre route. C'est exactement ce à quoi nous pouvions nous attendre, et cela signifie aussi que la règle de saut est applicable également aux particules de masse nulle. Pour les particules de masse non nulle, des changements de direction sont autorisés. Dans le cas d'une particule très légère, le facteur de contraction défavorise les chemins présentant de nombreux tournants, et les voies les plus probables sont celles qui sont assez directes. À l'inverse, les particules massives sont plutôt caractérisées par des chemins avec beaucoup de zigzags. Nous sommes ainsi amenés à considérer les particules lourdes comme des particules sans masse, mais dont les chemins zigzaguent beaucoup pour aller d'un point A à un point B ! Le nombre de changements de direction s'identifie dès lors à une « masse ».

Nous voilà donc pourvus d'une nouvelle conception des particules massives. La figure 11.5 illustre le déplacement de A à B de trois particules différentes de masse croissante. Dans chaque cas, la règle associée à chaque « zig » ou « zag » du chemin est la même que pour une particule de masse nulle, et à chaque changement de direction, il faut appliquer une « pénalité », c'est-à-dire une contraction de l'horloge associée.

À ce stade, notre progrès n'est pas fondamental. Nous avons seulement remplacé le terme de « masse » par « tendance à effectuer des zigzags ». Il s'agit de descriptions mathématiquement équivalentes de la propagation d'une particule massive. Mais même ainsi, on peut y percevoir une réflexion intéressante et, comme nous allons le découvrir, cela peut se révéler un peu plus qu'une simple curiosité mathématique.

En 2012, le LHC a été utilisé pour provoquer des collisions entre protons avec une énergie combinée de 8 TeV. Le téraélectron-volt ou TeV est une unité d'énergie qui représente la quantité d'énergie d'un électron accéléré sous une différence de potentiel de 1 million de millions de volts. Pour avoir une idée de cette énergie, disons que 8 TeV représentent à peu près l'énergie des particules subatomiques environ un millième de milliardième de seconde après le Big Bang ; c'est également une énergie suffisante pour matérialiser, à partir de rien, la masse de 8 000 protons (selon l'équation d'Einstein $E = mc^2$). Et ce n'est que la moitié de l'énergie nominale de l'accélérateur de particules... Le LHC a encore de la puissance en réserve !

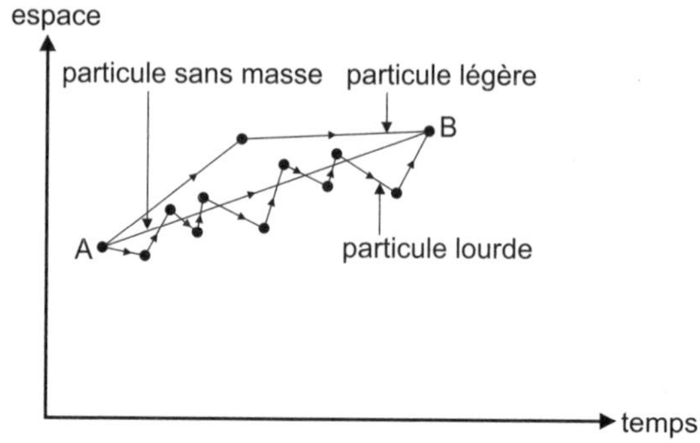

Figure 11.5 Trois particules de masses différentes se déplaçant d'un point A à un point B. Plus la masse de la particule est grande, plus sa trajectoire présente de zigzags.

L'une des principales raisons pour lesquelles 85 pays à travers le monde ont coopéré pour construire et mettre en œuvre ce gigantesque dispositif expérimental est justement la quête du mécanisme responsable des masses des particules fondamentales. La théorie la plus largement admise pour l'origine de la masse passe par l'explication des trajectoires en zigzag : elle postule une nouvelle particule fondamentale que les autres particules heurtent au long de leurs trajectoires à travers l'Univers. Cette particule est le boson de Higgs. Selon le modèle standard, sans la particule de Higgs, les particules fondamentales sauteraient en ligne droite d'un point à l'autre : l'Univers serait bien différent. Mais si l'espace vide était empli de particules de Higgs, alors les trajectoires des particules seraient déviées et comme nous venons de le voir. Cela conduit à l'émergence de la « masse ». C'est un peu comme essayer de marcher dans un endroit bondé – nous sommes ballottés d'un côté à l'autre, et nous ne pouvons suivre qu'un chemin en zigzag.

Ce mécanisme est nommé d'après Peter Higgs, théoricien à Édimbourg, et il a été introduit en physique des particules en 1964. L'idée était évidemment dans l'air à cette époque, puisque plusieurs scientifiques l'ont eu en même temps – Higgs bien sûr, mais aussi Robert Brout et François Englert à Bruxelles, ainsi que Gerald Guralnik, Carl Hagan et Tom Kibble à Londres. Leur travail a lui-même été fondé sur la base de résultats antérieurs de nombreux autres chercheurs, y compris Heisenberg, Yoichiro Nambu, Jeffrey Goldstone, Philip Anderson et

Steven Weinberg. La pleine réalisation de l'idée, pour laquelle Sheldon Glashow, Abdus Salam et Steven Weinberg ont reçu le prix Nobel en 1979, n'est autre que le modèle standard de la physique des particules. L'idée est assez simple : *l'espace vide n'est pas vide*, ce qui explique les zigzags et donc la masse. Bien sûr, c'est loin d'être aussi simple, et il reste pas mal de choses à expliquer. Par exemple, comment se peut-il que l'espace vide soit plein à craquer de particules de Higgs, alors que nous n'en remarquons rien dans notre vie quotidienne, et tout d'abord, comment cet étrange état de choses a-t-il pu se produire ? Cette situation semble effectivement assez extravagante, sans compter que nous n'avons pas expliqué pourquoi certaines particules, comme les photons, sont de masse nulle, tandis que d'autres (comme les bosons W et les quarks top), ont des masses comparables à celle d'un atome d'argent ou d'or.

Au moins superficiellement, il est plus simple d'aborder cette dernière question. Les particules ne peuvent interagir les unes avec les autres qu'en fonction des règles de branchement, et les particules de Higgs ne sont pas différentes à cet égard. La règle de branchement pour un quark top inclut la possibilité de couplage avec une particule de Higgs, et la contraction correspondante de l'horloge associée (il faut se souvenir que chaque règle de branchement est liée à un facteur de contraction) est bien inférieure à ce qu'elle est dans le cas des quarks légers. « Voici la raison pour laquelle » un quark top est plus lourd qu'un quark up. Mais bien sûr, ne demandez pas pourquoi la règle de branchement est ainsi ; la seule réponse à l'heure actuelle serait le décevant : « Parce que c'est ainsi ». Il en serait de même pour la question : « Pourquoi y a-t-il trois générations de particules ? » Ou bien : « Pourquoi la gravitation est-elle si faible ? » De même, les photons n'ont pas de règle de branchement qui les couple aux particules de Higgs et par conséquent, ils n'ont pas d'interaction avec elles. Ceci, à son tour, signifie qu'ils ne vont pas en zigzag et n'ont pas de masse. Bien que nous ayons esquivé certaines questions, on voit bien que nous tenons là une amorce d'explication. Il est parfaitement exact qu'en produisant des particules de Higgs au LHC, il deviendra possible de vérifier qu'elles se couplent aux autres particules de la manière prévue[1].

1. Au moment où nous écrivons cela, les données ne sont pas en désaccord avec ces hypothèses, mais il faudra réaliser des analyses plus approfondies pour déterminer tous les couplages.

Nous pourrons alors légitimement prétendre avoir acquis un nouveau savoir assez impressionnant sur le fonctionnement de la Nature.

La première de nos questions en suspens est plus délicate à éclaircir : comment se peut-il que l'espace vide soit rempli de particules de Higgs ? Pour débuter, nous devons être très clairs sur une chose : la physique quantique implique qu'il n'existe pas d'espace vide. En fait, ce que nous nommons « espace vide » est en réalité un tourbillon bouillonnant de particules subatomiques, que l'on ne peut en aucune façon écarter ou éliminer. Une fois réalisé cet état de fait, il devient beaucoup plus aisé d'accepter que l'« espace vide » pourrait être plein de particules de Higgs. Mais ne brûlons pas les étapes.

Imaginons une petite région de l'espace, dans un coin solitaire de l'Univers, à des millions d'années-lumière de la galaxie la plus proche. Il est pourtant impossible d'éviter que des particules s'y créent à partir de rien, et s'y annihilent au fil du temps. Pourquoi en est-il ainsi ? Tout simplement parce que les processus de création et d'annihilation de paires de particules et d'anti-particules sont autorisés par les règles de branchement de Feynman. Un exemple se trouve au bas du diagramme de la figure 10.5 : enlevons tout, sauf la boucle de l'électron – le schéma correspond alors à une paire électron-positron apparaissant spontanément à partir de rien, puis disparaissant à nouveau dans le néant. Cette boucle ne viole aucune des lois de l'électrodynamique quantique, elle représente donc une possibilité réelle : nous l'avons annoncé dès le titre de ce livre, tout ce qui peut arriver, arrive. Or cela ne représente qu'une possibilité parmi un nombre infini de façons dont l'espace vide peut créer et annihiler de la matière, et comme vous le savez aussi, dans le monde quantique, il convient d'ajouter toutes les possibilités ensemble. Le vide, en d'autres termes, possède une structure incroyablement riche, composée de toutes les manières possibles dont les particules peuvent venir à l'existence et la quitter.

Ce dernier paragraphe introduit l'idée que le vide n'est pas vide, mais dans ce tableau plutôt égalitaire, toutes les particules élémentaires jouent un rôle. En quoi la particule de Higgs est-elle si spéciale ? Si le vide n'est rien d'autre que ce tourbillon de création et d'annihilation de matière-antimatière, alors toutes les particules élémentaires continueraient d'avoir une masse nulle – les boucles quantiques par elles-mêmes n'engendrent pas de masse[1]. Nous avons donc besoin de remplir le vide de quelque chose de différent, et c'est là qu'intervient le bain des particules de Higgs. Peter Higgs avait simplement postulé que l'espace vide devait être empli de particules de Higgs[2], sans éprouver la nécessité de fournir une raison profonde du « pourquoi » de cette hypothèse. Les particules de Higgs dans le vide offrent le mécanisme qui provoque les parcours en zigzag, et elles œuvrent en permanence, interagissant avec chacune des particules massives de l'Univers, retardant sélectivement leur mouvement pour créer de la masse. Le résultat net des interactions entre la matière ordinaire et le vide empli de particules de Higgs, c'est que le monde passe d'un état dépourvu de toute structure à une profusion étourdissante d'étoiles, de galaxies et d'êtres vivants.

Bien sûr, la grande question est de comprendre d'où les particules de Higgs proviennent en premier lieu. La réponse n'est pas réellement connue, mais on pense qu'il s'agit de conséquences de ce que l'on décrit comme une transition de phase ayant eu lieu peu après le Big Bang. Si vous observez patiemment une vitre de votre fenêtre, lorsque la température devient très basse par une soirée d'hiver, vous verrez la beauté miraculeusement ordonnée des cristaux de glace émerger à partir de la vapeur d'eau. Le passage de la vapeur à la glace au contact de la vitre froide est un exemple de transition de phase. La vapeur d'eau ne présente aucun axe privilégié et pourtant, les molécules d'eau se réarrangent en cristaux de glace en respectant des orientations bien précises. On assiste donc à la rupture spontanée de la symétrie d'un nuage de vapeur informe, déclenchée par une chute de température.

Si ce changement de phase se produit, c'est que cette transition est énergétiquement favorable. Tout comme une boule dévale le flanc d'une montagne pour atteindre un plus faible niveau d'énergie dans la vallée, de même les électrons se réorganisent autour des noyaux atomiques pour former des liaisons qui assurent la stabilité des molécules, et l'admirable organisation des cristaux de givre est une configuration d'énergie plus basse des molécules d'eau par rapport à un nuage de vapeur informe.

1. Il s'agit d'un point délicat, en lien avec la « symétrie de jauge », qui sous-tend les règles de saut et de branchement des particules élémentaires.

2. Peter Higgs est bien trop modeste pour leur avoir attribué lui-même ce nom.

Quelque chose d'analogue a dû se produire au début de l'histoire de l'Univers. Lorsque le gaz chaud de particules qui constituait l'Univers naissant s'est détendu et refroidi, il est apparu que le vide dépourvu de particules de Higgs était énergétiquement défavorisé par rapport au vide peuplé de ces particules. Le processus est très similaire à la façon dont l'eau se condense en gouttelettes, ou dont le givre se forme sur une vitre froide. L'apparition spontanée des gouttelettes d'eau sur une surface froide pourrait donner l'impression que ces gouttelettes ont simplement émergé de « rien ». De même pour le boson de Higgs, dans les phases chaudes suivant immédiatement le Big Bang, le vide grouille de fluctuations quantiques éphémères (les boucles dans les diagrammes de Feynman), sous forme de particules et d'anti-particules provenant du néant avant d'y retourner. Quand l'Univers se refroidit, il se produit tout à coup un « condensat » de particules de Higgs, à partir de rien, tout comme une buée apparaît sur une vitre ; ces particules émergent, maintenues ensemble par leurs interactions, dans une suspension à travers laquelle les autres particules se propagent.

L'idée que le vide est rempli de matière suggère que nous-mêmes, tout comme le reste de l'Univers, passons nos vies dans un condensat géant qui a émergé quand l'Univers s'est refroidi, telle la rosée du matin qui apparaît à l'aube. Mais il ne faudrait surtout pas croire que le vide est uniquement peuplé d'un condensat de particules de Higgs ! Bien au contraire, lorsque l'Univers s'est encore refroidi, sont apparus aussi des condensats de quarks et de gluons. L'existence de ces derniers est expérimentalement solidement établie, et c'est à travers eux que nous comprenons l'interaction nucléaire forte. L'essentiel de la masse des protons et des neutrons est dû à cette condensation de quarks et de gluons. Par contre, c'est le vide peuplé de Higgs qui est à l'origine des masses observées pour les particules élémentaires : les quarks, électrons, les muons, les taus et les particules W et Z. Le condensat de quarks intervient pour expliquer ce qui arrive quand un ensemble de quarks se lie pour constituer un proton ou un neutron. Fait intéressant, alors que le mécanisme de Higgs est relativement peu important quand il s'agit d'expliquer la masse des protons, des neutrons et des noyaux atomiques plus lourds, il le devient pour les particules W et Z. Pour elles, la condensation de quarks et de gluons générerait une masse d'environ

1 GeV seulement en l'absence de particules de Higgs, alors que leurs masses, mesurées expérimentalement, sont près de 100 fois supérieures à cette valeur. Le LHC a été conçu pour fonctionner dans le domaine de l'énergie des W et Z, permettant d'explorer le mécanisme responsable de leurs masses comparativement grandes.

Indiquons quelques ordres de grandeur numériques tout à fait surprenants, pour rendre tout cela un peu plus concret. L'énergie emmagasinée dans 1 mètre cube d'espace vide à la suite de la condensation des quarks et des gluons est énorme : 10^{35} joules. Quant à l'énergie due à la condensation de Higgs, elle est encore 100 fois supérieure. Le total des deux est équivalent à la quantité d'énergie que notre Soleil produit durant 1 000 ans. Pour être précis, cette énergie est une énergie de liaison, donc négative : l'énergie du vide quantique est inférieure à l'énergie d'un vide totalement dépourvu de particules. L'énergie est négative en raison de l'énergie de liaison associée à la formation des condensats, et cela n'est pas plus extraordinaire, par exemple, que le fait que pour faire bouillir de l'eau (c'est-à-dire inverser la transition de phase de la vapeur à l'état liquide), il faut la chauffer, donc lui fournir de l'énergie.

Ce qui est mystérieux, cependant, est qu'une telle densité d'énergie négative dans chaque mètre carré d'espace vide disposerait de la capacité nominale de provoquer une expansion dévastatrice de l'Univers telle qu'aucune étoile ni aucun être vivant ne se serait jamais formé. L'Univers aurait littéralement volé en éclats quelques instants après le Big Bang. C'est en tout cas ce que l'on pourrait déduire des équations de la relativité générale appliquées à l'Univers dans son ensemble, si on y injectait sans précaution les valeurs de l'énergie du vide prévues par la physique des particules. Cette redoutable énigme est connue depuis longtemps comme le problème de la constante cosmologique d'Einstein, elle reste l'un des problèmes centraux de la physique fondamentale. Certes, cela suggère que nous devrions être très prudents avant de prétendre comprendre réellement la nature du vide et/ou de la gravitation : il y a sans doute quelque chose d'essentiel que nous ne saisissons pas encore.

Cette dernière phrase marque la fin de notre histoire, car nous avons atteint les limites de nos connaissances. Le chercheur ne s'occupe plus de ce qui est connu. La théorie quantique, comme nous l'avons observé au début de ce livre, a une réputation de difficulté et d'étrangeté radicale, d'autant plus inquiétante qu'elle gouverne en totalité le comportement des particules de matière. Mais il faut souligner que tout ce que nous avons décrit, à l'exception de ce dernier chapitre, est parfaitement connu et bien compris. En s'appuyant sur des preuves expérimentales, et non pas sur les intuitions du sens commun, on est conduit à une théorie parfaitement en mesure de décrire une vaste gamme de phénomènes, de la spectroscopie précise de la lumière émise par les atomes chauds, jusqu'à la fusion au cœur des étoiles. Cette théorie, une fois mise en pratique, a conduit à la percée technologique la plus importante du XXe siècle, le transistor, dont le fonctionnement serait inexplicable sans la vision quantique du monde.

Mais la portée de la théorie quantique va bien plus loin que ces brillantes explications. Rappelons-en brièvement quelques exemples. Dans le mariage forcé entre théorie quantique et relativité, l'antimatière est apparue comme une nécessité théorique, et sa découverte expérimentale a confirmé cette hypothèse. Le spin, cette propriété fondamentale des particules subatomiques qui sous-tend la stabilité des atomes, était également une prédiction nécessaire à la cohérence de la théorie. Et maintenant, au deuxième siècle de la physique quantique, le LHC entreprend des voyages dans l'inconnu, explorant le vide lui-même. C'est le progrès scientifique, cette construction progressive et prudente de tout un patrimoine d'explications et de prévisions, qui bouleverse nos vies. Et c'est là que la science se distingue de toutes les réalisations humaines. Elle n'apporte pas seulement un autre point de vue, elle révèle une réalité au-delà de l'imagination la plus fantastique. La science est une quête du réel, et lorsque le réel se révèle surréel, l'accepter pleinement est une conquête de l'esprit scientifique. Voilà en quoi la théorie quantique démontre le mieux la puissance des méthodes de la science. Ses conquêtes ont nécessité les expériences les plus méticuleuses, et les physiciens théoriciens qui l'ont construite ont accepté d'abandonner les conceptions les plus rassurantes, les mieux ancrées, pour faire face aux preuves mises en évidence. Peut-être l'énigme de l'énergie du vide signale-t-elle une nouvelle exploration quantique, peut-être le LHC fournira-t-il des données nouvelles et inexplicables, peut-être la totalité des notions exposées dans cet ouvrage ne se révéleront que des approximations d'un réel bien dissimulé – et le voyage continuera.

Dès les premiers pas de cet ouvrage, nous étions en quête d'une conclusion adéquate. Il nous fallait un exemple de la puissance intellectuelle et pratique de la théorie quantique, capable de convaincre le plus sceptique des lecteurs qu'elle est à même de décrire, dans les moindres détails, le fonctionnement du monde. Nous pensons tous deux qu'une telle démonstration existe. Et nous voudrions vous la proposer en épilogue, non sans vous prévenir qu'elle exige un peu de formalisme mathématique. Donc, notre livre pourrait s'achever ici, sauf si vous acceptez de nous suivre encore pour une démonstration spectaculaire de la théorie quantique, où nous tenterons de donner la priorité au raisonnement, et non aux équations. Nos vœux vous accompagnent pour cette promenade finale !

Épilogue

La mort des étoiles

Lorsque les étoiles meurent, beaucoup d'entre elles finissent sous forme de boules extrêmement denses, constituées de matière nucléaire mêlée à une mer d'électrons, les « naines blanches ». C'est le sort que subira notre Soleil lorsqu'il aura épuisé son carburant nucléaire, dans 5 milliards d'années environ, et il en sera de même pour plus de 95 % des étoiles de notre galaxie. La masse de ces naines blanches ne peut dépasser une certaine limite ; il est remarquable qu'il soit possible de calculer ce maximum en disposant seulement de papier et de crayons – ainsi que d'une certaine dose d'intelligence... C'est ce que Subrahmanyan Chandrasekhar réalisa en 1930, à l'aide de la théorie quantique et de la relativité ; il parvint à deux prévisions très claires : tout d'abord, la possibilité d'existence de tels corps stellaires, capables de résister à l'effondrement gravitationnel grâce au principe d'exclusion de Pauli. En second lieu, *on n'observera jamais une naine blanche de masse dépassant 1,4 fois celle de notre Soleil*. Ce sont là deux prédictions tout à fait audacieuses !

De nos jours, les astronomes ont recensé environ 10 000 naines blanches. La plupart d'entre elles ont des masses de l'ordre de 0,6 fois celle du Soleil, la plus massive observée possède une masse *juste au dessous de la limite 1,4* prévue par Chandrasekhar. Cette simple valeur, « 1,4 » constitue à elle seule un triomphe de la méthode scientifique ; elle provient d'un tressage intime entre nos connaissances en physique nucléaire, en mécanique quantique et en théorie de la relativité restreinte d'Einstein, synthétisant en somme toute la physique du vingtième siècle.

Pour la calculer, il faut également connaître les constantes fondamentales de la Nature rencontrées dans le présent livre. D'ici la fin de ce chapitre, nous verrons que cette masse limite est déterminée par la formule

$$\left(\frac{hc}{G}\right)^{3/2} \frac{1}{m_p^2}$$

Observez attentivement cette expression : elle dépend de la constante de Planck, de la vitesse de la lumière, de la constante de la gravitation de Newton et de la masse du proton ; n'est-il pas extraordinaire d'être en mesure de prévoir la masse maximum d'une étoile en fin de vie en combinant ces constantes fondamentales ? Le rapport $(hc/G)^{1/2}$, qui fait intervenir la gravitation, la relativité et le quantum d'action, représente la « masse de Planck » ; en remplaçant les constantes par leurs valeurs numériques, on trouve que cette masse est voisine de 55 microgrammes, elle est du même ordre que celle d'un grain de sable. Résumons cela de manière frappante : la limite de Chandrasekhar dépend de la masse d'un grain de sable et de celle d'un proton, et c'est à partir de ces minuscules valeurs que l'on obtient une autre masse fondamentale de la Nature, celle d'une étoile dans sa phase terminale.

Nous ne nous contenterons pas ici d'une vue d'ensemble de la théorie, nous irons jusqu'à effectuer les calculs proprement dits, car nous voudrions donner à notre lecteur la chance de ressentir à ce stade des frissons (de plaisir...) dans le dos ! Il est vrai que, pour éviter des complications mathématiques trop avancées, nous ne pousserons pas le travail jusqu'à une précision extrême, mais nous parviendrons cependant à une excellente approximation. Chemin faisant, nous aurons l'occasion d'apprécier comment les physiciens, à partir de principes bien connus, et en suivant des étapes s'enchaînant logiquement, s'entendent à tirer des conclusions profondes. À aucun moment, il ne sera nécessaire de nous faire confiance parce que nous aurions sauté quelques marches. Nous poursuivrons tranquillement une progression régulière, en direction du plus excitant des résultats.

Il nous faut partir de la question suivante : « qu'est-ce qu'une étoile ? ». On peut considérer, avec une très bonne approximation, que l'Univers visible est constitué d'hydrogène et d'hélium, les deux éléments les plus simples, qui se sont formés dans les premières minutes ayant suivi le

Big Bang. Puis, après une expansion de quelque 500 millions d'années, la température de l'Univers avait suffisamment diminué pour que des zones un peu plus denses de nuages gazeux commencent à s'agglomérer sous l'effet de leur propre masse : il s'agissait de graines de galaxies, à l'intérieur desquelles commencèrent à se former, autour de masses plus concentrées, les premières étoiles.

Le gaz de ces protoétoiles devint de plus en plus chaud au cours de leur effondrement sur elles-mêmes – chacun a fait l'expérience de l'échauffement de l'air lorsqu'on le comprime dans le corps d'une pompe de vélo – la température d'un gaz augmente en effet avec la pression. Lorsque le gaz atteint des températures de l'ordre de 100 000 degrés, les électrons ne peuvent plus demeurer en orbite autour des noyaux d'hydrogène et d'hélium, et les atomes se décomposent en donnant un plasma de noyaux totalement dépouillés et d'électrons. Le gaz chaud tend à se dilater vers l'extérieur, s'opposant ainsi à un effondrement, mais, si la masse rassemblée est suffisamment grande, c'est la force de gravitation qui est prépondérante. Les protons très rapprochés tendent à se repousser du fait de leur charge électrique positive, mais comme l'effondrement gravitationnel se poursuit et que la température augmente, la vitesse de ces protons augmente également. Lorsque la température atteint plusieurs millions de degrés, en raison de leur vitesse très importante, ils sont si proches les uns des autres que la force nucléaire faible prend le dessus. À ce moment-là, peut se produire une interaction : l'un des deux protons se transformera spontanément en neutron, avec émission simultanée d'un positon et d'un neutrino (conformément au diagramme de la figure 11.3). La répulsion électrostatique ayant disparu, le proton et le neutron peuvent fusionner sous l'action de la force nucléaire forte, donnant naissance à un deutéron. Ce processus libère d'énormes quantités d'énergie. On retrouve ici un phénomène un peu analogue à celui constaté lors de la formation d'une molécule d'hydrogène : l'établissement d'une liaison engendre de l'énergie.

Pourquoi les quantités d'énergie libérées sont-elles énormes ? Une seule fusion proton-neutron ne correspond qu'à une toute petite énergie : il en faudrait un million pour égaler approximativement l'énergie cinétique développée par un moustique en vol, ou bien l'énergie émise par une ampoule électrique de 100 watts en une nanoseconde. Mais ces quantités sont grandes à l'échelle atomique, et souvenons-nous de plus qu'au sein d'un nuage de gaz en train de s'effondrer sur lui-même, la densité peut atteindre 10^{26} protons par centimètre cube. Si tous les protons d'un seul centimètre cube de gaz subissaient la fusion nucléaire, on obtiendrait 10^{13} joules, soit la consommation annuelle d'énergie d'une petite ville !

La fusion de deux protons pour former un deutéron déclenche une réaction en chaîne : le deutéron cherche à fusionner avec un troisième proton, formant ainsi un noyau d'hélium 3 (un isotope de l'hélium) avec émission d'un photon, et deux de ces noyaux vont s'apparier en formant un noyau d'hélium ordinaire (l'isotope hélium 4) et émettant deux protons. À chaque étape, les fusions libèrent plus d'énergie. Il faut également compter avec le positon émis tout au début de cette chaîne : il va rapidement rencontrer un électron du plasma environnant, en émettant une paire de photons. On en arrive à un gaz de photons, électrons et noyaux à température élevée, qui s'oppose à la poursuite de l'effondrement gravitationnel en repoussant toute nouvelle arrivée de matière. Voilà ce qu'est une étoile : la fusion nucléaire « brûle » le combustible nucléaire du cœur, ce qui engendre une pression dirigée vers l'extérieur, qui équilibre l'étoile vis-à-vis de l'effondrement gravitationnel.

Naturellement, la quantité d'hydrogène disponible pour alimenter cet ensemble de réactions n'est pas illimitée, elle finira donc par s'épuiser. S'il n'y a plus d'énergie libérée, il n'y a plus de pression capable de stabiliser la force de gravitation et l'étoile reprend son effondrement. Si elle est assez massive, la température de son cœur peut atteindre alors 100 millions de degrés. À ce stade, l'hélium, qui est un sous-produit de la phase de combustion de l'hydrogène, « flambe » à son tour, c'est à dire qu'il se produit des fusions engendrant du carbone et de l'oxygène, et que l'effondrement de l'étoile sur elle-même s'arrête de nouveau.

Mais qu'en est-il pour des étoiles de masse trop faible pour que se déclenche la fusion de l'hélium ? Pour celles dont la masse est inférieure à la moitié de celle du Soleil, il se produit un phénomène spectaculaire. La température de l'étoile croît à mesure qu'elle se contracte, mais avant que le cœur n'atteigne 100 millions de degrés, un autre facteur interrompt l'effondrement. Il s'agit de la pression exercée par les électrons en raison du principe d'exclusion de Pauli. Comme nous l'avons vu, le principe de Pauli est fondamental pour expliquer la stabilité des atomes, et il sous-tend les propriétés de la matière. Voici maintenant un rôle supplémentaire joué par ce principe : c'est grâce à lui que des étoiles considérablement compactées continuent de fonctionner, même après avoir épuisé leur combustible nucléaire. Comment cela est-il possible ?

Lorsque le volume de l'étoile se contracte, les électrons qui s'y trouvent ont moins d'espace à leur disposition. Les propriétés d'un électron sont conditionnées par sa quantité de mouvement p, et donc par sa longueur d'onde de de Broglie, h/p. Tout spécialement, la particule ne peut être décrite que par un paquet d'ondes au moins aussi grand que la longueur d'onde associée[1]. Ceci implique que, lorsque l'étoile atteint une densité suffisante, les électrons en arrivent à se recouvrir les uns les autres ; nous ne pouvons donc plus les considérer comme des paquets d'ondes isolés. À partir de là, les effets quantiques, le principe de Pauli en particulier, vont jouer un rôle prépondérant dans la description des électrons. Plus précisément, lorsqu'ils sont entassés au point que deux électrons risquent d'occuper la même région de l'espace, le principe d'exclusion de Pauli permet de prévoir qu'ils vont s'y opposer. À la fin de la vie de l'étoile, les électrons vont par conséquent se repousser, et provoquer une rigidité résistant à la poursuite de l'effondrement gravitationnel.

Il s'agit là du sort des étoiles les plus légères, mais qu'en est-il d'étoiles du même type que notre Soleil ? Nous les avons vues, quelques paragraphes plus haut, consommer leur hélium en formant des atomes de carbone et d'oxygène. Mais que se passera-t-il quand elles seront à court d'hélium? Elles aussi doivent alors commencer à s'effondrer sous leur propre poids, ce qui aboutira à confiner leurs électrons dans un espace réduit. Et, tout comme pour les étoiles plus légères, le principe de Pauli va finalement intervenir et mettre fin à l'effondrement. Cependant, dans le cas des étoiles les plus massives, le principe d'exclusion de Pauli va finir par rencontrer ses limites. Comme nous le savons, l'étoile s'effondre sur elle-même, les électrons sont comprimés les uns contre les autres, de sorte que le cœur devient très chaud et que la vitesse des électrons augmente. Pour des étoiles

1. Nous avons vu au chapitre 5 que les particules de quantité de mouvement bien définie peuvent en fait être représentées par des ondes infiniment longues, et si nous autorisons une certaine dispersion de la quantité de mouvement, nous allons pouvoir commencer à localiser la particule. Mais il existe une limite : cela n'aurait aucun sens de considérer une particule caractérisée par une longueur d'onde donnée, si elle était localisée sur une zone plus courte que cette longueur.

assez lourdes, la vitesse des électrons s'approche de celle de la lumière, et c'est alors que se produit un nouveau phénomène. Au voisinage de la vitesse de la lumière, la pression que les électrons sont capables d'exercer se réduit à un point tel qu'ils ne peuvent tout simplement plus résister à la pesanteur. La gravitation redevient prépondérante et l'effondrement reprend son cours. Notre tâche dans ce chapitre est de calculer à quel moment cette limite est atteinte, et nous avons par avance dévoilé le résultat auquel le calcul doit aboutir : si la masse de l'étoile est supérieure à 1,4 fois celle du Soleil, les électrons ne peuvent plus équilibrer la gravitation, qui devient alors dominante.

Nous avons fait le tour des éléments qui constituent la base de nos calculs. Nous pouvons dès lors poursuivre, sans plus nous préoccuper des phénomènes de fusion nucléaire, puisque les étoiles qui brûlent leur hydrogène ne constituent pas notre objectif. Au contraire, nous sommes désireux de comprendre les processus à l'œuvre dans les étoiles mortes. Nous voulons précisément savoir comment la pression quantique des électrons comprimés les uns contre les autres équilibre la force de gravitation, puis comment elle devient insuffisante lorsque la vitesse des électrons devient trop élevée. Le cœur de notre étude revient à mettre en compétition pression quantique et gravitation : si elles s'équilibrent, une naine blanche pourra exister, mais si la gravité prédomine, cela tournera à la catastrophe.

Nous pourrions maintenant nous lancer dans le calcul, mais nous ne pouvons laisser notre lecteur face à un si grand point d'interrogation... Levons donc un peu le voile sur le devenir ultérieur des ces étoiles. Lors de l'implosion d'une étoile massive, il n'existe que deux éventualités. Si sa masse n'est pas excessivement élevée, la compression des protons et des électrons va se poursuivre jusqu'à ce qu'eux aussi fusionnent en émettant des neutrons. En particulier, un proton et un électron se convertissent spontanément en neutron avec émission d'un neutrino, encore une fois par l'intermédiaire de la force nucléaire faible. De cette façon, l'étoile se transforme perpétuellement en une petite boule de neutrons. Reprenons les mots du physicien russe Lev Landau : l'étoile devient « un gigantesque noyau ». Cette expression est empruntée à son article de 1932 « Sur la théorie des étoiles », qui fut publié durant le mois où James Chadwick découvrit le neutron. Ce serait sans doute aller trop loin qu'affirmer que Landau avait prévu l'existence des étoiles à neutrons, mais sa grande intuition lui a sans doute permis d'entrevoir quelque chose de cet ordre. Le mérite proprement dit en revient sûrement à Walter Baade et Fritz Zwicky, qui écrivirent l'année suivante : « Sous toutes réserves, nous pouvons avancer l'hypothèse que les supernovas représentent des transitions d'étoiles ordinaires en étoiles à neutrons, dont les stades ultimes consistent en amas de neutrons extrêmement compacts. » Cette idée paraissait à l'époque totalement incroyable ; elle a par exemple fait l'objet d'un dessin humoristique publié en 1934, reproduit figure 12.1. Les étoiles à neutrons demeurèrent une curiosité scientifique jusqu'au milieu des années 1960.

Figure 12.1 Dessin publié dans l'édition du 19 janvier 1934 du *Los Angeles Times.*

En 1965, Anthony Hewish et Samuel Okoye mirent en évidence « dans la Nébuleuse du Crabe, une radiosource inhabituelle de température de brillance élevée », sans pour autant l'identifier comme une étoile à neutrons. Son identification date de 1967, d'abord par Iosif Shklovsky, puis peu après, grâce à des mesures plus détaillées effectuées par une étudiante irlandaise de 24 ans, Jocelyn Bell, dont le directeur de recherches était Hewish lui-même. Ce premier spécimen d'un des objets les plus exotiques de l'Univers fut dénommé par la suite « pulsar Hewish-Okoye ». Il est remarquable que cette même supernova ait été observée par des astronomes, un millier d'années auparavant. La grande supernova de 1054, la plus lumineuse qui ait jamais été vue, a été observée par des astronomes chinois, et également (même si cela est controversé) par les habitants de Chaco Canyon au sud-ouest des États-Unis, comme en témoignerait un symbole gravé dans la roche sur le bord d'une falaise en surplomb.

Même si nous n'avons pas explicité le mécanisme par lequel les neutrons s'opposent à la gravitation et empêchent la poursuite de l'effondrement, vous pouvez probablement le comprendre par vous-même. Les neutrons, tout comme les électrons, sont soumis au principe d'exclusion de Pauli. C'est pourquoi les étoiles peuvent, dans les dernières phases de leur existence, devenir des étoiles à neutrons aussi bien que des naines blanches. Insistons au passage sur ces objets absolument extraordinaires que sont les étoiles à neutrons, car ils valent le détour : ces étoiles guère plus étendues qu'une ville, mais dont la densité est telle qu'une petite cuillerée de leur matière pèse autant qu'une montagne, ne tiennent que grâce la répulsion qui s'exerce entre les neutrons, qui sont comme les électrons des particules de spin demi-entier.

Il ne reste plus qu'une seule possibilité d'évolution pour les étoiles les plus massives de l'Univers, telles que même les neutrons y frôlent la vitesse de la lumière. Pour de tels géants, la catastrophe est inévitable, car les neutrons n'exercent plus une pression capable de lutter contre la gravitation. Il n'existe tout simplement pas de mécanisme physique susceptible d'empêcher l'effondrement sur lui-même d'un cœur stellaire atteignant environ trois fois la masse de notre Soleil : il en résulte inévitablement un trou noir, à l'intérieur duquel les lois physiques que nous connaissons cessent d'être valides. Non que les lois de la Nature n'y soient plus opérantes : simplement, la compréhension du fonctionnement intime d'un trou noir nécessiterait une théorie quantique de la gravitation, dont nous ne disposons pas à ce jour.

Reprenons notre propos, qui vise conjointement deux objectifs : démontrer la possibilité d'existence des naines blanches et déterminer leur masse limite, comme l'a fait Chandrasekhar. Comme il ne s'agit absolument pas d'un calcul élémentaire, nous allons nous fixer un plan d'action détaillé, permettant en premier lieu d'éclaircir certains points pour préparer le terrain. Il s'agit d'étudier les conditions d'équilibre entre la force de gravitation et celle exercée par les électrons :

Première étape : évaluer la pression due à la gravitation à l'intérieur de l'étoile.

Deuxième étape : déterminer la pression due aux électrons extrêmement confinés. Il n'y aura heureusement pas à prendre en compte le rôle des photons, ni celui des noyaux. Les photons, n'étant pas soumis au principe d'exclusion de Pauli et finissant de toutes façons par quitter l'étoile, n'interviennent pas dans la lutte contre la gravitation. Les noyaux de spin demi-entier rentrent dans le cadre du principe d'exclusion, mais nous verrons que leur masse rend leur contribution négligeable.

La pression dans l'étoile est nécessairement variable : faible en surface, elle se renforce vers le cœur. Ce gradient de pression jouera un rôle central dans nos calculs. Il faut donc préciser cette notion ; considérons un cube de matière quelque part à l'intérieur de l'étoile, comme on le voit sur la figure 12.2. La gravitation tend à amener ce volume vers le centre, c'est justement à cela que les électrons vont s'opposer. La pression est définie précisément comme une force par unité de surface. Jusqu'à présent, nous nous contentions de faire appel à une notion intuitive de pression tirée de notre expérience avec des pneus de vélo ou de voiture ; chacun sait par exemple qu'un pneu bien gonflé exerce une force supérieure à celle d'un pneu où la pression est faible. Pour effectuer nos calculs où la force de pesanteur s'oppose à la force quantique, nous allons utiliser la relation selon laquelle la force F est égale au produit de la pression par la surface.

Afin que ce type de calcul soit tout à fait concret, appliquons-le d'abord à une voiture de masse $m = 1\,500$ kg, dont le contact entre pneu et sol se fait sur 5 cm de longueur, comme on le voit sur la figure 12.3. Si la largeur du pneu est de 20 cm, la surface de contact pour chaque pneu sera égale à 100 cm^2, donc $S = 400$ cm^2 au total. Calculons la pression P à laquelle le pneu doit être gonflé. La force exercée sur le sol par l'air contenu dans le pneu est $F = P \times S = P \times 400$, et c'est cette force qui équilibre exactement le poids de la voiture – nous utilisons simplement ici la loi de l'action et de la réaction, ou troisième loi de Newton : l'action exercée vers le bas par la pesanteur est égale et opposée

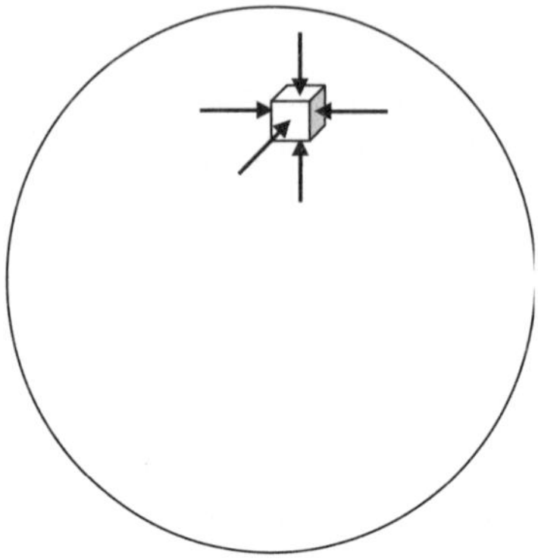

Figure 12.2 Un petit cube au cœur d'une étoile. Les flèches indiquent les forces exercées par les électrons sur les faces de ce cube.

à la réaction due à la pression des pneus. Le poids de la voiture se calcule selon la seconde loi de Newton (la relation fondamentale de la dynamique : $F = ma$, a étant l'accélération de la pesanteur à la surface de la Terre, soit environ 9,8 m/s^2). Le poids de la voiture est donc égal à $1\,500 \times 9{,}8 = 14\,700$ N, le newton N étant égal à 1 kg · m/s^2 (le poids d'une pomme est de l'ordre de 1 newton !). La pression P doit donc être $F/400 = 14\,700/400 = 9{,}81$ N/cm^2. Il faut convertir cette valeur en unité standard de pression, le bar (1 bar = 101 000 N/m^2 = 10,1 N/cm^2. Donc $P = 36{,}75/10{,}1 = 3{,}6$ bars. Vous pouvez en déduire que si le pneu n'était gonflé qu'à 1,8 bars, la surface de contact entre le pneu et le sol doublerait, le pneu serait à plat ! Après ce petit rappel, nous voici à même de revenir à l'intérieur d'une étoile, plus précisément au cube de la figure 12.2.

Si la face inférieure du cube est la plus proche du centre de l'étoile, la pression qui s'exerce sur elle sera un peu plus grande que celle exercée sur la face supérieure. Il en résulte une force tendant à éloigner le cube du centre (c'est-à-dire en direction du haut de la figure). Cette force agit donc bien de manière à s'opposer à la force de gravitation, dirigée au contraire en direction du centre ; à nous d'établir la condition d'équilibre de ces deux forces. Quant aux forces s'exerçant latéralement, elles s'annulent, puisque les quatre faces de côté sont équidistantes du centre.

Pour calculer la force de gravitation, il faut faire appel à la loi de Newton, selon laquelle chaque petite partie de la matière de l'étoile

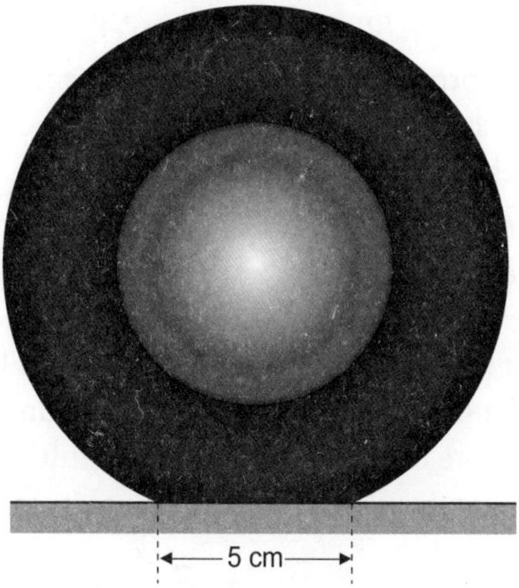

Figure 12.3 Pneu légèrement déformé sous l'effet du poids d'une voiture.

exerce sur le cube une force d'attraction dont l'intensité décroît avec la distance qui les sépare. Cela pourrait exiger un calcul délicat, consistant à découper l'étoile en morceaux et à calculer la résultante de la force exercée par chacune de ces parties sur le petit cube. Heureusement, notre travail va être simplifié par un beau théorème du génial mathématicien allemand Carl Friedrich Gauss, d'après lequel, à condition que la matière stellaire soit répartie selon une symétrie sphérique, (a) les zones extérieures de l'étoile, c'est-à-dire situées plus loin du centre que le cube, exercent au total sur lui une force nulle, et (b) les zones intérieures de l'étoile ont une résultante identique à la force qu'exercerait leur masse si elle était rassemblée au point central. Par conséquent, si on réunit le théorème de Gauss et la loi de Newton, on trouve que le cube est attiré vers le centre par une force d'intensité égale à :

$$G\,\frac{M_{int}\,M_{cube}}{r^2}$$

où M_{int} est la masse de l'étoile à l'intérieur d'une sphère de rayon égal à r, qui est la distance entre le cube et le centre de l'étoile ; M_{cube} est naturellement la masse du cube et G la constante de Newton. Pour un cube situé à la surface de l'étoile, M_{int} serait égal à la masse totale de l'étoile, et pour tout cube intérieur, M_{int} serait inférieur à cela.

Pour que l'étoile soit stable, c'est-à-dire qu'elle ne subisse ni explosion ni effondrement[1], notre « cube-témoin » doit demeurer immobile ; les forces agissant sur lui doivent être égales et opposées. La condition d'équilibre recherchée s'écrit donc :

$$(P_{bas} - P_{haut})A = G\,\frac{M_{int}\,M_{cube}}{r^2} \qquad (1)$$

où P_{bas} et P_{haut} sont les pressions du gaz d'électrons sur les faces inférieures et supérieures du cube et où A est l'aire de chacun des côtés du cube (rappelons que la force est égale à la pression multipliée par la surface). Cette importante équation est elle-même numérotée (1) pour faciliter les références ultérieures.

Nous avons progressé, mais il nous faut maintenant obtenir la valeur réelle de la pression du gaz d'électrons. Comment se répartissent les électrons que contient l'étoile ? Étant soumis au principe d'exclusion de Pauli, ils ne peuvent se trouver au même endroit. On peut donc imaginer que chacun d'eux réside seul dans un cube particulier. Plus exactement, deux électrons *dans le même état* ne peuvent se trouver au même endroit, or il existe deux états possibles, « spin up » et « spin down ». Donc un cube donné est alloué non pas à un seul électron mais à une paire d'entre eux. S'ils n'obéissaient pas au principe d'exclusion, tout le volume leur serait accessible, en ignorant les interactions, entre eux et avec les autres particules.

Nous savons ce qui se produit quand on confine une particule quantique dans un espace donné : elle se déplace, conformément au principe d'incertitude de Heisenberg, et plus elle est confinée dans un espace réduit, plus elle a tendance à sauter loin. Or dans une naine blanche en formation, les électrons sont confinés dans un volume qui est en train de se contracter, donc ils s'agitent de plus en plus énergiquement. Comme nous l'avons déjà dit, c'est la pression due à cette agitation qui va finir par arrêter l'effondrement gravitationnel.

Nous pouvons aller plus loin que cette formulation en langage ordinaire : le principe d'incertitude de Heisenberg va nous permettre de

1. Nous pouvons nous permettre de généraliser à l'ensemble de l'étoile, car le cube pouvant se trouver en n'importe quel point de celle-ci, il est représentatif de l'ensemble de son volume.

déterminer la quantité de mouvement typique acquise par un électron. En particulier, si un électron est confiné dans une région de dimension Δx, sa quantité de mouvement sera $p \sim h/\Delta x$ (le signe $\sim$ signifie « de l'ordre de »). En fait, au chapitre 4, nous avons vu qu'il s'agit plutôt là d'une *limite supérieure* de la quantité de mouvement, celle-ci pouvant varier entre zéro et cette valeur ; gardons bien cela en tête pour la suite. Introduire la quantité de mouvement nous amène à deux considérations. Tout d'abord, si le principe de Pauli n'intervenait pas, la valeur de Δx pourrait être très grande, et l'agitation des électrons serait bien moindre, ainsi que la pression qu'ils seraient susceptibles d'exercer ; on voit donc que le principe d'exclusion a pour effet d'augmenter considérablement la pression, en conséquence du principe d'incertitude. En second lieu, puisque la quantité de mouvement est définie par $p = mv$, la vitesse d'agitation est inversement proportionnelle à la masse des particules en jeu : elle est grande pour les électrons, petite pour les noyaux ; par conséquent, comme nous l'avions dit, la contribution des électrons à la pression est essentielle, celle des noyaux est négligeable.

Nous pouvons à présent passer de la détermination de la quantité de mouvement à la pression elle-même exercée par un gaz d'électrons. Évaluons tout d'abord le volume Δx^3 de chacun des petits cubes occupés par des électrons (deux par cube). Soit V le volume de l'étoile et N le nombre total d'électrons qu'elle contient ; désignons par n le nombre d'électrons par unité de volume :

$$n = \frac{N}{V}$$

Comme chaque petit cube à l'intérieur de l'étoile peut contenir une paire d'électrons, le nombre total N d'électrons doit occuper $N/2$ cubes, chacun ayant pour volume :

$$\Delta x^3 = \frac{V}{N/2} = \frac{2V}{N} = \frac{2}{n}$$

Prenons la racine cubique de cette expression pour obtenir Δx :

$$\Delta x = \sqrt[3]{2/n} = (2/n)^{1/3}$$

Introduisons cette valeur dans la formule du principe d'incertitude, pour obtenir la quantité de mouvement typique des électrons au cours de leur agitation quantique :

$$p \sim h(n/2)^{1/3} \qquad (2)$$

Comme l'indique bien le symbole utilisé, le résultat obtenu est assez imprécis, mais il ne pouvait en être autrement : tous les électrons ne s'agitent pas exactement de la même manière, certains ont une vitesse plus élevée, d'autres plus faible que la valeur typique. Le principe d'incertitude n'est pas une loi de répartition des vitesses, il affirme simplement que la quantité de mouvement d'une particule confinée est *de l'ordre de* $h/\Delta x$. Nous appliquerons simplement cette valeur à tous les électrons, perdant ainsi quelque précision dans notre calcul, mais respectant cependant l'esprit de la physique de la situation[1].

Nous disposons maintenant de quoi déterminer la pression exercée sur notre petit cube ; supposons un flux d'électrons se dirigeant tous à la même vitesse v dans la direction d'une paroi plane, puis rebondissant à la même vitesse dans la direction opposée. Ce type d'hypothèses simplificatrices est tout à fait courant en physique, car il offre une première approche, très efficace dans le cas d'un problème difficile. Considérons les électrons contenus dans un cylindre de 1 m^2 de section (voir figure 12.4) et soit n le nombre de particules par m^3. Si la vitesse v est exprimée en mètres par seconde, nv électrons heurteront la paroi à chaque seconde. En effet, tous les électrons qui sont contenus dans le tube représenté sur la figure, de longueur $v \times 1$ seconde, arriveront sur la paroi au bout d'une seconde ; comme le volume de ce tube est égal à v m^3, il contient nv électrons.

Pour en déduire la force exercée par le flux d'électrons, nous appliquerons une fois encore la seconde loi de Newton, $F = ma$. L'accélération a étant définie comme la variation de vitesse par unité de temps, on peut écrire $F = m\mathrm{d}v/\mathrm{d}t$. Cette même formule peut s'exprimer en fonction de la quantité de mouvement $p = mv$; elle donne alors la forme la plus générale de la loi de Newton : $F = \mathrm{d}p/\mathrm{d}t$. Dans le cas

1. Un calcul plus précis est naturellement possible, au prix d'une formulation mathématique plus complexe.

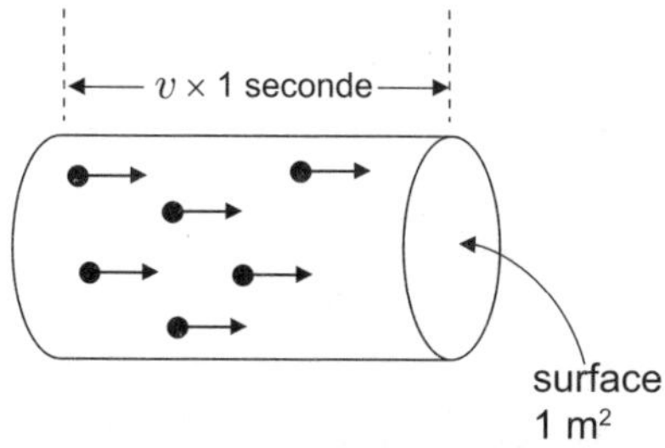

Figure 12.4 Un flux d'électrons (les points) se dirigeant tous dans le même direction. Tous les électrons présents dans un tube de cette longueur heurteront la paroi à chaque seconde.

d'un électron arrivant sur la paroi, sa quantité de mouvement subit une variation de $2mv$ au cours du rebond ; pour l'ensemble des électrons contenus dans le tube de la figure 12.4, la vitesse de variation de la quantité de mouvement est $2mv \times nv$. La force exercée sur la paroi est donc $F = 2mv \times nv$. Comme nous avions choisi un cylindre de 1 m^2 de section, c'est du même coup l'expression de la pression exercée par le flux d'électrons.

Pour passer de ce flux d'électrons à une représentation plus réaliste du gaz d'électrons, il faut tenir compte du fait que les électrons se déplacent au hasard dans toutes les directions et que, statistiquement, il n'y a qu'un sixième des électrons qui agissent sur l'une de six faces du cube. La pression vaut donc $2mv \times nv/6 = nmv^2/3$. Remplaçons maintenant la vitesse v par son estimation découlant du principe de Heisenberg (équation (2)). La pression P est donc[1] :

$$P = \frac{1}{3} nm \frac{h^2}{m^2} \left(\frac{n}{2}\right)^{2/3} = \frac{1}{3} \left(\frac{1}{2}\right)^{2/3} \frac{h^2}{m} n^{5/3}$$

Comme nous l'avions annoncé un peu plus haut, nous n'obtenons ici qu'une approximation qui surestime la quantité de mouvement. Le résultat du calcul exact de cette pression n'en diffère que par un facteur correctif qui ne change rien à la signification du résultat ; en un point donné, la pression due aux électrons à l'intérieur d'une naine blanche est proportionnelle au nombre d'électrons par unité de volume en ce point,

1. Nous avons utilisé la règle générale de combinaison des exposants $x^a x^b = x^{a+b}$.

élevé à la puissance 5/3 :

$$P = \frac{1}{40}\left(\frac{3}{\pi}\right)^{2/3}\frac{h^2}{m}n^{5/3} \qquad (3)$$

C'est déjà en soi un résultat satisfaisant, mais il est préférable d'exprimer cette pression, non pas en fonction de la densité d'électrons, mais en fonction de la *densité de l'étoile* (ou plus exactement de sa masse volumique, c'est-à-dire sa masse par unité de volume ; mais à partir d'ici nous emploierons systématiquement le terme de densité). Cela est possible en admettant – ce qui est une excellente approximation – que l'essentiel de la masse de l'étoile provient des noyaux et non des électrons (le proton, de même que le neutron, ont une masse environ 2 000 fois plus grande que celle de l'électron). L'étoile étant électriquement neutre, elle contient autant de protons que d'électrons. Pour connaître la valeur de la densité de l'étoile, il faut déterminer le nombre de protons par unité de volume, ainsi que celui des neutrons qui résultent du processus de fusion. Dans le cas des naines blanches les plus légères, le cœur est constitué principalement d'hélium 4, qui est l'aboutissement de la fusion des noyaux d'hydrogène : il y a donc autant de protons que de neutrons. Rappelons à présent quelques notations courantes : le total du nombre de protons et de neutrons d'un noyau est désigné par le symbole A (masse atomique du noyau) ; par exemple, pour l'hélium 4, $A = 4$. Le nombre de protons (numéro atomique) est symbolisé par Z ; pour l'hélium, $Z = 2$. La masse du proton m_p et celle du neutron étant pratiquement égales, on peut écrire une relation entre la densité d'électrons n et la densité ρ :

$$n = \frac{Z\rho}{m_p A}$$

Explicitons les différents termes de cette équation : la quantité m_pA est la masse de chaque noyau, ρ/m_pA est donc le nombre de noyaux par unité de volume, et si on multiplie cette dernière valeur par Z, on obtient le nombre de protons par unité de volume, qui doit être égal à n, le nombre d'électrons par unité de volume.

Introduisons cette valeur de n dans l'équation (3) ; comme n est proportionnel à ρ, il en résulte que la pression est proportionnelle à la puissance 5/3 de la densité. Résumons ce résultat essentiel :

$$P = \kappa \rho^{5/3} \quad (4)$$

Dans cette expression, la constante κ regroupe tous les nombres qui conditionnent la grandeur de la pression, ce qui permet de mettre en évidence ce qui est important ; une accumulation de symboles aurait le désavantage de dissimuler le point central, qui est la relation entre pression et densité. Il convient de remarquer que κ dépend du rapport de Z et de A, et qu'il pourra donc varier selon le type de naine blanche auquel on a affaire.

Avant de continuer, ne manquons pas de noter que la pression due à l'agitation quantique des électrons est indépendante de la température de l'étoile. Elle ne dépend que de son degré de contraction. Naturellement il existe une contribution à la pression due à l'agitation thermique des électrons, mais pour gagner du temps, contentons-nous de dire que son calcul montrerait qu'elle est négligeable devant la pression quantique.

Revenons maintenant à la formule (1) :

$$(P_{bas} - P_{haut})\, A = G\, \frac{M_{int}\, M_{cube}}{r^2} \quad (1)$$

Sommes-nous maintenant en mesure de remplacer dans cette équation la variable représentant la pression par l'expression que nous venons d'obtenir ? Pas si simple ! Il faudrait disposer de la *différence* de pression entre les faces inférieure et supérieure du cube. Nous aurions ensuite à reformuler entièrement l'équation (1) en fonction de la densité à l'intérieur de l'étoile, qui varie elle-même d'un point à l'autre (sans cela il n'y aurait pas de différence de pression entre deux faces du cube) ; il resterait alors à trouver comment la densité varie en fonction de la distance par rapport au centre de l'étoile. Cela nécessiterait de résoudre une équation différentielle, or nous sommes résolus à ne pas recourir à ce niveau de sophistication mathématique. Nous allons plutôt utiliser de l'imagination et de la réflexion, de manière à tirer de l'équation (1) une relation entre la masse et le rayon d'une naine blanche ; en bref : penser plus pour calculer moins...

De toute évidence, la taille de notre petit cube et sa position à l'intérieur de l'étoile sont totalement arbitraires ; aucune des conclusions auxquelles nous souhaitons parvenir concernant l'étoile dans son ensemble ne devra dépendre de particularités liées au cube. Commençons par introduire certaines variables qui pourront, de prime abord, sembler de peu d'intérêt. Soit R le rayon de l'étoile ; exprimons la distance du cube au centre de l'étoile par $r = aR$. La constante a est donc un simple rapport entre deux longueurs, c'est un nombre sans dimension, c'est-à-dire qu'il ne possède pas d'unités ; si $a = 1$, le cube se trouve à la surface de l'étoile, si $a = 0{,}5$, il est à mi-distance du centre. De même, écrivons la taille du cube en fonction du rayon de l'étoile : si L est la longueur du côté du cube, nous poserons $L = bR$, où b est à nouveau un nombre sans dimension, qui sera très petit si le cube est de taille réduite par rapport à l'étoile. Rien dans ces nouvelles variables ne correspond à quoi que ce soit de bien profond, au point de paraître dépourvu d'intérêt. Tout juste peut-on noter que R est l'unique longueur pertinente que l'on pouvait employer dans le cas d'une étoile.

Poursuivons dans cette direction, et exprimons la densité de l'étoile par rapport à la densité moyenne sur l'ensemble de l'étoile ; posons $\rho = f\rho'$ où f est une nouvelle variable sans dimension, et où ρ' est la densité moyenne. Comme nous l'avons déjà noté, la densité dépend de la position à l'intérieur de l'étoile : elle est plus grande au voisinage du centre. Comme la densité moyenne ρ' ne dépend pas de la position du cube, f en dépend nécessairement, donc f est fonction du produit aR. Nous arrivons ici à une articulation centrale de notre raisonnement : f est un nombre sans dimension, ce qui n'est pas du tout le cas de R, qui est une longueur. Ceci implique que f dépend uniquement de a, et nullement de R. C'est un résultat très important, qui nous apprend que le profil de densité d'une naine blanche est caractérisé par son « invariance d'échelle ». Cela signifie que la manière dont la densité dépend du rayon est elle-même indépendante du rayon de l'étoile. Par exemple, la densité en un point situé aux trois quarts de la distance du centre ($a = 0{,}75$) représentera une même fraction de la densité moyenne pour toutes les naines blanches, quelle que soit leur taille. Ce résultat crucial peut être considéré de deux façons différentes et ce livre ayant deux auteurs, nous allons vous présenter les deux points de vue.

L'un de nous explique ainsi cette propriété : « Cela est dû au fait que toute fonction sans dimension de r (c'est le cas de f) dépend nécessairement elle-même d'une variable sans dimension. Or la seule variable de ce type dont nous disposions est $r/R = a$; en effet, il se trouve que R est la seule quantité ayant la dimension d'une longueur. »

L'autre auteur estime que l'interprétation suivante est plus claire : « En général, f est une fonction compliquée de r, la distance qui sépare le petit cube du centre de l'étoile. Mais supposons pour un instant que cette fonction soit par exemple une simple relation de proportionnalité, $f \propto r$. On pourrait ainsi écrire $f = Br$, où B serait une constante. Mais il faut que f soit un nombre pur, sans dimension, alors que r se mesure en mètres. La constante B serait donc mesurée en 1/mètre (c'est-à-dire que son unité est le m^{-1}, « l'inverse de 1 mètre »), de telle sorte que les unités de longueur s'éliminent entre elles. Quelle valeur attribuer à B ? On ne peut prendre une grandeur arbitraire, mettons « 1 m^{-1} », car alors pourquoi ne pas prendre « 1 inverse d'année lumière », ou quoi que ce soit d'autre, sans aucune signification, sans rapport aucun avec l'étoile ? La seule longueur pertinente dans le contexte est R, le rayon même de l'étoile, et nous sommes contraints de l'utiliser, pour être assuré que f demeure toujours un nombre sans dimension. Ceci signifie que f ne peut dépendre que de r/R ; il est facile de voir que nous serions arrivés à la même conclusion si nous étions partis d'une fonction quelconque, par exemple $f \propto r^2$ ». Voici donc quel était le point de vue exprimé par l'autre auteur, présenté ici de manière un peu plus détaillée.

Ceci signifie que nous pouvons exprimer la masse de notre petit cube, de côté L et de volume L^3, situé à la distance r du centre de l'étoile, par $M_{cube} = f(a)L^3\rho'$. Nous avons écrit la fonction f sous forme $f(a)$ pour souligner le fait qu'elle ne dépend que de la variable $a = r/R$, non pas de propriétés à grande échelle de l'étoile. Le même type d'argument peut justifier la formulation suivante : $M_{int} = g(a)M$, où $g(a)$ est une fonction ne dépendant que de la variable a. Par exemple, la fonction $g(a)$ évaluée pour $a = 1/2$ nous donne la fraction de la masse contenue dans une sphère dont le rayon est égal à la moitié du rayon de l'étoile, et il en sera de même pour toute naine blanche, d'après l'argument du précédent paragraphe[1]. Vous avez pu remarquer que nous avons parcouru systématiquement les différents termes de l'équation (1), les remplaçant à chaque fois par des quantités sans dimension (*a*, *b*, *f* et *g*), multipliées par des facteurs ne dépendant que de la masse et du rayon de l'étoile (c'est le cas de la densité moyenne ρ' de l'étoile car $\rho' = M/V$, et V est le volume d'une sphère : $V = 4\pi R^3/3$. Pour compléter ce travail, il faut appliquer cela à la différence de pression qui, d'après l'équation (4), peut s'exprimer comme $P_{bas} - P_{haut} = h(a, b)\kappa\rho'^{5/3}$, où $h(a,b)$ est une grandeur sans dimension. La fonction h dépend tout à la fois de a et b, car la différence de pression varie selon l'emplacement du cube (représenté par la variable a), mais également de sa taille (la variable b) : un plus grand cube présente une différence de pression plus importante. Le point le plus important est le fait que, tout comme $f(a)$ et $g(a)$, $h(a,b)$ ne dépend pas du rayon de l'étoile.

Reportons les expressions que nous venons de démontrer dans l'équation (1) :

$$\left(h\kappa\rho'^{5/3}\right) \times \left(b^2R^2\right) = G\frac{(gM) \times (fb^3R^3\rho')}{a^2R^2}$$

L'allure peu sympathique de cette formule donnerait à penser que nous sommes encore fort loin d'aboutir... Et pourtant, cette relation entre la masse de l'étoile et son rayon devrait nous indiquer que nous sommes sur la bonne voie ! Si on remplace la densité moyenne de l'étoile par son expression ($\rho' = M/\left(4\pi R^3/3\right)$), on a la possibilité de réarranger tout cela de manière plus avenante :

$$RM^{1/3} = \kappa/(\lambda G) \qquad (5)$$

Dans cette nouvelle expression, on a posé :

$$\lambda = \left(\frac{4\pi}{3}\right)^{2/3} \frac{bfg}{ha^2}$$

1. Nos lecteurs ayant un penchant pour les mathématiques pourront démontrer que $g(a) = 3\int_0^a x^2 f(x)dx$, c'est-à-dire que la fonction $g(a)$ est totalement déterminée à partir du moment où nous connaissons la fonction $f(a)$.

Le paramètre λ dépend uniquement de grandeurs sans dimensions (*a*, *b*, *f*, *g* et *h*), ce qui signifie qu'il est indépendant des quantités se référant à la totalité de l'étoile, M et R : λ a donc *la même valeur* pour toutes les naines blanches !

À première vue, la présence des variables *a* et *b* dans l'expression du paramètre λ pourrait faire croire que sa valeur pourrait changer, en variant la position ou la taille de notre petit cube. Mais l'équation (5) montre que cela est impossible, car le rayon R ou la masse M de l'étoile sont des grandeurs physiques clairement indépendantes de notre petit cube imaginaire... Cela signifie que toute variation de *a* ou *b* doit être compensée par des changements de *f*, *g* et *h*.

L'équation (5) démontre, très spécifiquement, la possibilité de l'existence des naines blanches. En effet, l'équilibre entre les forces de pression quantique et la gravitation postulé par l'équation (1) est réalisable. Cela n'avait rien d'évident, car il aurait pu se trouver que l'équation (1) soit impossible à satisfaire pour toute combinaison de M et de R. Qui plus est, l'équation (5) prévoit que la quantité $RM^{1/3}$ est une constante : si on effectue des mesures astronomiques sur les naines blanches, on doit donc trouver que le produit de leur rayon par la racine cubique de leur masse donne le même résultat pour toutes ces étoiles !

Naturellement, il est possible d'aller un peu plus loin en calculant exactement la valeur attendue pour λ. Il ne s'agit plus là que de la résolution d'une équation différentielle du second ordre, donc en dehors des limites allouées au présent livre comme nous l'avons déjà dit ; cela ne diminue en rien la valeur des conclusions auxquelles nous sommes déjà parvenus, concernant l'existence des naines blanches et la relation entre leur masse et leur rayon. Qu'il suffise de dire qu'après avoir calculé la valeur du nombre λ à l'aide d'un ordinateur personnel et après avoir introduit les valeurs de κ et de G, on trouve :

$$RM^{1/3} = \left(3{,}5 \times 10^{17}\mathrm{kg}^{1/3}\mathrm{m}\right) \times (Z/A)^{5/3}$$

ce qui donne $1{,}1 \times 10^{17}\mathrm{kg}^{1/3}\mathrm{m}$ pour des cœurs stellaires formés uniquement d'hélium, de carbone ou d'oxygène ($Z/A = 1/2$). Pour ceux qui sont constitués de fer, $Z/A = 26/56$ et on trouve une valeur légèrement plus faible : $1{,}0 \times 10^{17}\mathrm{kg}^{1/3}\mathrm{m}$. Nous avons systématiquement parcouru la littérature scientifique et rassemblé les masses et les rayons de seize naines blanches réparties dans la Voie Lactée, cette banlieue du vaste Univers dans laquelle nous vivons. Nous avons calculé dans chaque cas la valeur de $RM^{1/3}$ et ces observations astronomiques ont pour résultat $RM^{1/3} \approx 0{,}9 \times 10^{17}\text{kg}^{1/3}\text{m}$. Une telle qualité d'accord est tout simplement confondante... La conjonction du principe d'exclusion de Pauli, du principe d'incertitude de Heisenberg et de la loi de la gravitation de Newton permet donc de prévoir la relation masse-rayon des naines blanches.

Vous avez pu remarquer une dispersion minime des valeurs théoriques (1,0 et 1,1) et de la valeur observée (0,9). Une analyse scientifique détaillée de ces écarts entre la théorie et l'expérience serait certainement de mise, mais elle n'entre nullement dans notre propos. La convergence de ces valeurs à 10 % près est tout à fait impressionnante ; elle constitue une preuve que nos connaissances sur la théorie des étoiles et sur la mécanique quantique sont d'ores et déjà opérationnelles.

Les physiciens et les astrophysiciens sont désireux d'aller plus loin, en testant plus à fond les résultats théoriques, après avoir perfectionné la description proposée dans le présent chapitre. Il conviendrait en particulier de prendre en compte la température de l'étoile. On pourrait aussi étudier les conséquences des interactions des électrons avec les noyaux, et les interactions entre électrons. Nous avons négligé toutes ces corrections et nous nous en sommes *a posteriori* justifiés par l'accord de la théorie simplifiée avec les données. D'ailleurs, les calculs détaillés ont été réalisés, et ils confortent également nos hypothèses.

Nos avancées sont indéniables : nous avons vérifié qu'un effet purement quantique, comme la pression exercée en vertu du principe de Pauli par les électrons confinés, est de taille à lutter contre l'écrasante pression gravitationnelle au cœur d'objets stellaires extrêmement denses. À la différence des étoiles « ordinaires », la taille des étoiles naines diminue si on augmente leur masse : en effet l'accroissement de la masse se traduit par une pesanteur plus grande, entraînant une contraction accrue.

Il ne faudrait cependant pas prendre trop à la lettre la relation (5), en allant imaginer que si M tendait vers l'infini, le rayon R irait jusqu'à s'annuler. Ce serait là oublier qu'au début de ce chapitre, nous avons mentionné qu'au-delà d'un certain degré de confinement, la vitesse des électrons devient si proche de celle de la lumière qu'il n'est plus possible de continuer à appliquer sans changement les lois de Newton, en ignorant les effets de la relativité restreinte d'Einstein. Voyons à présent les conséquences entraînées par cette évolution théorique.

Nous allons constater que lorsque la masse d'une étoile atteint une masse suffisante, la pression exercée par les électrons cesse d'être proportionnelle à la puissance 5/3 de la densité, elle va augmenter moins vite. Nous allons effectuer le calcul, mais on peut sans attendre prévoir que cela aura des conséquences catastrophiques pour l'étoile. La masse augmentant, l'effet de la gravitation s'accentue, alors que la pression croît moins vite. Le devenir de l'étoile est justement conditionné par ce que « moins vite » signifie au juste quand on atteint la zone où il faut appliquer la théorie de la relativité. Il est donc nécessaire de connaître la pression d'un gaz d'électrons « relativistes ».

Il n'y aura heureusement pas à entrer dans la lourde machinerie de la théorie d'Einstein car le calcul suit d'assez près la logique de la théorie non relativiste, à la différence près que la quantité de mouvement ne peut plus s'écrire $p = mv$. Le calcul de la force se déduit toujours de la vitesse de variation de p. Dans le cas non relativiste, nous avions trouvé que la pression exercée par un flux d'électrons rebondissant sur une paroi était $P = 2mv \times nv$. Dans le cas présent, il faut remplacer mv par la quantité de mouvement p. Comme précédemment, il n'y a qu'un sixième des électrons qui agissent sur une face du cube, d'où la pression du gaz d'électrons relativistes : $P = 2p \times nc/6 = pnc/3$. Là encore, il faut poursuivre en appliquant le principe d'incertitude de Heisenberg pour énoncer que la quantité de mouvement des électrons confinés est typiquement $h(n/2)^{1/3}$, d'où :

$$P = \frac{1}{3}nch\left(\frac{n}{2}\right)^{\frac{1}{3}} \propto n^{4/3}$$

Comme nous l'avons fait auparavant, nous passons à l'expression exacte :

$$P = \frac{1}{16}\left(\frac{3}{\pi}\right)^{\frac{1}{3}} hcn^{4/3}$$

Finalement nous pouvons suivre la même méthodologie que précédemment pour exprimer la pression en fonction de la densité de l'étoile, ce qui permet de trouver la formule remplaçant l'équation (4) :

$$P = \kappa' \rho^{4/3}$$

dans laquelle $\kappa' \propto hc \times \left(Z/(Am_p)\right)^{4/3}$. Comme prévu, la pression augmente moins vite avec la densité que dans le cas non relativiste : elle augmente comme la puissance 4/3 de la densité, alors qu'auparavant elle suivait une loi de puissance 5/3. La raison en est que les électrons ne peuvent dépasser la vitesse de la lumière ; le facteur décrivant le flux d'électrons nv dont dépend la pression est donc limité par la valeur nc, et les électrons n'arrivent pas sur la paroi (c'est-à-dire une face du cube) à une cadence suffisante pour que la variation en fonction de $\rho^{5/3}$ soit encore possible.

Nous allons tirer les conséquences de ce changement, conformément à la discussion du cas non relativiste, en déduisant la relation qui devra se substituer à l'équation (5) :

$$\kappa' M^{4/3} \propto GM^2$$

Ce résultat est très important, car à la différence de l'équation (5), il ne dépend pas du rayon de l'étoile. Cette sorte d'étoile, dont les électrons vont à la vitesse de la lumière, sera caractérisée par une valeur particulière de sa masse. En utilisant la valeur de κ' déduite du paragraphe précédent, on obtient la prévision suivante :

$$M \propto \left(\frac{hc}{G}\right)^{3/2} \left(\frac{Z}{Am_p}\right)^2$$

Nous voici au résultat annoncé dès le début du présent chapitre, concernant la masse maximum que peut atteindre une naine blanche. Nous sommes presque arrivés à la limite démontrée par Chandrasekhar, il nous reste seulement à identifier cette valeur particulière avec la masse maximum possible. Nous savons que pour des naines blanches qui ne sont pas trop massives, le rayon n'est pas excessivement réduit, et par conséquent les électrons ne sont pas trop comprimés. Leur agitation quantique n'est donc pas trop grande, les vitesses sont très inférieures à la vitesse de la lumière. Dans leur cas, nous avons prouvé leur stabilité dans le cadre de la relation masse-rayon $RM^{1/3} = constante$. Supposons maintenant que la masse augmente. La relation précédente implique que le rayon diminue et que les électrons confinés dans un espace qui s'est réduit s'agitent à des vitesses plus élevées. Si la masse s'accroît encore, l'étoile subit une contraction plus importante. Cela conduit donc à des vitesses d'agitation supérieures jusqu'à ce que, finalement, la vitesse des électrons avoisine celle de la lumière. La pression change alors de $P \propto \rho'^{5/3}$ à $P \propto \rho'^{4/3}$. À ce dernier stade, l'étoile n'est stable que pour une valeur particulière de la masse. Au delà de cette valeur, le terme de droite de l'expression $\kappa' M^{4/3} \propto GM^2$ devient prédominant et l'équation ne peut plus être satisfaite. En effet, la pression des électrons (le terme de gauche) est insuffisante pour contrebalancer la force de gravitation (représentée par le terme de droite) et l'étoile ne peut que s'effondrer sur elle-même.

Si nous avions pris soin de calculer avec précision la quantité de mouvement de l'électron et que nous avions choisi d'utiliser un niveau mathématique plus avancé pour calculer les valeurs numériques (ce qui encore une fois est à la portée des ordinateurs personnels), nous aurions obtenu la valeur exacte de la masse maximum d'un naine blanche :

$$M = 0{,}2 \left(\frac{hc}{G}\right)^{3/2} \left(\frac{Z}{Am_p}\right)^2 = 5{,}8 \left(\frac{Z}{A}\right)^2 M_s$$

expression dans laquelle nous avons rassemblé l'ensemble des constantes physiques en faisant apparaître la masse de notre Soleil M_s. Remarquez au passage que tous les calculs précis dans lesquels nous avions évité de nous engager se ramènent en définitive à une simple constante de proportionnalité, égale à 0,2. Cette dernière équation donne finalement la limite de Chandrasekhar annoncée : 1,4 masses solaires pour $Z/A = 1/2$.

Nous voici parvenus ici au bout de notre voyage. Comme vous l'avez vu, ce dernier chapitre a fait usage de plus de mathématiques que le reste du livre, mais cela était pleinement justifié, de notre point de vue, pour rendre justice à l'une des plus impressionnantes démonstrations de la puissance de la physique moderne. Certes, on n'y trouvera pas d'application

« utile », mais cela représente néanmoins une grande réussite de la pensée humaine. La relativité, la mécanique quantique et les mathématiques se sont unies pour déterminer la masse maximum d'un amas matériel, dont la résistance à l'effondrement gravitationnel est due au principe d'exclusion. Si nos conquêtes scientifiques sont étranges, choquantes pour le sens commun et difficiles à interpréter, elles constituent pourtant une construction robuste, à l'épreuve du réel !

Compléments bibliographiques

Nous nous sommes servis d'un grand nombre d'ouvrages pour réaliser ce livre, mais certains méritent une mention spéciale, et sont hautement recommandés.

Concernant l'historique de la mécanique quantique et de la relativité, une source définitive est apportée par les deux grands livres d'Abraham PAIS : *Albert Einstein : la vie et l'œuvre*, Dunod (2005) et *Inward Bound - Of Matter and Forces in the Physical World*, Oxford University Press (1986). Tous deux sont assez techniques, mais la richesse des détails apportés fait qu'ils restent sans rival.

Le livre de Richard FEYNMAN, *Lumière et matière - Une étrange histoire*, Seuil (1999) se situe à un niveau de difficulté comparable au présent ouvrage. Il est centré sur l'électrodynamique quantique. Sa lecture est un plaisir, comme c'est le cas pour la plupart des livres de Feynman.

Pour ceux qui exigent plus de détail, le meilleur livre sur les fondements de la mécanique quantique demeure celui de Paul DIRAC *Les principes de la mécanique quantique*, Presses polytechniques et universitaires romandes (2009). Un niveau mathématique élevé est requis pour l'aborder.

On peut trouver en ligne (sur iTunes University) deux cours que nous vous voulons vous conseiller : celui de Leonard SUSSKIND, *Modern Physics : The Theoretical Minimum – Quantum Mechanics*, et celui de James BINNEY, de l'université d'Oxford, qui est d'un niveau plus avancé : *Quantum Mechanics*. Tous deux réclament des bases mathématiques suffisantes.

Pour les lecteurs francophones, nous pourrions compléter ces recommandations par de nombreux ouvrages, allant de livres d'initiation à des traités complets. Voici quelques références :

COHEN-TANNOUDJI Claude, DIU Bernard et LALOË Franck, *Mécanique quantique*, Hermann (1997)

ESCOUBÈS Bruno et LEITE-LOPES José, *Sources et évolution de la physique quantique - Textes fondateurs*, E.D.P. Sciences (2005)

FEYNMAN Richard, *Le cours de physique de Feynman - Mécanique quantique*, Dunod, (2003)

HOFFMAN Banesh et PATY Michel, *L'étrange histoire des quanta*, Seuil (1981)

LÉVY-LEBLOND Jean-Marc et BALIBAR Françoise, *Quantique – Rudiments*, Dunod (2007)

MESSIAH Albert, *Mécanique quantique*, Dunod (1995)

MOUCHET Amaury, *L'étrange subtilité quantique - Quintessence de poussières*, Dunod (2010)

INDEX

A

accélérateurs de particules
- LHC 115, 189, 193, 194, 201, 203, 205, 209, 210
- Tevatron 195

action (grandeur physique)
- action en mécanique quantique 55, 69
- expression de l'action en fonction de *m*, *x* et *t* 51
- moindre action (principe de) 53
- origine du concept 53

Allen, Woody 18, 50
aluminium 163, 164
Anderson, Carl 189
Anderson, Philip 204
antimatière 187–190
argent 205
argon 118, 120, 122
atome
- découverte du noyau atomique 8
- hydrogène 106
- niveaux d'énergie 104
- structure 7, 10, 91, 113

azote 3, 120, 123

B

Baade, Walter 219
Balibar, Françoise 56, 240
Balmer, Johann 106
bandes d'énergie dans les matériaux 19, 151, 152, 154–157, 159–164
- bande de conduction 156, 157, 159–164
- bande de valence 156, 157, 160–164

Bardeen, John 171
Barry, Dave 175
Becquerel, Henri 7
Bell, Jocelyn 20, 136, 219
béryllium 120
Bethe, Hans 174, 190, 192
Big Bang 196, 203, 207–209, 215
Binney, James 62, 78, 239
Bohm, David 174
Bohr, Niels 5, 10–13, 50, 118, 191
Boltzmann, Ludwig 64
bore 120
Born, Max 42–45, 56, 124
boson 131, 194, 201, 208
boson de Higgs 131, 194, 201, 208
- origine 207

branchement (dans les diagrammes de Feynman) 180
Brattain, Walter H. 171
Breit, Gregory 174
Brout, Robert 204

C

calcium 121
carbone 3, 120, 122, 155, 216, 217, 233

causalité 45
CERN (Organisation européenne pour la recherche nucléaire) 115, 189, 193, 199, 201
Chadwick, James 218
Chandrasekhar, Subrahmanyan 27, 213, 220, 236
changement de phase 207
charbon 64
Cohen-Tannoudji, Claude 240
Compton, Arthur 6
condensat 208
conducteurs 135, 152, 155
constante cosmologique 209
constante de structure fine 181
constante gravitationnelle de Newton 18
constantes fondamentales 214
corps noir (rayonnement du corps noir) 5, 64, 65, 126
Coulomb, Charles Augustin de 108, 109
courant électrique dans un semi-conducteur 162
cristal 155, 163

D

Darrow, Karl 174
Davisson, Clinton 20, 22, 24, 25, 40, 82
de Broglie, Louis 5, 45, 81, 82, 217
  relation de Louis de Broglie 81, 84–86, 88, 92, 99, 104, 107
décalage de Lamb 175, 192
décomposition de Fourier 89
deutéron 198, 215, 216
diagrammes de Feynman 178
  branchement 180
  règles de branchement 196, 198–200, 205, 206
diamant 155
diapason 145
diffusion 20, 57, 125, 126, 179, 180, 183, 187
diffusion d'électrons 125, 178
diode 167
dioxyde de carbone 122
Dirac, Paul Adrien Maurice 5, 42, 43, 45, 55, 63, 123, 124, 174, 188, 189, 239
Diu, Bernard 240
Dyson, Freeman 29, 116, 133

E

Eddington, Arthur 197
effondrement gravitationnel 26, 133, 213, 215–217, 220, 224, 238
Einstein, Albert
  1905, *annus mirabilis* 66
  corrections relativistes 68
  effet photoélectrique 6, 66
  relativité générale 1, 15, 209
  relativité restreinte 1, 59, 100, 107, 124, 132, 181, 187, 190, 213, 235
électrodynamique quantique 98, 153, 174, 175, 179, 181–184, 190, 192, 193, 196, 197, 201, 206, 239
électron
  confiné (modèle de la boîte ou modèle du puits) 92
  découverte 25
  diffraction 22, 81
  gaz d'électrons dans les étoiles 224, 225, 227, 235
  ponctuel 115
  propriétés 25, 124
électron-volt 157
Englert, François 204
EPR (Einstein, Podolsky, Rosen) 139
équation de Schrödinger 42
Escoubès, Bruno 13, 240
espace vide (concept quantique) 206, 208
étoiles
  étoiles à neutrons 116, 219, 220
  étoiles du même type que le Soleil 217
  étoiles les moins massives 217
  étoiles les plus massives 218, 220
  fusion proton-neutron 215
  fusion proton-proton 216

naines blanches 27, 116, 213, 218, 220, 224, 227–231, 233, 234, 236, 237
origine des étoiles 214
Euler, Leonhard 53

F

Feshbach, Herman 174
Feynman, Richard 29, 50, 54, 55, 63, 68, 98, 132, 174, 178, 183, 184, 186, 190, 192, 193, 196, 202, 206, 208, 239, 240
diagrammes de Feynman 178
personnalité 29
fluctuations quantiques 191
fluor 120
fonction d'onde 42
amplitude 183
fondamental 94–96, 122
force nucléaire faible 194, 215, 218
force nucléaire forte 215
forces
de gravitation 4, 215, 216, 218, 221, 222, 237
équilibre 165, 166, 216, 218, 221, 222, 224, 233
forces fondamentales 193, 195
magnétiques 188
relation avec la quantité de mouvement 17, 18
Fourier, Joseph 86, 88, 93
décomposition de Fourier 86, 89
fusion nucléaire 26, 197, 216, 218

G

galaxies 116, 195, 207, 215
Galilée 4
gallium 119
Gauss, Carl Friedrich 223
Geiger,Hans 8
germanium 119, 157, 162
Germer, Lester 20, 22, 24, 25, 40, 82
Glashow, Sheldon 205
gluon 199
Goldstone, Jeffrey 204
Goudsmit, Samuel 124
grain de sable 68, 69, 74, 75, 214
graphite 155
gravitation
théorie 15
Guralnik, Gerald 204

H

hadron 193
Hagan, Carl 204
hasard 8, 12
Hasbrouck van Vleck, John 174
Heisenberg, Werner 4, 5, 13, 14, 25, 30, 40, 42, 44, 45, 50, 56, 57, 62, 74, 83–85, 190, 204, 227
hélium 8, 26, 118, 120, 122, 152, 197, 198, 215–217, 228, 233
Hertz, Heinrich 9, 64
Hewish, Anthony 219
Higgs, Peter 131, 194, 201, 204–209
boson de Higgs 131, 194, 201, 208
mécanisme de Higgs 194, 208
Hoffman, Banesh 240
horloge(s)
addition de deux ondes 35
analogie avec une onde quantique 40
annulation des horloges 62, 78, 79, 137
déduction du principe d'incertitude 58
règle de contraction 59
règle de décalage 51, 61
représentation de la phase d'une onde 34
représentation de la probabilité de présence d'une particule 47
sauts des horloges 52, 175
Huxley, Thomas 14
Huygens, Christiaan 53
hydrogène
atome 57, 91, 92, 100, 104, 109–111, 113, 118, 119, 122, 133, 138, 140, 141, 175, 177, 190, 191

chaîne d'atomes 152, 153
gaz 113, 122
molécule 122, 148, 149, 215
spectre d'émission 44, 106, 175, 190

I

indiscernabilité 126, 128, 129, 131, 137
intelligibilité du monde 174
interactions entre particules 173, 175, 193
interférences 21, 26, 30, 31, 41, 52, 183
invariance d'échelle 230

J

Jehle, Herbert 55
jonction p-n 164, 166

K

Kayser, Heinrich Gustav Johannes 10, 91
Kibble, Tom 204
Kramers, Hendrik 174
krypton 118, 120, 122, 160

L

Laloë, Franck 240
Lamb, Willis 174, 190
Landau, Lev 218
laser 113
Leibniz, Gottfried 53
Leite-Lopes, José 240
Lenard, Andrew 116, 133
Lévy-Leblond, Jean-Marc 56, 240
LHC (*Large Hadron Collider* - Grand Collisionneur de Hadrons) 115, 189, 193, 194, 201, 203, 205, 209, 210
liaisons chimiques 135, 140, 155
limite de Chandrasekhar (masse limite des naines blanches) 27, 214, 237
lithium 120, 121, 152
loi d'Ohm 155, 156
lois du mouvement de Newton 16
lois fondamentales 2, 190
longueur d'onde 35, 80–82, 86, 88, 89, 93–96, 99, 100, 103, 104, 106–108, 140, 141
lumière
aspect corpusculaire 6, 12
aspect ondulatoire 6, 12
Lyman, Theodore 11

M

MacInnes, Funcan 174
magnésium 3
Manchester 5, 10, 159
Marsden, Ernest 8
Marshak, Robert 174
masse 16, 51, 237
origine de la masse 16, 201, 203, 204
propagation d'une particule massive 201, 203
masse limite des naines blanches (limite de Chandrasekhar) 214
matière noire 194
Maupertuis, Pierre-Louis Moreau de 53
Maxwell, James Clerk 6, 12, 66, 67, 174
mécanique quantique
approche de Feynman 14
découverte 13
difficultés conceptuelles 14
mécanisme de Higgs 194, 208
médiateurs de forces 196
Mendeleïev, Dimitri 118
Mendeleïev (tableau de) 118
Messiah, Albert 240
mesure
cohérence et décohérence 185, 186
influence de la mesure sur la quantité mesurée 58
interaction avec l'observateur 184
théorie des mondes multiples 185
métaux 152
méthane 122
modèle de Bohr 10
modèle du puits 99

modèle standard 193, 194, 196, 199, 204, 205
molécules 3, 4, 106, 123, 207
molécule d'hydrogène 122
mondes multiples (théorie des) 185
Monod, Jacques 54
Mouchet, Amaury 240

N

naines blanches 116, 213, 220, 228, 230, 233, 234, 236
Nambu, Yoichiro 204
Natanson, Ladislas 126
néon 118, 120, 122
Neumann, John von 174
neutrino 195, 198, 199, 215, 218
neutron 139, 173, 197, 199, 208, 215, 218, 228
Newton, Isaac 6, 15, 48
deuxième loi de Newton 17, 18
gravitation 15, 20
lois du mouvement 16, 19, 20, 45, 235
Philosophiae Naturalis Principia Mathematica 15
Ångström, Anders Jonas 9, 11
nickel 21
nombres quantiques 118
Nordsieck, Arnold 174

O

Ohm (loi d') 155, 156
Okoye, Samuel 219
ondes 21, 26, 30, 31, 41, 52, 183
à la surface de l'eau 92
paquet d'ondes 82–89, 93
phase 34
sur une corde vibrante 94
ondes stationnaires 93–96, 99–105, 107, 109, 110, 117, 134, 141, 148
et énergie des particules 104
ondes sonores dans un ballon 110
Oppenheimer, Robert 174
Oxford 62, 239
oxygène 3, 120, 122, 216, 217, 233

P

paire électron-positron 191, 206
Pais, Abraham 65, 174, 239
Paris 5, 7
particule alpha 8
particule W 196, 197, 208
particule Z 199
particules
aspect corpusculaire 25
aspect ondulatoire 20, 22, 25, 30, 32, 49, 66, 81, 82, 84–86, 88, 92, 99, 104, 107
interactions entre particules 173, 193
Paty, Michel 240
Pauli, Wolfgang 5, 42, 45, 56, 113, 123, 132, 133, 138, 143, 149, 152, 154, 161, 216, 217, 225, 234
Pauling, Linus 174
phases de la Lune 34
phosphore 163, 164
photon 6, 66, 67, 131, 182, 184, 188, 189, 196, 201
absorption 113
émission 113
types de photons 182
physique
types de recherche en physique 136
Planck, Max 5, 6, 12, 18, 27, 57, 60, 63–67, 69, 73, 126, 131, 214
plasma 215, 216
Podolsky, Boris 139
Poincaré, Henri 7
portes logiques 163, 171
positron 189, 198, 199
potassium 121
potentiel 108, 112, 159, 165, 173
énergie potentielle 101
potentiel gravitationnel 98

puits de potentiel 97, 99–101, 104, 105, 108, 110, 117, 139, 140, 142, 149, 152, 155, 191
puits de potentiel carré 97, 99–101, 104, 105, 108, 110, 139, 140
puits de potentiel double 140
Princeton 55
principe d'exclusion de Pauli 117, 123, 133, 137, 180, 213, 217, 220, 221, 224, 234
principe d'incertitude de Heisenberg 56, 58, 62, 67, 71, 73, 77–79, 82, 88, 92, 137, 224, 234, 235
principe de moindre action 53–55
probabilité 32, 44
fonction d'onde quantique et probabilité 109
pièce de monnaie 44
probabilités indépendantes 125
propagateur 176, 178
propriétés des matériaux 140, 155, 156, 162
bandes 19, 151, 152, 154–157, 159–164
bande de conduction 162
proton 91, 92, 108, 109, 111, 175, 190, 198, 215, 228
pulsar 220

Q

quanta, découverte des 6, 63, 65, 66, 153
quantité de mouvement 17, 57, 71–73, 81, 83, 85, 88, 89, 93, 99–101, 107, 217, 225–227, 235, 237

R

Rabi, Isidor 174
radioactivité 7, 8, 12, 26
rayons cosmiques 189
relativité générale 15
résistance 30, 155, 238
résolution 83, 84, 233
Röntgen, Wilhelm 7
Rosen, Nathan 139
Rossi, Bruno 174
Rubens, Heinrich 65
Rutherford, Ernest 5, 7–10, 12, 91, 115, 123

S

sable, grain de 20, 68, 69, 74, 75, 100, 214
Salam, Abdus 205
scandium 121
Schwinger, Julian 174, 192, 193
science
applications 2
méthodologie 12, 33, 50, 97
théorie scientifique 14
science-fiction 116, 187, 189
semi-conducteurs 135, 155, 157, 160–162, 164, 171
importance des semi-conducteurs 162
type n 163–166, 168
type p 164, 166, 168
Serber, Robert 174
sérendipité 135
Shelter Island 174, 190, 192
Shockley, William 136, 171
silicium 5, 157, 160, 162–167
Sirius 20
sodium 120, 121
spectroscopie 10, 12, 117, 210
spin 124, 131, 133, 138, 143, 152, 182, 201, 210, 220, 221, 224
théorème spin-statistique 132
Stoner, Edmund 123
supernova 220
Susskind, Leonard 239
symétrie 110, 117, 190, 200, 207, 223
symétrie de jauge 200, 207

T

tableau périodique (tableau de Mendeleïev) 118, 121
télécommunications 2
Teller, Edward 174

température 40, 41, 44, 63, 148, 155, 157, 163, 164, 197, 207, 215, 216, 219, 229, 234
tests expérimentaux 1
théorème de Gauss 223
théorème spin-statistique 132
théorie des cordes 194, 196
théorie quantique
  capacité d'explication 26, 216
  étrangeté 4, 29, 50, 56
  nature probabiliste 44, 45
    opposition d'Einstein 45
  précision 4
  sauts quantiques 51
  simplicité 3, 4
théorie quantique des champs 132, 173, 174, 190, 192, 193, 198, 200
thermodynamique 44, 45, 64
Thomson, George Paget 22, 25
Thomson, Joseph John 25
Tomonaga, Sin-Itiro 192, 193
transistor 26, 136, 140, 159, 167–169, 171, 210
  fonctionnement 168
  historique 159
  principe 167
trou noir 220
trous (conduction par les trous) 160

U

ubiquité 25, 51
Uhlenbeck, George 124, 174
uranium 7

V

vide 18, 193, 206, 208, 210
vitesse de la lumière 18, 27, 49, 65, 124, 194, 214, 218, 220, 236, 237
Von Laue, Max 124
Voyager 19, 63

W

Weinberg, Steven 205
Weisskopf, Victor 174
Wheeler, John Archibald 175
Wigner, Eugene 55

Z

zinc 121
Zwicky, Fritz 219

DANS LA MÊME COLLECTION

Et si le temps n'existait pas ?
Un peu de science subversive
par Carlo Rovelli, 2012

Pourquoi E=mc² ?
Et comment ça marche ?
par Brian Cox et Jeff Forshaw, 2012

Le livre des univers
par John Barrow, 2012

58925 - (I) - (2,5) - OSB 90° - CPW - API
Imprimerie CHIRAT - 42540 Saint-Just-la-Pendue
Dépôt légal : mai 2013
N° 201304.0105

Imprimé en France